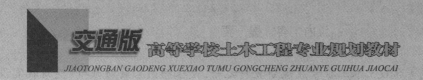

建筑结构抗震设计

Jianzhu Jiegou Kangzhen Sheji

杨德健　李亚娥　主　编
袁　康　乌　兰　宗金辉　副主编
　　　　周　坚　主　审

内 容 提 要

本书是交通版高等学校土木工程专业规划教材之一,是根据国家最新颁布《建筑抗震设计规范》(GB 50011—2010)及土木工程专业课程教学大纲的要求编写的。本书共分九章:绪论,场地、地基和基础,结构地震反应分析与抗震验算,建筑结构抗震概念设计,混凝土结构房屋抗震设计,多层砌体及底部框架砌体房屋抗震设计,单层钢筋混凝土厂房抗震设计,多层和高层钢结构房屋抗震设计,以及隔震与消能减震结构设计。各章附有例题、思考题和习题。

本书可作为土木工程专业以及相关专业的工程结构抗震课程教材,也可供从事土木工程结构设计与施工的技术人员参考。

图书在版编目(CIP)数据

建筑结构抗震设计/杨德健,李亚娥主编.—北京:
人民交通出版社,2011.8
ISBN 978-7-114-09275-6

Ⅰ.①建… Ⅱ.①杨… ②李… Ⅲ.①建筑结构—防震设计 Ⅳ.①TU352.104

中国版本图书馆 CIP 数据核字(2011)第 139491 号

交通版高等学校土木工程专业规划教材

书　　名:	建筑结构抗震设计
著 作 者:	杨德健　李亚娥
责任编辑:	张征宇　赵瑞琴
出版发行:	人民交通出版社
地　　址:	(100011) 北京市朝阳区安定门外外馆斜街 3 号
网　　址:	http://www.ccpress.com.cn
销售电话:	(010) 59757973
总 经 销:	人民交通出版社发行部
经　　销:	各地新华书店
印　　刷:	北京鑫正大印刷有限公司
开　　本:	787×1092　1/16
印　　张:	16.75
字　　数:	411 千
版　　次:	2011 年 8 月　第 1 版
印　　次:	2016 年 8 月　第 3 次印刷
书　　号:	ISBN 978-7-114-09275-6
印　　数:	5001—7000 册
定　　价:	28.00 元

(有印刷、装订质量问题的图书由本社负责调换)

交通版 高等学校土木工程专业规划教材

编委会

（第二版）

主 任 委 员：	戎　贤			
副主任委员：	张向东	李帼昌	张新天	黄　新
	宗　兰	马芹永	党星海	段敬民
	黄炳生			
委　　　员：	彭大文	张俊平	刘春原	张世海
	郭仁东	王　京	符　怡	
秘 书 长：	张征宇			

（第一版）

主 任 委 员：	阎兴华			
副主任委员：	张向东	李帼昌	魏连雨	赵　尘
	宗　兰	马芹永	段敬民	黄炳生
委　　　员：	彭大文	林继德	张俊平	刘春原
	党星海	刘正保	刘华新	丁海平
秘 书 长：	张征宇			

序 XU

随着科学技术的迅猛发展、全球经济一体化趋势的进一步加强以及国力竞争的日趋激烈,作为实施"科教兴国"战略重要战线的高等学校,面临着新的机遇与挑战。高等教育战线按照"巩固、深化、提高、发展"的方针,着力提高高等教育的水平和质量,取得了举世瞩目的成就,实现了改革和发展的历史性跨越。

在这个前所未有的发展时期,高等学校的土木类教材建设也取得了很大成绩,出版了许多优秀教材,但在满足不同层次的院校和不同层次的学生需求方面,还存在较大的差距,部分教材尚未能反映最新颁布的规范内容。为了配合高等学校的教学改革和教材建设,体现高等学校在教材建设上的特色和优势,满足高校及社会对土木类专业教材的多层次要求,适应我国国民经济建设的最新形势,人民交通出版社组织了全国二十余所高等学校编写"交通版高等学校土木工程专业规划教材",并于2004年9月在重庆召开了第一次编写工作会议,确定了教材编写的总体思路。于2004年11月在北京召开了第二次编写工作会议,全面审定了各门教材的编写大纲。在编者和出版社的共同努力下,这套规划教材已陆续出版。

在教材的使用过程中,我们也发现有些教材存在诸如知识体系不够完善,适用性、准确性存在问题,相关教材在内容衔接上不够合理以及随着规范的修订及本学科领域技术的发展而出现的教材内容陈旧、亟待修订的问题。为此,新改组的编委会决定于2010年底启动了该套教材的修订工作。

这套教材包括"土木工程概论"、"建筑工程施工"等31门课程,涵盖了土木工程专业的专业基础课和专业课的主要系列课程。这套教材的编写原则是"厚基础、重能力、求创新,以培养应用型人才为主",强调结合新规范、增大例题、图解等内容的比例并适当反映本学科领域的新发展,力求通俗易懂、图文并茂;其中对专业基础课要求理论体系完整、严密、适度,兼顾各专业方向,应达到教育部和专业教学指导委员会的规定要求;对专业课要体现出"重应用"及"加强创新能力和工程素质培养"的特色,保证知识体系的完整性、准确性、正确性和适应性，专业课教材原则上按课群组划分不同专业方向分别考虑，不在一本教材中体现多专业内容。

反映土木工程领域的最新技术发展、符合我国国情、与现有教材相比具有明显特色是这套教材所力求达到的，在各相关院校及所有编审人员的共同努力下，交通版高等学校土木工程专业规划教材必将对我国高等学校土木工程专业建设起到重要的促进作用。

交通版高等学校土木工程专业规划教材编审委员会
人民交通出版社
2011年5月

前言

本书以人民交通出版社提出的"厚基础、重能力、求创新,培养应用型人才为主"的编写思想为指导,依据我国最新版《建筑抗震设计规范》(GB 50011—2010),并根据高等院校土木工程专业建筑结构抗震设计教学大纲的要求编写而成。

《建筑结构抗震设计》是土木工程专业一门重要的学科方向专业课,也是一门理论性和实践性都很强的专业限选课程。全书共分九章,主要内容包括:绪论,场地、地基和基础,结构地震反应分析及抗震验算,建筑结构抗震概念设计,混凝土结构房屋抗震设计,多层砌体及底部框架砌体房屋抗震设计,单层钢筋混凝土厂房抗震设计,多层和高层钢结构房屋抗震设计,以及隔震与消能减震结构设计。

参加本书编写工作的有:天津城建大学杨德健(第一、三章),兰州理工大学李亚娥(第六、七章),新疆石河子大学袁康(第四、五章),天津城建大学乌兰(第二、八章),河北工业大学宗金辉(第九章)。全书由杨德健统稿,由北京建筑工程学院周坚教授主审。书中打"＊"者,在教学时可根据学时数及教学对象的需要选讲。

本书在编写过程中参考了近年来出版的多本优秀教材,书中直接或间接引用了参考文献所列书目中的部分内容,对上述作者表示感谢。

限于编者水平,书中难免有不当或错误之处,敬请专家同行和读者批评指正。

编 者
2011 年 5 月

目录 MULU

第一章 绪论 ··· 1
   第一节 地震基本知识与地震震害 ·· 1
   第二节 地震波、震级和烈度 ·· 7
   第三节 地震动特性 ·· 12
   第四节 工程结构的抗震设防 ·· 13
   第五节 基于性能的抗震设计 ·· 15
   思考题与习题 ··· 17

第二章 场地、地基和基础 ··· 18
   第一节 场地 ·· 18
   第二节 天然地基与基础的抗震验算 ··· 22
   第三节 场地土的液化与抗液化措施 ··· 23
   第四节 桩基的抗震设计 ··· 28
   思考题与习题 ··· 30

第三章 结构地震反应分析及抗震验算 ··· 31
   第一节 单质点弹性体系的水平地震反应 ·· 31
   第二节 单质点弹性体系水平地震作用计算——反应谱法 ······················ 37
   第三节 多单质点弹性体系水平地震反应——振型分解法 ······················ 40
   第四节 多质点体系水平地震作用——振型分解反应谱法 ······················ 49
   第五节 底部剪力法 ·· 53
   *第六节 结构的扭转耦联效应计算 ··· 57
   *第七节 竖向地震作用的计算 ··· 59
   第八节 结构自振周期和振型的简化计算 ·· 60
   第九节 结构抗震验算 ·· 68
   思考题与习题 ··· 75

第四章 建筑结构抗震概念设计 ·· 77
   第一节 场地选择 ·· 77
   第二节 结构选型与结构布置 ··· 78

  第三节 结构材料 ··· 84
  第四节 加强结构整体性与控制结构变形 ··· 85
  第五节 非结构构件处理 ··· 85
  思考题与习题 ··· 87

第五章 混凝土结构房屋抗震设计 88
  第一节 震害及其分析 ··· 88
  第二节 多层和高层钢筋混凝土房屋抗震设计的一般规定 ················ 91
  第三节 框架结构抗震计算 ··· 94
  第四节 框架—抗震墙结构抗震计算 ··· 122
  第五节 抗震构造要求 ··· 134
  思考题与习题 ··· 145

第六章 多层砌体及底部框架砌体房屋抗震设计 146
  第一节 震害及其分析 ··· 146
  第二节 多层砌体房屋抗震设计 ··· 148
  第三节 底部框架砌体房屋抗震设计 ··· 164
  第四节 抗震构造措施 ··· 170
  思考题与习题 ··· 177

第七章 单层钢筋混凝土厂房抗震设计 179
  第一节 震害及其分析 ··· 179
  第二节 单层厂房结构布置及抗震构造要求 ····································· 181
  第三节 单层厂房的横向抗震设计 ··· 189
  第四节 单层厂房的纵向抗震设计 ··· 201
  思考题与习题 ··· 212

第八章 多层和高层钢结构房屋抗震设计 214
  第一节 震害及分析 ··· 214
  第二节 多层和高层钢结构房屋抗震设计 ····································· 215
  第三节 单层钢结构厂房抗震设计 ··· 231
  思考题与习题 ··· 235

第九章 隔震与消能减震结构设计 236
  第一节 概述 ··· 236
  第二节 结构隔震设计 ··· 238
  第三节 结构消能减震 ··· 247
  第四节 结构主动减震控制简介 ··· 253
  思考题与习题 ··· 256

参考文献 257

第一章 绪 论

本章提要：本章将主要介绍地震的主要类型及其成因、地震波及其传播规律；介绍地震震级、烈度、基本烈度等基本概念；了解地震动的三大特性、规律，及其震害现象；重点介绍建筑抗震设防分类、抗震设防目标和两阶段抗震设计方法，提高对工程结构抗震重要性的认识。此外，将简要介绍基于性能的抗震设计的基本思想。

第一节 地震基本知识与地震震害

一、地球的构造

地球是一个平均半径约 6 400km 的椭球体。由外到内可分为 3 层：最表面的一层是很薄的地壳，平均厚度约为 30km，中间很厚的一层是地幔，厚度约为 2 900km；最里面的为地核，其半径约为 3 500km。

地壳由各种岩层构成。除地面的沉积层外，陆地下面的地壳通常由上部的花岗岩层和下部的玄武岩层构成；海洋下面的地壳一般只有玄武岩层。地壳各处厚薄不一，从 5~40km 不等。世界上绝大部分地震都发生在这一薄薄的地壳内。

地幔主要由质地坚硬的橄榄岩组成。由于地球内部放射性物质不断释放热量，地球内部的温度也随深度的增加而升高。从地下 20km 到地下 700km 其温度由大约 600℃ 上升到 2 000℃，在这一范围内的地幔中存在着一个厚约几百公里的软流层。由于温度分布不均匀，就发生了地幔内部物质的对流。另外，地球内部的压力也是不均衡的，在地幔上部约为 900MPa，地幔中间则达 370 000MPa。地幔内部物质就是在这样的热状态下和不均衡压力作用下缓慢地运动着，这可能是地壳运动的根源。到目前为止，所观测到的最深的地震发生在地下约 700km 处，可见地震仅发生在地球的地壳和地幔上部。

地核是地球的核心部分，可分为外核（厚 2 100km）和内核（厚 1 400km），其主要构成物质是镍和铁。据推测，外核可能处于液态，而内核可能是固态。

二、地震的类型与成因

地震按其成因主要分为火山地震、陷落地震和构造地震。

由于火山爆发而引起的地震叫火山地震;由于地表或地下岩层突然大规模陷落和崩塌而造成的地震叫陷落地震;由于地壳运动,推挤地壳岩层使其薄弱部位发生断裂错动而引起的地震叫构造地震。火山地震和陷落地震的影响范围和破坏程度相对较小,而构造地震的分布范围广、破坏作用大,因而对构造地震应予以重点考虑。就构造地震的成因,仅介绍断层说和板块构造说。

1. 断层说

构造地震是由于地球内部在不断运动的过程中,始终存在着巨大的能量,造成地壳岩层不停地连续变动,不断地发生变形,产生地应力。当地应力产生的应变超过某处岩层的极限应变时,岩层就会发生突然断裂或错动。而承受应变的岩层在其自身的弹性应力作用下发生回弹,迅速弹回到新的平衡位置,这样,岩层中原先构造变动过程中积累起来的应变能在回弹过程中释放,并以弹性波的形式传至地面,从而引起振动,形成地震(图1-1)。构造地震与地质构造密切相关,这种地震往往发生在地应力比较集中、构造比较脆弱的地段,即原有断层的端点或转折处和不同断层的交会处。

a)岩石原始状态　　　　b)受力后发生变形　　　　c)岩石断裂产生振动

图1-1　构造地震的形成

2. 板块构造说

板块构造学说认为,地球表面的岩石层不是一块整体,而是由6大板块和若干小板块组成。这6大板块即欧亚板块、美洲板块、非洲板块、太平洋板块、澳洲板块和南极板块。由于地幔的对流和地球的自转运动,这些板块在地幔软流层上异常缓慢而又持久地相互运动着,由于它们的边界是相互制约的,因而板块之间处于拉张、挤压和剪切状态,从而产生了地应力。当地应力产生的变形过大时致使其边缘附近岩石层脆性破裂而产生地震。地球上的主要地震带就位于这些大板块的交界地区。

三、世界的地震活动

据统计,地球上平均每年发生震级2.5级以上的有感地震在15万次以上;震级为7级以上、震中烈度在9度以上的大地震不到20次;震级为8级以上、震中烈度11度以上的毁灭性地震2次左右。

根据宏观地震震害资料调查及地震台观测数据统计,世界上绝大多数破坏性地震发生在两个主要地震带上(图1-2)。一是环太平洋地震带,它沿南、北美洲西海岸、阿留申群岛,转向西南到日本列岛,再经我国台湾省,到达菲律宾、新几内亚和新西兰等地。全球约80%浅源地震和90%的中源,以及几乎所有的深源地震都集中在这一地带上。二是欧亚地震带,它西起大西洋的亚速尔群岛,经意大利、土耳其、伊朗、印度北部、我国西部和西南地区,过缅甸至印度尼西亚与上述环太平洋带衔接。除分布在环太平洋地震活动带的中源、深源地震以外,几乎所有其它中源、深源地震和一些大的浅源地震都发生在这一活动带。

此外,在大西洋、太平洋和印度洋中也有呈条形分布的地震带。

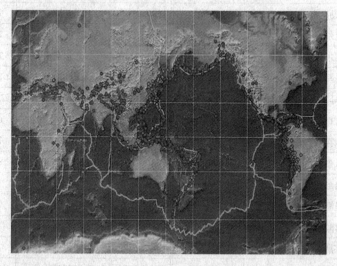

图 1-2 世界上两条主要地震带

四、我国的地震活动

我国东临环太平洋地震带,南接欧亚地震带,是世界上多地震国家之一,地震分布相当广泛。据统计,全国除浙江、江西等个别省份外,绝大部分地区都发生过较强的破坏性地震。有不少地区现在地震活动还相当强烈,以我国台湾省大地震最多,新疆、西藏次之,西南、西北、华北和东南沿海地区也是破坏性地震发生较多的地区。

我国主要地震带有两条:一是南北地震带,它北起贺兰山,向南经六盘山,穿越秦岭沿川西至云南省东北,纵贯南北;二是东西地震带,主要的东西构造带有两条,北面的一条沿陕西、山西、河北北部向东延伸,直至辽宁北部的千山一带;南面的一条,自帕米尔高原起经昆仑山、秦岭,直到大别山区。据此,我国大致可划分成 6 个地震活动区:①台湾及其附近海域活动区;②喜马拉雅山脉活动区;③南北地震带;④天山地震活动区;⑤华北地震活动区;⑥东南沿海地震活动区。

五、近期世界地震活动

近半个世纪以来,国内外发生的大地震如表 1-1 所示。

国内外发生的大地震一览 表 1-1

时 间	地 点	震级	死亡(备注)	时 间	地 点	震级	死亡(备注)
1960.5.22	智利南部	8.5	15 621 人	1965.5.16	日本十胜冲	7.5	22 778 人
1964.3.27	美国阿拉斯加	8.4	66 794 人	1970.1.5	中国海通	7.7	15 621 人
1964.6.27	日本新潟	7.5	2 199 人	1970.5.31	秘鲁北部	7.6	66 794 人

续上表

时间	地点	震级	死亡(备注)	时间	地点	震级	死亡(备注)
1973.2.6	中国甘孜	7.9	2 199 人	1999.1.25	哥伦比亚	6.2	1 200 多人
1976.2.4	危地马拉	7.5	22 778 人	1999.8.17	土耳其西部	7.4	13 000 多人
1976.7.28	中国唐山	7.8	242 769 人	1999.9.21	中国台湾	7.6	2 300 多人
1980.10.10	阿尔及利亚	7.3	2 500 多人	1999.9.30	墨西哥	7.5	
1980.11.23	那不勒斯市	7.2	2 735 人	1999.11.12	土耳其博鲁省	7.2	约 1 000 人
1981.6.11	伊朗克尔曼省	6.8	3 000 多人	2000.6.4	印度明古鲁省	7.9	
1981.7.28	伊朗克尔曼省	7.3	1 500 多人	2000.1.13	萨尔瓦多	7.6	约 1 000 人
1982.12.13	也门扎马尔省	6	3 000 多人	2001.1.26	印度西部	7.9	20 000 多人
1983.10.23	土耳其	6	1 300 多人	2001.6.24	秘鲁	7.9	
1985.9.19	墨西哥城	8.1	6 000 多人	2001.10.27	云南永胜县	6.0	
1986.10.10	萨尔瓦多	7.5	1 500 多人	2001.10.31	巴布亚新几内亚	7.0	
1987.3.5	厄瓜多尔	7	1 000 多人	2001.11.14	中国新疆、青海交界	8.1	
1988.12.7	亚美尼亚	6.9	约 25 000 人	2002.3.3	阿富汗	7.1	
1990.6.21	伊朗里海地区	7.7	约 35 000 人	2002.3.6	菲律宾	7.1	
1990.7.16	菲律宾	7.7	约 35 000 人	2002.6.27	苏门答腊西南	7.4	
1991.2.1	巴基斯坦	6.8	1 200 多人	2002.6.29	中国吉林汪清	7.2	深源无损坏
1992.12.12	印度尼西亚	6.8	2 200 多人	2003.2.24	中国新疆伽师	6.8	260 多人
1993.9.30	印度	6.4	约 22 000 人	2004.12.26	苏门答腊海域	8.9	30 万人
1994.6.6	哥伦比亚		1 000 多人	2008.5.12	中国汶川	8.0	69 226 人死亡,17 923 人失踪
1995.1.17	日本神户	7.2	6 500 多人	2009.9.30	苏门答腊海域	7.9	1 115 人死亡,210 人失踪
1995.5.28	俄罗斯远东地区	7.5	2 000 多人	2010.1.12	海地太子港	7.3	27 万人死亡
1997.2.28	伊朗西北部	6.1	1 000 多人	2010.2.27	智利中部近岸	8.8	802 人死亡
1997.5.10	伊朗东北部	7.1	1 560 多人	2010.4.14	中国青海玉树	7.1	2 016 人死亡,256 人失踪
1998.2.4	阿富汗塔哈尔省	6.1	4 500 多人	2011.3.11	日本宫城县近海	9.0	13 895 人死亡,13 864 人失踪
1998.5.30	阿富汗塔哈尔省		约 3 000 人	2011.3.24	缅甸	7.2	数百人

六、地震的破坏现象

如上所述,地震是一种经常发生的自然现象,但只有较强烈地震才会造成灾害。强烈地震所造成的破坏,主要表现为以下几个方面。

1. 地表和道路的破坏

强震时,地表发生大的改变,造成地裂、地陷、山崩、滑坡、地表隆起,以及喷砂冒水等地质灾害,使道路、房屋的地基、地下结构等发生破坏,甚至造成严重灾害(图 1-3 ~ 图 1-5)

图1-3 日本9级大地震公路路面开裂

图1-4 地震引起山体滑坡

2. 桥梁结构的破坏

在水平地震作用和竖向地震作用下,对桥梁的上下部结构均会造成严重破坏,例如:基础的破坏(图1-6)、桥墩的破坏(图1-7)以及桥梁的滑落(图1-8)。

图1-5 地震断层一侧地面抬升2m以上

图1-6 桥梁支柱破坏

图1-7 高速路桥墩破坏

图1-8 桥梁落梁破坏

3. 建筑物的破坏

因结构部件强度不足,在强烈地震作用下由构件的破坏导致整体结构丧失稳定性,或因连接部件和锚固失效导致结构整体倒塌(图1-9);因结构节点强度不足而引起节点破坏(图1-10);因建筑存在薄弱层(或薄弱部位),引起结构的整体倒塌、破坏(图1-11)。

图1-9 建筑物整体倒塌

图1-10 框架强梁弱柱破坏

a) 底部薄弱层(两层)倒塌

b) 房屋中部薄弱部位倒塌

图1-11 薄弱层(部位)倒塌

4. 次生灾害

地震时,水坝、给排水管网、煤气管道、供电线路以及易燃、易爆、有毒物质容器的破坏,可造成水灾、火灾、空气污染以及海底地震引发的海啸等灾害,称为次生灾害。这种灾害有时造成的损失更大,特别是在大城市和大工业区。例如,2011年3月11日发生在日本东北部近海9.0级的特大地震,引发了强烈海啸和火灾,造成重大人员伤亡和财产损失(图1-12、图1-13),并导致福岛一号核电站四台机组发生爆炸,造成严重核泄露。

图1-12 日本9.0级特大地震引发强烈海啸

图1-13 地震引发火灾

第二节 地震波、震级和烈度

一、震源和震中

地层构造运动中，地球内部断层错动、断裂并引起周围介质振动的部位称为震源。震源正上方的地面位置叫震中。震中附近的地面振动最剧烈，也是破坏最严重的地区，叫震中区或极震区。地面某处至震中的水平距离叫做震中距。把地面上破坏程度相同或相近的点连成的曲线叫做等震线。震源至地面的垂直距离叫做震源深度，见图1-14。按震源的深浅，地震又可分为3类：一是浅源地震，震源深度在70km以内；二是中源地震，震源深度在70～300km范围；三是深源地震，震源深度超过300km。浅源、中源和深源地震所释放的能量分别约占所有地震释放能量的85%、12%和3%。

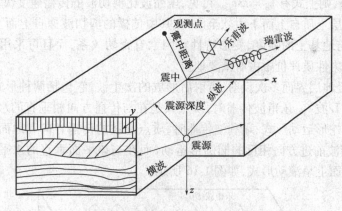

图1-14 地震震源及地震波传播示意图

二、地震波

地震发生时，因地下岩层断裂、错动释放能量引起地表振动，并以弹性波的形式从震源向各个方向传播，这就是地震波。它包含在地球内部传播的体波和只限于在地面附近传播的面波。

体波又包括两种形式，即纵波与横波。

在纵波的传播过程中，其介质质点的振动方向与波的前进方向一致，故纵波又称为压缩波或疏密波。纵波的特点是周期较短、振幅较小。在横波的传播过程中，其介质质点的振动方向与波的前进方向垂直,故横波又称为剪切波。横波的周期较长、振幅较大,见图1-15。体波在地球内部的传播速度随深度的增加而增大。

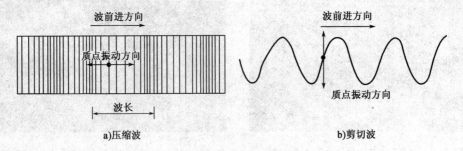

a)压缩波   b)剪切波

图 1-15　体波质点振动形式

从物理学可知,压缩波的波速为:

$$v_p = \sqrt{\frac{E(1-\mu)}{\rho(1+\mu)(1-2\mu)}} \tag{1-1}$$

剪切波的波速为:

$$v_s = \sqrt{\frac{G}{\rho}} \tag{1-2}$$

式中:E——介质的弹性模量;

G——介质的剪切模量,$G = \dfrac{E}{2(1+\mu)}$;

ρ——介质密度;

μ——介质的泊松比。

若取 $\mu = 0.25$,则上式有 $v_p = \sqrt{3} v_s$。可见,压缩波比剪切波的传播速度快。

观测表明,土层土质自上而下由软至硬,在其中传播的剪切波速自上而下由小到大变化。剪切波速度不仅与地基土的强度、变形特性等因素有密切关系,而且可采用较简便的仪器测得,故在地基土动力性质评价中占有重要地位。

面波是体波经地层界面多次反射、折射后形成的次生波,它包括两种形式的波,即瑞利波(R波)和乐甫波(L波)。乐甫波传播时,质点只是在与传播方向相垂直的水平方向(y方向)运动,在地面上呈蛇形运动形式;瑞利波传播时,质点在波的传播方向和地面法线组成的平面内(xoz平面)作与波前进方向相反的椭圆形运动,而在与该平面垂直的水平方向(y方向)没有振动,质点在地面上呈滚动形式,如图1-16所示。

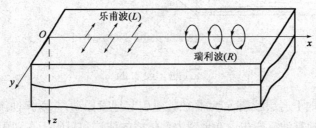

图 1-16　面波质点振动形式

由图 1-16 所示,乐甫波主要使地面产生水平摆动,质点振动方向垂直于波的传播方向;瑞利波不仅使地面产生水平方向的摆动,还使地面上下颠簸震动。

面波的传播速度比体波慢,且具有随土层深度增加而急剧减小的趋势。根据记录的地震波曲线(图 1-17)可以看到,压缩波最先到达,然后是剪切波,面波(L 波和 R 波)到达最晚,但面波振幅最大。

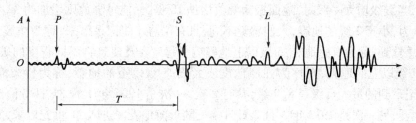

图 1-17 地震波记录曲线

三、地震震级

震级是表示地震本身大小的尺度。目前,国际上比较通用的是里氏震级,它是由里查德(C. F. Richater)在 1935 年首先提出的,其地震震级 M 定义为:

$$M = \lg A \tag{1-3}$$

式中:M——地震震级(里氏震级);

  A——地震时程曲线图上的最大振幅(μm),A 是标准地震仪(指摆的自振周期 0.8s,阻尼系数 0.8,放大倍数 2 800 倍的地震仪)在距震中 100km 处记录的以微米($1\mu m = 10^{-6}m$)为单位的最大水平地震动位移(即振幅)。

例如,在距震中 100km 处地震仪记录的振幅是 100mm,即 100 000μm,则 $M = \lg A = \lg 100\,000 = 5$ 级

实际上,地震时距震中 100km 处不一定恰好有地震仪,且现今一般都不用上述标准地震仪。因此,对于震中距不是 100km 的地震台站和采用非标准地震仪时,要按修正后的计算公式计算震级。

根据我国现用仪器,测定震级的方法一般采用体波法和面波法。当震中距小于 1 000km 时,体波震级按下式计算:

$$M_L = \lg A_\mu + R(\Delta) \tag{1-4}$$

式中:M_L——近震体波震级;

  A_μ——地震曲线上水平向最大振幅(μm);

$R(\Delta)$——随震中距 Δ 变化的起算函数。

当震中距大于 1 000km 时,采用面波震级,按下式计算:

$$M_S = \lg\left(\frac{A_\mu}{T}\right) + \sigma(\Delta) \tag{1-5a}$$

$$\sigma(\Delta) = 1.66\lg\Delta + 3.5 \tag{1-5b}$$

式中:M_S——远震面波震级;

  A_μ——地震曲线上水平向最大振幅(μm);

  T——与 A_μ 相应的周期;

$\sigma(\Delta)$——面波震级的量规函数;

  Δ——震中距,(°)。

地震震级 M 与震源释放的能量 E(单位：erg——尔格)之间有如下经验关系式：
$$\lg E = 1.5M + 11.8 \tag{1-6}$$

一个 6 级地震释放的能量约相当于一颗 2 万吨级的原子弹爆炸的能量。由式(1-3)和式(1-6)可知，当震级增大一级时，地面振动幅值增加 10 倍，而能量释放则增加约 32 倍。

一般认为，小于 2 级的地震，人们感觉不到，只有仪器才能记录下来，称为微震；2～4 级地震，人可以感觉到，称为有感地震；5 级以上地震能引起地表及建筑物不同程度的破坏，称为破坏性地震；7 级以上的地震，则称为强烈地震或大震；8 级以上的地震，称为特大地震。20 世纪，由仪器记录到的最大震级是 8.9 级，共有 2 次，一次是 1906 年 1 月 31 日哥伦比亚与厄瓜多尔西海地震，另一次是 1933 年 3 月 2 日日本三陆近海地震。进入 21 世纪以来，发生了多次 8 级以上地震，2011 年 3 月 11 日发生在日本东北部近海的特大地震达到了 9.0 级，引发了强烈海啸，造成严重损失。

四、地震烈度

一次地震，表示地震大小的震级只有一个，但由于各地区距震中的远近不同、震源深度不同、地质情况和建筑物状况也不同，故各地区所遭受到的地震影响的程度也不同，因此一次地震对于不同的地区有多个地震烈度(简称烈度)。

地震烈度是指某一地区、地面及房屋建筑等工程结构遭受到一次地震影响的强烈程度。

为评定地震烈度，就需要建立一个标准，这个标准就称为地震烈度表。我国根据房屋建筑震害指数、地表破坏程度以及地面运动加速度指标将地震烈度分为 12 度，制定了《中国地震烈度表》(表 1-2)。

中国地震烈度表(GB/T 17742—2008)　　　　　　　　表 1-2

地震烈度	人的感觉	房屋震害			其他震害现象	水平向地面运动	
		类型	震害程度	平均震害指数		峰值加速度 (m/s^2)	峰值速度 (m/s)
Ⅰ	无感	—	—	—	—	—	—
Ⅱ	室内个别静止中人有感觉	—	—	—	—	—	—
Ⅲ	室内少数静止中人有感觉	—	门、窗轻微作响	—	悬挂物微动	—	—
Ⅳ	室内多数人、室外少数人有感觉，少数人梦中惊醒	—	门、窗作响	—	悬挂物明显摆动，器皿作响	—	—
Ⅴ	室内绝大多数、室外多数人有感觉，多数人梦中惊醒	—	门窗、屋顶、屋架颤动作响，灰土掉落，个别房屋抹灰出现细微细烈缝，个别有檐瓦掉落，个别屋顶烟囱掉砖	—	悬挂物大幅度晃动，不稳定器物摇动或翻倒	0.31 (0.22～0.44)	0.03 (0.02～0.04)
Ⅵ	多数人站立不稳，少数人惊逃户外	A	少数中等破坏，多数轻微破坏和/或基本完好	0.00～0.11	家具和物品移动；河岸和松软土出现裂缝，饱和砂层出现喷砂冒水；个别独立砖烟囱轻度裂缝	0.63 (0.45～0.89)	0.06 (0.05～0.09)
		B	个别中等破坏，少数轻微破坏，多数基本完好				
		C	个别轻微破坏，大多数基本完好	0.00～0.08			

续上表

地震烈度	人的感觉	房屋震害			其他震害现象	水平向地面运动	
		类型	震害程度	平均震害指数		峰值加速度 (m/s²)	峰值速度 (m/s)
Ⅶ	大多数人惊逃户外，骑自行车的人有感觉，行驶中的汽车驾乘人员有感觉	A	少数毁坏和/或严重破坏，多数中等和/或轻微破坏	0.09~0.31	物体从架子上掉落；河岸出现塌方，饱和砂层常见喷水冒砂，松软土地上地裂缝较多；大多数独立砖烟囱中等破坏	1.25 (0.90~1.77)	0.13 (0.10~0.18)
		B	少数毁坏，多数严重和/或中等破坏				
		C	个别毁坏，少数严重破坏，多数中等和/或轻微破坏	0.07~0.22			
Ⅷ	多数人摇晃颠簸，行走困难	A	少数毁坏，多数严重和/或中等破坏	0.29~0.51	干硬土上出现裂缝，饱和砂层绝大多数喷水冒水；大多数独立砖烟囱严重破坏	2.50 (1.78~3.53)	0.25 (0.19~0.35)
		B	个别毁坏，少数严重和/或中等破坏，多数轻微破坏				
		C	少数严重和/或中等破坏，多数轻微破坏	0.20~0.40			
Ⅸ	行动的人摔倒	A	多数严重破坏或/和毁坏	0.49~0.71	干硬土上多处出现裂缝，可见基岩裂缝、错动，滑坡、塌方常见；独立砖烟囱多数倒塌	5.00 (3.54~7.07)	0.50 (0.36~0.71)
		B	少数毁坏，多数严重和/或中等破坏				
		C	少数毁坏和/或严重破坏，多数中等和/或轻微破坏	0.38~0.60			
Ⅹ	骑自行车的人会摔倒，处不稳状态的人会摔离原地，有抛起感	A	绝大多数毁坏	0.69~0.91	山崩和地震断裂出现；基岩上拱桥破坏；大多数独立砖烟囱从根部破坏或倒毁	10.00 (7.08~14.14)	1.00 (0.72~1.41)
		B	大多数毁坏				
		C	多数毁坏和/或严重破坏	0.58~0.80			
Ⅺ		A	绝大多数毁坏	0.89~1.00	地震断裂延续很大，大量山崩滑坡		
		B					
		C		0.78~1.00			
Ⅻ	—	A	—	1.00	地面剧烈变化，山河改观	—	—
		B					
		C					

注：表中的数量词："个别"为10%以下；"少数"为10%~45%；"多数"为40%~70%；"大多数"为60%~90%；"绝大多数"为80%以上。

一般来说，地震烈度随着震中距的增加而递减。根据我国153个等震线资料统计出的烈度(I)—震级(M)—震中距(R)的经验关系为：

$$I = 0.92 + 1.63M - 3.49\lg R \tag{1-7}$$

五、基本烈度与设防烈度

1. 基本烈度

基本烈度是指某地区在今后一定时间内，在一般场地条件下可能遭受的最大地震烈度。

我国根据 45 个城镇的历史震害记录进行统计并依据烈度递减规律进行预估,确定以 50 年内超越概率为 10% 的烈度为某地区的基本烈度,颁发了《中国地震烈度区划图》。

2. 抗震设防烈度

抗震设防烈度是一个地区作为抗震设防依据的地震烈度,一般情况下,可采用中国地震动区划图的地震基本烈度(或与《建筑抗震设计规范》(GB 50011—2010)设计基本地震加速度值对应的烈度值)。对已编制抗震设防区划的城市,可按批准的抗震设防烈度或设计地震动参数进行抗震设防。《建筑抗震设计规范》规定,抗震设防烈度为 6 度及以上地区的建筑,必须进行抗震设计。

第三节 地震动特性

地震动是非常复杂的,具有很强的随机性,甚至同一地点、每一次地震都各不相同。但多年来地震工程研究者们根据地面运动的宏观现象和强震观测资料的分析得出,地震动的主要特性可以通过 3 个基本要素来描述,即地震动的幅值、频谱和持时(即持续时间)。

一、地震动幅值特性

地震动幅值可以是地面运动的加速度、速度或位移的某种最大值或某种意义下的有效值。目前采用最多的地震动幅值是地面运动最大加速度幅值,它可描述地面震动的强弱程度,且与震害有着密切关系,可作为地震烈度的参考物理指标。例如,1940 年美国 El-Centro 记录的地震加速度最大值为 3.417m/s^2。

地震动幅值的大小受震级、震源机制、传播途径、震中距、局部场地条件等因素的影响。一般来说,在近场内,基岩上的地震动加速度峰值大于软弱场地上的加速度峰值,而在远场则相反。

二、地震动频谱特性

所谓地震动频谱特性是指地震动对具有不同自振周期的结构的反应特性,通常可以用反应谱、功率谱和傅里叶谱来表示。反应谱是工程中最常用的形式,现已成为工程结构抗震设计的基础。功率谱和傅里叶谱在数学上具有更明确的意义,工程上也具有一定的实用价值,常用来分析地震动的频谱特性。

震级、震中距和场地条件对地震动的频谱特性有重要影响,震级越大、震中距越远,地震动记录的长周期分量就越显著。硬土且地层薄的地基上的地震动包含较丰富的高频成分,而软土且地层厚的地基上的地震动卓越周期偏向长周期。另外,震源机制也对地震动的频谱特性有着重要影响。

三、地震动持时特性

地震动持续时间对结构的破坏程度有着较大的影响。在相同的地面运动最大加速度作用下,若强震的持续时间长,则该地点的地震烈度高,结构物的地震破坏就重。反之,强震的持续时间短,则该地点的地震烈度低,结构物的破坏就轻。例如,El-Centro 地震的强震持续时间为 30 s,该地点的地震烈度为 8 度,结构物破坏较严重;而 1966 年的日本松代地震,其地面运动最大加速度略高于 El-Centro 地震,但其强震持续时间仅为 4s,则该地的地震烈度仅为 5 度,未发现明显的结构物破坏。

实际上,地震动强震持时对地震反应的影响主要表现在非线性反应阶段。从结构地震破坏的机理上分析,结构从局部破坏(非线性开始)到完全倒塌一般需要一个过程,往往要经历一段时间的往复振动过程。塑性变形的不可恢复性需要耗散能量,因此在这一振动过程中即使结构最大变形没有达到静力试验条件下的最大变形,结构也可能因储存能量能力的耗损达到某一限值而发生倒塌破坏。持时的重要意义同时存在于非线性体系的最大反应和能量耗散累积两种反应之中。

第四节 工程结构的抗震设防

工程结构抗震设防的标准必须根据国家经济发展水平和结构安全使用的基本要求来确定。设防标准过高将大大提高建筑物的工程造价;设防标准过低将不能保证在地震作用下建筑物和人民生命财产的安全。因此,我国采用了按建筑物重要性分类和三水准设防、两阶段设计的基本原则,指导抗震设计规范的制定和工程结构抗震设计。

一、建筑抗震设防分类和抗震设防标准

根据建筑物使用功能的重要性,按其地震破坏产生的后果,《建筑工程抗震设防分类标准》(GB 50223)将建筑工程分为以下四个抗震设防类别。

(1)特殊设防类:指使用上有特殊设施,涉及国家公共安全的重大建筑工程和地震时可能发生严重次生灾害等特别重大灾害后果,需要进行特殊设防的建筑,简称甲类。

(2)重点设防类:指地震时使用功能不能中断或需尽快恢复的生命线相关建筑,以及地震时可能导致大量人员伤亡等重大灾害后果,需要提高设防标准的建筑,简称乙类。

(3)标准设防类:指大量的除甲、乙、丁类以外按标准要求进行设防的建筑,简称丙类。

(4)适度设防类:指使用上人员稀少且地震破坏不致产生次生灾害,允许在一定条件下适度降低要求的建筑,简称丁类。

各抗震设防类别建筑的抗震设防标准,应符合下列要求:

(1)特殊设防类,应按高于本地区抗震设防烈度提高一度的要求加强其抗震措施;但抗震设防烈度为9度时应按比9度更高的要求采取抗震措施。同时,应按批准的地震安全性评价的结果且高于本地区抗震设防烈度的要求确定其地震作用。

(2)重点设防类,应按高于本地区抗震设防烈度一度的要求加强其抗震措施;但抗震设防烈度为9度时应按比9度更高的要求采取抗震措施;地基基础的抗震措施,应符合有关规定。同时,应按本地区抗震设防烈度确定其地震作用。

(3)标准设防类,应按本地区抗震设防烈度确定其抗震措施和地震作用,达到在遭遇高于当地抗震设防烈度的预估罕遇地震影响时不致倒塌或发生危及生命安全的严重破坏的抗震设防目标。

(4)适度设防类,允许比本地区抗震设防烈度的要求适当降低其抗震措施,但抗震设防烈度为6度时不应降低。一般情况下,仍应按本地区抗震设防烈度确定其地震作用。

二、抗震设防的基本思想与设防目标

抗震设防是指对建筑物进行抗震设计,并采取一定的抗震构造措施,以达到结构抗震的效

果和目的。抗震设防的依据是抗震设防烈度。

地震烈度按不同的频度和强度通常可划分为小震烈度、中震烈度和大震烈度。所谓的小震烈度即为多遇地震烈度(众值烈度),是指在50年期限内,一般场地条件下,可能遭遇的超越概率为63.2%的地震烈度值,相当于50年一遇的地震烈度值;中震烈度即为基本烈度,是指在50年期限内,一般场地条件下,可能遭遇的超越概率为10%的地震烈度值,相当于474年一遇的地震烈度值;大震烈度即为罕遇地震烈度,是指在50年期限内,一般场地条件下,可能遭遇的超概率为2%~3%的地震烈度值,相当于1600~2500年一遇的地震烈度值。三种烈度的关系及超越概率如图1-18所示。

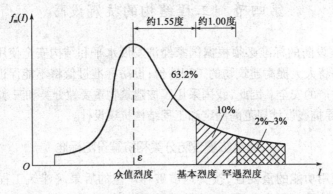

图1-18 三种烈度的超越概率示意图

由烈度概率分布分析可知,众值烈度与基本烈度相差约1.55度,而罕遇烈度与基本烈度相差约为1.00度。例如,当基本烈度为8度时,其众值烈度(多遇烈度)为6.45度左右,罕遇烈度为9度左右。

1. 三水准设防目标

《建筑抗震设计规范》(GB 50011—2010)中提出的建筑物抗震设防目标如下。

第一水准:当遭受低于本地区设防烈度的多遇地震影响时,建筑物一般不受损坏或不需修理仍可继续使用;

第二水准:当遭受相当于本地区设防烈度的地震影响时,建筑物可能损坏,但经一般修理即可恢复正常使用;

第三水准:当遭受高于本地区设防烈度的罕遇地震影响时,建筑物不致倒塌或发生危及生命安全的严重破坏。

以上所述,即所谓"小震不坏,中震可修,大震不倒"的三水准设防目标。

2. 两阶段抗震方法

我国现行《建筑抗震设计规范》(GB 50011—2010)采用两阶段抗震设计方法,来实现上述三水准设防目标。

第一阶段设计为承载力及弹性变形验算,取第一水准(相当于小震)的地震动参数计算结构的弹性地震作用标准值和相应的地震作用效应,然后与其它荷载效应按一定的组合系数进行组合,对结构构件截面进行承载力验算。这样,既满足了第一水准下具有必要的承载力可靠度,又满足了第二水准损坏可修的设防要求。

此处,地震动参数指抗震设计用的地震加速度(或速度、位移)时程曲线、加速度反应谱和峰值。

第二阶段设计为弹塑性变形验算。如有特殊要求的建筑、地震时容易倒塌的结构以及有明显薄弱层的不规则结构，除进行第一阶段设计外，还要进行在罕遇地震烈度作用下结构薄弱层部位的弹塑性层间变形验算，并采取相应的抗震构造措施，以满足第三水准大震不倒的设防要求。

第五节 基于性能的抗震设计

一、性能设计的概念

"三水准、两阶段"的抗震设防思想以保障生命安全为主要设防目标，按现行抗震设计规范所设计和建造的建筑物，在地震中虽然可以避免倒塌，但地震破坏却造成严重的直接和间接经济损失，甚至影响到社会和经济的可持续发展。

近年来的国内外震害说明，随着经济的发展、结构设防措施的不断进步，地震造成的人员伤亡显著下降，但造成的经济损失却让社会难以承受。因此，现代及未来的建筑不仅要防止倒塌，还要考虑控制地震造成的经济损失大小、保证结构的使用功能的延续、实现建筑结构性能目标的"个性化"。为此，20世纪90年代起，为了强化结构抗震的安全目标和提高结构抗震的功能要求，美、日学者提出并开始研究建筑结构基于性能/位移的抗震设计，随后得到各国的广泛关注。

当建筑结构采用抗震性能设计时，应根据其抗震设防类别、设防烈度、场地条件、结构类型和不规则性、附属设施功能要求、投资大小、震后损失和修复难易程度等，对选定的抗震性能目标提出技术和经济可行性综合分析和论证。

所谓"性能设计"应该是选择一定的设计标准、恰当的结构形式、合理的规划和比较，保证建筑物的结构与非结构的细部构造有足够的强度，控制建造质量和长期维护水平，使得建筑物在使用寿命周期中遭受一定地震力作用下，结构的破坏不超过一个特定的极限状态。

根据建筑物的重要性和用途，确定预期的性能目标，由不同的性能目标确定不同的抗震设防标准，使设计的建筑在未来地震中具备预期功能，从而使建筑物在整个生命期内，在遭遇可能发生的地震作用下，总的费用达到最小。

基于性能的抗震设计与传统的抗震思想相比具有以下特点：

（1）从着眼于单体抗震设防转向同时考虑单体工程和相关系统的抗震；

（2）将抗震设计以保障人民的生命安全为基本目标转变为在不同风险水平的地震作用下满足不同的性能目标，即将统一的设防标准改变为满足不同性能要求的更合理的设防目标和标准；

（3）设计人员可根据业主的要求，通过费用—效益的工程决策分析确定最优的设防标准和设计方案，以满足不同业主、不同建筑物的不同抗震要求。

二、性能设计的目标与要求

建筑结构的抗震性能化设计，应根据实际需要和可能，选择预期性能控制目标，如表1-3所示。

预期性能控制目标 表1-3

地震水准	性能1	性能2	性能3	性能4
多遇地震	完好	完好	完好	完好
设防烈度地震	完好,正常使用	基本完好,检修后继续使用	轻微损坏,简单修理后继续使用	轻微至接近中等损坏,变形$<3\Delta u_e$
罕遇地震	基本完好,检修后继续使用	轻微至中等破坏,修复后继续使用	其破坏需加固后可继续使用	接近严重破坏,大修后继续使用

为实现预期性能的具体指标,设计应选定分别提高结构或其关键部位的抗震承载力、结构变形能力或同时提高抗震承载力和变形能力的具体指标;宜明确在预期的不同的地震动水准下对结构不同部位的水平、竖向构件承载力的要求(不发生脆性剪切破坏、形成塑性铰达到屈服值或保持弹性);宜选择不同地震动水准下结构不同部位的预期弹性或弹塑性变形状态;以及相应的构件延性构造的高、中或低要求。当构件的承载力明显提高时,相应的延性构造可适当降低。

建筑结构的抗震性能化设计应符合下列要求:

(1)选定地震动水准。对设计使用年限50年的结构,可选用多遇地震、设防地震和罕遇地震的地震作用,其中,设防地震的加速度应按《建筑抗震设计规范》(GB 50011—2010)中设计基本地震加速度采用,设防地震的地震影响系数最大值,6度、7度(0.10g)、7度(0.15g)、8度(0.20g)、8度(0.30g)、9度可分别采用0.12、0.23、0.34、0.45、0.68和0.90。对设计使用年限超过50年的结构,宜考虑实际需要和可能,经专门研究后对地震作用作适当调整。对处于发震断裂两侧10km以内的结构,地震动参数应计入近场影响,5km以内宜乘以增大系数1.5,5km以外宜乘以不小于1.25的增大系数。

(2)选定性能目标。即对应于不同地震动水准的预期损坏状态或使用功能,应不低于《建筑抗震设计规范》(GB 50011—2010)中对基本设防目标的规定。

(3)选定性能设计指标。设计应选定分别提高结构或其关键部位的抗震承载力、变形能力或同时提高抗震承载力和变形能力的具体指标,尚应计及不同水准地震作用取值的不确定性而留有余地。设计宜确定在不同地震动水准下结构不同部位的水平和竖向构件承载力的要求(含不发生脆性剪切破坏、形成塑性铰、达到屈服值或保持弹性等);宜选择在不同地震动水准下结构不同部位的预期弹性或弹塑性变形状态,以及相应的构件延性构造的高、中或低要求。当构件的承载力明显提高时,相应的延性构造可适当降低。

建筑结构的抗震性能化设计的计算应符合下列要求:

(1)分析模型应正确、合理地反映地震作用的传递途径和楼盖在不同地震动水准下是否保持整体或分块处于弹性工作状态。

(2)弹性分析可采用线性方法;弹塑性分析可根据性能目标所预期的结构弹塑性状态,分别采用增加阻尼的等效线性化方法以及静力或动力非线性分析方法。

(3)结构非线性分析模型相对于弹性分析模型可有所简化,但二者在多遇地震下的线性分析结果应基本一致;应计入重力两阶效应、合理确定弹塑性参数,应依据构件的实际截面、配筋等计算承载力,可通过与理想弹性假定计算结果的对比分析,着重发现构件可能破坏的部位及其弹塑性变形程度。

应该指出,我国抗震规范所提出的"三水准"设防目标和"两阶段"抗震设计方法,只是在一定程度上考虑了某些基于性能的抗震设计思想。基于性能的抗震设计将是今后较长时期结构抗震的研究和发展方向。

本章小结：本章介绍了地震的类型及其成因,地震波的运动规律,震级、烈度、基本烈度等基本概念。要求掌握建筑抗震设防分类、抗震设防目标和两阶段抗震设计方法；掌握多遇地震烈度和罕遇地震烈度的确定方法；了解基于性能的抗震设计的基本思想。

思考题与习题

1. 什么是地震震级和地震烈度？地震烈度主要与哪些因素有关？
2. 建筑按其重要程度分为哪几类？分类的目的是什么？
3. 什么是基本烈度？
4. 什么是小震烈度和大震烈度？
5. 什么是"三水准"的抗震设防目标？
6. 什么是两阶段设计方法？简述其设计步骤。
7. 什么是基于性能的抗震设计？

第二章 场地、地基和基础

本章提要：本章主要介绍建筑场地、场地土及场地覆盖层厚度的基本概念；场地类别的划分方法；天然地基及基础抗震验算的原则和方法；场地土液化的概念及危害，液化地基的判别和处理；桩基抗震设计的基本方法等。这些是建筑抗震设计的重要问题，学习时应深刻理解，为后续各章的学习打下基础。

第一节 场 地

一、建筑地段的选择

场地(site)是指工程群体所在地，具有相似的反应谱特征，其范围相当于厂区、居民小区和自然村或不小于 $1.0 km^2$ 的平面面积。

历次震害分析表明，在不同工程地质条件的建筑场地上，建筑物在地震中的破坏程度明显不同。为了合理选择建筑场地以减轻建筑物震害，《建筑抗震设计规范》(GB 50011—2010)按场地上建筑物的震害轻重程度，把建筑场地划分为四类，即对建筑抗震有利、一般、不利和危险的地段，见表 2-1。在选择建筑场地时，应选择对抗震有利的地段而避开不利的地段；当无法避开时，应采取适当的抗震措施。不应在危险地段建造建筑物。

有利、一般、不利和危险地段的划分　　　　　　表 2-1

地 段 类 别	地质、地形、地貌
有利地段	稳定基岩，坚硬土，开阔、平坦、密实、均匀的中硬土等
一般地段	不属于有利、不利和危险的地段
不利地段	软弱土，液化土，条状突出的山嘴，高耸孤立的山丘，陡坡，陡坎，河岸和边坡的边缘，平面分布上成因、岩性、状态明显不均匀的土层(含古河道、疏松的断层破碎带、暗埋的塘浜沟谷和半填半挖地基)，高含水率的可塑黄土，地表存在结构性裂缝等
危险地段	地震时可能发生滑坡、崩塌、地陷、地裂、泥石流等及发震断裂带上可能发生地表位错的部位

1. 发震断裂带的影响

断裂带是构造上的薄弱环节。发震断裂带附近地表在地震时可能产生新的错动,使地面建筑物遭受较大破坏。因此,当场地内有发震断裂带时,应对断裂的工程影响进行评价,符合下列条件之一时,可不考虑发震断裂错动对地面建筑的影响:设防烈度小于 8 度;非全新世活动断裂;设防烈度为 8 度、9 度,隐伏断裂的土层覆盖厚度分别大于 60 m 和 90 m 的。若不满足上述条件,应避开主断裂带,其避让距离一般宜按表 2-2 采用。在避让距离的范围内确需建造分散的、低于 3 层的丙、丁类建筑时,应按提高一度采取抗震措施,并提高基础和上部结构的整体性,且不得跨越断层线。

发震断裂带的最小避让距离 表 2-2

烈 度	建筑抗震设防类别			
	甲	乙	丙	丁
8	专门研究	200 m	100 m	—
9	专门研究	400 m	200 m	—

2. 局部地形的影响

当需要在条状突出的山嘴、高耸孤立的山丘、非岩石和强风化岩石的陡坡、河岸和边坡边缘等不利地段建造丙类及丙类以上建筑时,除保证其在地震作用下的稳定性外,还应考虑不利地段对设计地震动参数可能产生的放大作用,其地震影响系数最大值应根据不利地段的具体情况取 1.1~1.6 的放大系数。

二、场地类别的划分

综上所述,在选择建筑场地时,应首先选择对抗震有利的地段而避开不利的地段,以大大减轻建筑物的地震灾害。但是,建筑场地的选择还要受到其它许多因素的制约。除了对抗震极不利和有严重危险性的场地外,一般都可作为建筑用地。因此,有必要根据建筑物所在场地土的物理力学性质和覆盖层厚度的不同,将场地进行分类,以便根据不同的建筑场地类别采用相应的设计参数进行合理的抗震设计。

1. 建筑场地对地震破坏程度的影响

场地土是指在场地范围内的地基土。根据震害调查,即使在同一烈度区内,由于场地土质条件的不同,建筑物的震害也有很大差异,其一般规律为:在软弱地基上,刚性结构表现较好,而柔性结构易遭到破坏。这时有的破坏是因结构破坏所产生,而有的破坏则是因地基破坏所产生。在坚硬地基上,柔性结构表现较好,而刚性结构有的表现较差,一般是因结构破坏导致建筑物破坏。就地面建筑物总的破坏情况来看,在软弱地基上的破坏要比坚硬地基上的严重。场地土土层的组成不同,建筑物的震害也不相同。唐山地震时,天津某区地表下 10m 左右处有低剪切波速的淤泥质亚黏土夹层,与地质条件大体相同的其它区域相比,其震害就轻得多。

场地覆盖层厚度不同所产生的震害也有明显差异。震害调查表明,震害随覆盖层厚度的增加而加重。1976 年唐山地震时,市区西南部覆盖层厚度达 500~800m,房屋倒塌率近 100%,而市区东北部大城山一带,则因覆盖层较薄,多数厂房(如 422 水泥厂、唐山钢厂等)虽然也位于极震区,但房屋倒塌率仅为50%。1923年日本关东地震时,房屋的破坏率也明显地随着冲积层厚度的加大而增加。1967年委内瑞拉地震时,也发现同一地区覆盖层厚度不同其震害有明显差异的现象,特别是9~12层房屋在厚的冲填土上破坏率极高。

2. 场地土类型及场地覆盖层厚度

综上所述,场地对建筑物震害的影响,主要与场地土的刚性和场地覆盖层厚度有关。场地土的刚性一般用土的剪切波速表示,因为剪切波速是土的重要动力参数之一,最能反映场地土的动力特性。根据现场的剪切波速或等效剪切波速 v_{se},《建筑抗震设计规范》(GB 50011—2010)将场地土划分为五种类型,见表2-3。其中 v_{se} 按下式确定:

$$v_{se} = \frac{d_0}{t} \tag{2-1}$$

$$t = \sum_{i=1}^{n} \frac{d_i}{v_{si}} \tag{2-2}$$

式中:v_{se}——土层等效剪切波速(m/s);
d_0——计算深度(m),取覆盖层厚度和20m两者的较小值;
t——剪切波在地面至计算深度之间的传播时间;
d_i——计算深度范围内第 i 土层的厚度(m);
v_{si}——计算深度范围内第 i 土层的剪切波速(m/s);
n——计算深度范围内土层的分层数。

土的类型划分和剪切波速范围 表2-3

土的类型	岩土名称和性状	土层剪切波速范围(m/s)
岩石	坚硬、较硬且完整的岩石	$v_s > 800$
坚硬土或软质岩石	破碎和较破碎的岩石或软和较软的岩石,密实的碎石土	$500 < v_s \leq 800$
中硬土	中密、稍密的碎石土,密实、中密的砾、粗、中砂,$f_{ak} > 150$kPa的黏性土和粉土,坚硬黄土	$250 < v_s \leq 500$
中软土	稍密的砾、粗、中砂,除松散外的细、粉砂,$f_{ak} \leq 150$kPa的黏性土和粉土,$f_{ak} > 130$kPa的填土,可塑新黄土	$150 < v_s \leq 250$
软弱土	淤泥和淤泥质土,松散的砂,新近沉积的黏性土和粉土,$f_{ak} \leq 130$kPa的填土,流塑黄土	$v_{se} \leq 150$

注:f_{ak} 为由载荷试验等方法得到的地基承载力特征值(kPa);v_s 为岩土剪切波速。

对丁类建筑及丙类建筑中层数不超过10层、高度不超过24m的多层建筑,当无实测剪切波速时,可根据岩土名称和性状,按表2-3划分土的类型,再利用当地经验在表2-3的剪切波速范围内估算各土层的剪切波速。

场地覆盖层厚度,应按下列要求确定:

(1)一般情况下,应按地面至剪切波速大于500m/s且其下卧各层岩土的剪切波速均不小于500m/s的土层顶面的距离确定。

(2)当地面5m以下存在剪切波速大于其上部各土层剪切波速2.5倍的土层,且该层及其下卧各层岩土的剪切波速均不小于400m/s时,可按地面至该土层顶面的距离确定。

(3)剪切波速大于500m/s的孤石、透镜体,应视同周围土层。

(4)土层中的火山岩硬夹层,应视为刚体,其厚度应从覆盖土层中扣除。

3. 场地类别

建筑场地类别是场地条件的基本表征。历次震害调查、理论分析和强震观测资料证实,场地土的刚性和场地覆盖层厚度是影响地表震动的主要因素。因此,规范根据上述两个影响因素将建筑场地划分为4类,见表2-4,其中I类分为I_0和I_1两个亚类。当有可靠的剪切波速和覆盖层厚度值且其值处于表2-4中所列类别的分界线附近时,可按插值法来确定场地反应谱特征周期。

各类建筑场地的覆盖层厚度(m)　　　　　　　　　表2-4

岩石的剪切波速或土的等效剪切波速 (m/s)	场地类别				
	I_0	I_1	II	III	IV
$v_{se} > 800$	0				
$500 < v_{se} \leq 800$		0			
$250 < v_{se} \leq 500$		<5	≥5		
$150 < v_{se} \leq 250$		<3	3~50	>50	
$v_{se} \leq 150$		<3	3~15	15~80	>80

【**例2-1**】 已知某建筑场地的地质勘探资料如表2-5所示,试确定该建筑场地的类别。

例2-1 钻孔资料　　　　　　　　　表2-5

土层底部埋深(m)	土层厚度(m)	岩 土 名 称	土层剪切波速(m/s)
1.50	1.50	素填土	184.6
7.30	5.80	细砂	284.4
10.40	3.10	卵石	406.9
15.60	5.20	粉砂岩	526.8

【**解**】 由于地面下10.40m以下土层剪切波速$v_s = 526.8$m/s,覆盖层厚度$d_{ov} = 10.4$m < 20m,所以取场地计算深度$d_0 = 10.4$m。

按式(2-1)计算:

$$v_{se} = \frac{d_0}{\sum_{i=1}^{n} \frac{d_i}{v_{si}}} = \frac{10.40}{\frac{1.5}{184.6} + \frac{5.8}{284.4} + \frac{3.1}{406.9}} = 288 \text{m/s}$$

查表2-4得,当$v_{se} = 288$m/s < 500m/s,且$d_{ov} = 10.4$m > 5m,该场地为II类场地。

4. 场地的卓越周期

地震波是由许多频率不同的谐波分量组成的。场地土对从基岩传来的入射波既有放大作用,又有滤波作用。地震波中与场地的卓越周期相近的谐波分量,因共振而使地面的振幅大大增加;而与场地的卓越周期不同的谐波分量被滤掉。具体来说,表层土的放大作用使坚硬场地土的地震动加速度峰值在短周期范围内局部增大,而使软弱地基的地震动加速度峰值在长周期范围内局部增大。表层土的滤波作用使坚硬场地土的地震动以短周期为主,而软弱地基的地震动则以长周期为主。因此,土质条件对改变地震波的频率特性具有重要作用。地震波经过土层后,由于场地土的放大与滤波作用,地表地震动的卓越周期在很大程度上取决于场地的卓越周期。场地的卓越周期可根据剪切波重复反射理论按下式计算:

$$T = \frac{4d_{ov}}{v_{se}} \tag{2-3}$$

式中各符号意义同式(2-1)、式(2-2)。

场地土的卓越周期是场地的重要动力特性之一。震害分析表明,建筑物的自振周期与场地的卓越周期相等或接近时,建筑物的震害都有加重的趋势。这是因建筑物发生共振导致的。因此在抗震设计中,应使建筑物的自振周期避开场地的卓越周期,以免发生共振现象。

第二节 天然地基与基础的抗震验算

历次震害调查表明,在天然地基上只有很少一部分建筑是因地基失效而引起上部结构破坏的。这类地基多为液化地基、易产生震陷的软弱黏性土地基或不均匀地基。而大量的一般地基均具有较好的抗震性能,极少发现因地基承载力不足而导致的震害。其原因一是一般天然地基在静力作用下都具有相当大的安全储备,并且在建筑物自重力的长期作用下,地基土产生固结,承载能力有所提高。另一方面,地震作用时间较短,且属于动力作用,地基土动承载力高于静承载力。因此,尽管地震时地基所受到的荷载有所增加,但由于上述因素的影响,一般地基遭受地震破坏的可能性还是大大降低了。

应该指出,尽管由于地基原因造成建筑物震害的仅占建筑破坏总数的一小部分,但这类震害却不容忽视。因为一旦地基发生破坏,震后的修复加固相当困难,有时甚至是不可能的。因此应对地基的震害现象进行具体分析,并在设计时采取相应合理的抗震措施。

一、无须进行天然地基及基础抗震验算的建筑

根据对我国多次强震中建筑震害资料的分析,下列在天然地基上的各类建筑极少因地基破坏而引起上部结构破坏,因此可不必进行天然地基及基础的抗震承载力验算。

(1)地基主要受力层范围内不存在软弱黏性土层的下列建筑:
①一般的单层厂房和单层空旷房屋;
②砌体房屋;
③不超过8层且高度在24m以下的一般民用框架和框架—抗震墙房屋及与其基础荷载相当的多层框架厂房和多层混凝土抗震墙房屋。
(2)规范规定可不进行上部结构抗震验算的建筑。

其中软弱黏性土层是指7度、8度和9度时,地基承载力特征值分别小于80kPa、100kPa和120kPa的土层。

二、天然地基的抗震验算

1. 地基抗震承载力

在进行天然地基的抗震验算时,首先要确定地基的抗震承载力。而地基土在地震作用下的承载力,即动承载力与其静承载力不同。动承载力一般按动载和静载作用下,在一定的动载循环次数下,土样达到一定应变值(一般取静载的极限应变值)时的总作用力。在静载长期作用下,地基土将产生弹性变形和永久变形(即残余变形),其中弹性变形可在短时间内完成,而永久变形的完成则需要较长的时间。因此,在静载作用下的地基,其极限应变值也势必较大。

而地震作用是低频(1~5 Hz)、有限次数(10~30 次)的脉冲作用,作用时间很短,只能使土层产生弹性变形而来不及发生永久变形。因此,从地基变形的角度来说,除十分软弱的土外,地震作用下一般土的动承载力皆比其静承载力高。另一方面,考虑到地震作用的偶然性和短暂性,地基在地震作用下的可靠指标可比静载下的适当降低。因此,除十分软弱的土外,地基抗震承载力取值应比静承载力有所提高。地基抗震承载力按下式确定:

$$f_{aE} = \zeta_a f_a \tag{2-4}$$

式中:f_{aE}——调整后的地基抗震承载力;

ζ_a——地基抗震承载力调整系数,按表 2-6 采用;

f_a——深宽修正后的地基承载力特征值,按现行国家标准《建筑地基基础设计规范》(GB 50007)采用。

地基抗震承载力调整系数   表 2-6

岩土名称和性状	ζ_a
岩石,密实的碎石土,密实的砾、粗、中砂,$f_{ak} \geq 300$ kPa 的黏性土和粉土	1.5
中密、稍密的碎石土,中密和稍密的砾、粗、中砂,密实和中密的细、粉砂,150 kPa $\leq f_{ak} < 300$ kPa 的黏性土和粉土,坚硬黄土	1.3
稍密的细、粉砂,100 kPa $\leq f_{ak} < 150$ kPa 的黏性土和粉土,可塑黄土	1.1
淤泥,淤泥质土,松散的砂,杂填土,新近堆积黄土及流塑黄土	1.0

2. 天然地基的抗震验算

在进行天然地基的抗震承载力验算时,应将作用于建筑物上的各类荷载效应与地震作用效应组合,并假定基础底面的压力为直线分布。基础底面的平均压力和边缘最大压力应符合下式要求:

$$P \leq f_{aE} \tag{2-5}$$

$$P_{\max} \leq 1.2 f_{aE} \tag{2-6}$$

式中:P——地震作用效应标准组合的基础底面平均压应力;

$P_{\max}$——地震作用效应标准组合的基础边缘的最大压应力。

同时,对于高宽比大于 4 的高层建筑,在地震作用下基础底面不宜出现拉应力;其它建筑,基础底面零应力区面积不应超过基础底面面积的 15%。

第三节 场地土的液化与抗液化措施

一、液化的概念

地震时,饱和砂土或粉土颗粒在强烈振动下发生相对位移,土的颗粒结构趋于密实。如土本身的渗透系数较小,颗粒间孔隙水在短时间内不能排出而受到挤压,从而使孔隙水压力急剧上升。当孔隙水压力增加到与剪切面上的法向压应力接近或相等时,砂土或粉土受到的有效压应力(即原来由土颗粒通过其接触点传递的压应力)下降乃至完全消失,这时,土的抗剪强度等于零,砂土颗粒犹如"液体"一样处于悬浮状态,即称为场地土液化。

场地土液化可引起地面喷水冒砂、地基不均匀沉陷、地裂和土体滑坡等,从而造成建筑物破坏。根据国内外震害调查,在各种因地基失效引起的震害中,80%是因场地土液化造成的。1964年美国阿拉斯加地震和1964年日本新潟地震都曾发生因饱和砂土地基液化,造成大量建筑物的不均匀下沉、倾斜,甚至倾倒的震害。在我国,1975年海城地震和1976年唐山地震中也发生了大面积的地基液化引起的不同程度震害。

震害调查表明,影响场地土液化的因素主要有以下几个方面:

(1)土层的地质年代。一般,饱和砂土的地质年代越古老,其固结度、密实度和结构性越好,抗液化能力就越强。

(2)土的组成。因细砂的透水性较差,地震时易产生孔隙水的超压作用,故细砂较粗砂容易液化。颗粒均匀的砂土较颗粒级配良好的砂土容易液化。

(3)土的相对密度。松砂较密砂容易液化。1964年的新潟地震中,土层相对密度为50%的地区普遍可以见到液化现象,而在土层相对密度大于70%的地方就未发现液化问题。

粉土是黏性土与无黏性砂土之间的过渡性土壤,其黏粒含量决定了这类土壤的性质,从而也影响其液化的程度。一般来说,土的黏粒含量越高,则越不容易发生液化。

(4)土层的埋深。试验和理论研究均表明,砂土层的埋深越大,其饱和砂土层上的有效覆盖压力亦越大,这样的砂土层也就越不容易发生液化。地震时液化砂土层的深度一般都在10m以内。

(5)地下水位的深度。地下水位越浅越容易液化。就砂土而言,地下水位小于4 m时容易液化,超过4 m后一般就不会液化。而对于粉土来说,7度、8度和9度地区内的地下水位分别小于1.5 m、2.5 m和6.0 m时容易液化,超过此值后亦不再会发生液化。

(6)地震烈度和地震持续时间。地震烈度越高,持续时间越长,饱和砂土越容易发生液化。一般液化主要发生在7度及以上地区,而6度以下地区则很少出现。日本新潟在过去的300多年中曾发生过25次地震,其中只有在地面运动加速度大于0.13g的3次地震中发生过地基土液化现象,其余地面运动加速度小于0.13g的地震均未发生地基土液化。试验结果还说明,地震持续时间较长时,即使地震烈度较低,地基土也可能会出现液化问题。

二、液化的判别

当建筑物的地基有饱和砂土或饱和粉土时,应经过勘察试验预测其在未来地震时是否会出现液化,并确定是否需要采取相应的抗液化措施。《建筑抗震设计规范》(GB 50011—2010)规定,地震烈度为6度时,一般情况下可不考虑对饱和砂土的液化进行判别和地基处理。但对液化沉陷敏感的乙类建筑,即由地基液化引起的沉陷可导致结构破坏或使结构不能正常使用的,可按7度考虑;7~9度时,乙类建筑可按本地区设防烈度的要求进行判别和处理。

为了减少判别场地土液化的勘察工作量,饱和砂土液化的判别可分两步进行,即初步判别和标准贯入试验判别。凡经初步判别定为不液化或可不考虑液化影响的场地土,原则上可不进行标准贯入试验。

1. 初步判别

对于饱和的砂土或粉土(不含黄土),当符合下列条件之一时,可初步判别为不液化或可不考虑液化影响的场地土:

(1)地质年代为第四纪晚更新世(Q_3)及其以前时,7度、8度时可判为不液化土。

(2)粉土的黏粒(粒径小于0.005mm的颗粒)含量百分率(%),在7度、8度和9度分别不小于 10、13 和 16 时,可判为不液化土。其中用于液化判别的黏粒含量系采用六偏磷酸钠作分散剂测定;采用其它方法时应按有关规定换算。

(3)浅埋天然地基的建筑,当上覆非液化土层厚度和地下水位深度符合下列条件之一时,可不考虑液化影响:

$$d_u > d_0 + d_b - 2 \tag{2-7}$$

$$d_w > d_0 + d_b - 3 \tag{2-8}$$

$$d_u + d_w > 1.5d_0 + 2d_b - 4.5 \tag{2-9}$$

式中:d_w——地下水位深度(m),宜按设计基准期内年平均最高水位采用,也可按近期内年最高水位采用;

d_u——上覆盖非液化土层厚度(m),计算时宜将淤泥和淤泥质土层扣除,因为当上覆土层中夹有软土层时,软土对抑制液化过程中的喷水冒砂作用很小,且其本身在地震中也可能发生软化现象,故应将其从上覆层中扣除;上覆层厚度一般从第一层可液化土层的顶面算至地表;

d_b——基础埋置深度(m),不超过 2m 时应采用 2m;

d_0——液化土特征深度(m),可按表 2-7 采用。

液化土特征深度 d_0(m) 表 2-7

饱和土类别	7 度	8 度	9 度
粉土	6	7	8
砂土	7	8	9

2. 标准贯入试验判别

当饱和砂土、粉土的初步判别认为需进一步进行液化判别时,应采用标准贯入试验判别法判别地面下 20m 范围内土的液化;但对可不进行天然地基及基础的抗震承载力验算的各类建筑,可只判别地面下 15m 范围内土的液化。当有成熟经验时,尚可采用其它判别方法。

标准贯入试验设备如图 2-1 所示,它由标准贯入器、触探杆和重 63.5 kg 的穿心锤组成。操作时,先用钻具钻至试验土层测点以上 15 cm 处,然后将贯入器打至测点位置,最后在锤的落距为 76 cm 的条件下,打入土层 30 cm,记录锤击数为 $N_{63.5}$。

当实测标准贯入锤击数 $N_{63.5}$(未经杆长修正)小于液化判别标准贯入锤击数的临界值 N_{cr},即 $N_{63.5} < N_{cr}$ 时,应判为可液化土;否则即为不液化土。在地面下 20m 深度范围内,液化判别标准贯入锤击数临界值 N_{cr} 可按下式计算:

$$N_{cr} = N_0 \beta [\ln(0.6d_s + 1.5) - 0.1d_w] \sqrt{3/\rho_c} \tag{2-10}$$

式中:N_{cr}——液化判别标准贯入锤击数临界值;

N_0——液化判别标准贯入锤击数基准值,可按表 2-8 采用;

d_s——饱和土标准贯入点深度(m);

d_w——地下水位(m);

ρ_c——黏粒含量百分率,当小于 3% 或为砂土时,应取 3%;

β——调整系数,设计地震第一组取 0.80,第二组取 0.95,第三组取 1.05。

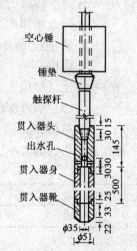

图 2-1 标准贯入试验设备示意
(尺寸单位:mm)

液化判别标准贯入锤击数基准值 N_0					表2-8
设计基本地震加速度(g)	0.10	0.15	0.20	0.30	0.40
液化判别标准贯入锤击数基准值	7	10	12	16	19

从式(2-10)可以看出,在确定临界值 N_{cr} 时主要考虑了土层所处的深度、地下水位的深度、饱和土的黏粒含量及地震烈度等影响场地土液化的主要因素。

三、液化地基的评价

当经过上述两步判别法确定场地土为液化土后,应进一步定量分析,评价该液化土可能造成的危害程度,以便采取相应的抗液化措施。试验研究和震害调查表明,在同一地震强度的作用下,可液化土层的厚度越大,埋藏越浅,土的密度越低,则实测标准贯入锤击数 $N_{63.5}$ 比液化判别标准贯入锤击数临界值 N_{cr} 小得越多;地下水位越高,液化造成的沉降量越大,因此对建筑物的危害程度亦越大。反之,其危害程度就越小。

为了衡量场地液化的危害程度,《建筑抗震设计规范》(GB 50011—2010)规定对存在液化砂土层、粉土层的地基,应探明各液化土层的深度和厚度,按式(2-11)确定液化场地的液化指数 I_{lE},并根据液化指数 I_{lE} 来划分场地的液化等级。

$$I_{lE} = \sum_{i=1}^{n}\left[1 - \frac{N_i}{N_{cri}}\right]d_i W_i \tag{2-11}$$

式中:I_{lE}——液化指数;
$\quad n$——在判别深度范围内每一个钻孔标准贯入试验点的总数;
$\quad N_i$、N_{cri}——分别为 i 点标准贯入锤击数的实测值和临界值,当实测值大于临界值时应取临界值;当只需要判别15m范围以内的液化时,15m以下的实测值可按临界值采用;
$\quad d_i$——i 点所代表的土层厚度(m),可采用与该标准贯入试验点相邻的上、下两标准贯入试验点深度差的一半,但上界不高于地下水位深度,下界不深于液化深度;
$\quad W_i$——i 土层单位土层厚度的层位影响权函数值(m^{-1}),当该层中点深度不大于5m时采用10;等于20m时取0;5~20m时按线性内插法取值,见图2-2。

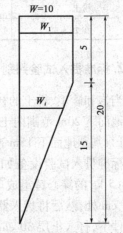

图2-2 权函数图形(尺寸单位:m)

根据液化指数的大小,可将液化地基划分为三个等级,见表2-9。

液 化 等 级			表2-9
液化等级	轻 微	中 等	严 重
液化指数	$0 < I_{lE} \leq 6$	$6 < I_{lE} \leq 18$	$I_{lE} > 18$

四、液化地基的抗震措施

对于可能液化的地基,应根据建筑的抗震设防类别和地基的液化等级,结合具体的工程情况综合考虑,选择合理的抗液化措施。当液化砂土层、粉土层较平坦且均匀时,可按表2-10选用合理的抗液化措施;同时也可考虑上部结构重力荷载对液化危害的影响,根据液化震陷量的估计适当调整抗液化措施。不宜将未经处理的液化土层作为天然地基持力层。甲类建筑的地基抗液化措施应进行专门研究,但不宜低于乙类的相应要求。

抗 液 化 措 施　　　　　　　　　　　　　　　　表 2-10

建筑抗震设防类别	地基的液化等级		
	轻微	中等	严重
乙类	部分消除液化沉陷,或对基础和上部结构处理	全部消除液化沉陷,或部分消除液化沉陷且对基础和上部结构处理	全部消除液化沉陷
丙类	基础和上部结构处理,亦可不采取措施	基础和上部结构处理,或更高要求的措施	全部消除液化沉陷,或部分消除液化沉陷且对基础和上部结构处理
丁类	可不采取措施	可不采取措施	基础和上部结构处理,或其它较经济的措施

1. 全部消除地基液化沉陷

当要求全部消除地基液化沉陷时,可采用桩基、深基础、土层加密法或挖除全部液化土层等措施,具体应符合下列要求:

(1)采用桩基时,桩端伸入液化深度以下稳定土层中的长度(不包括桩尖部分)应按计算确定,同时,对碎石土、砾砂、粗砂、中砂、坚硬黏性土和密实粉土不应小于 0.8m,对其它非岩石土不宜小于 1.5 m。

(2)采用深基础时,基础底面应埋入液化深度以下的稳定土层中,其深度不应小于 0.5 m。

(3)采用加密法(如振冲、振动加密、挤密碎石桩、强夯等)对可液化地基进行加固时,应处理至液化深度下界;振冲或挤密碎石桩加固后,复合地基的标准贯入锤击数不宜小于液化标准贯入锤击数的临界值。

(4)用非液化土替换全部液化土层,或增加上覆非液化土层的厚度。

(5)采用加密法或换土法处理时,在基础边缘以外的处理宽度应超过基础底面下处理深度的 1/2 且不小于基础宽度的 1/5。

2. 部分消除地基液化沉陷

对于部分消除地基液化沉陷的措施,应符合以下要求:

(1)在对地基进行处理时,其处理深度应使处理后的地基液化指数减小,其值不宜大于 5;大面积筏基、箱基的中心区域,处理后的液化指数可比上述规定降低 1;对独立基础和条形基础,尚不应小于基础底面下液化土特征深度和基础宽度的较大值。其中心区域指位于基础外边界以内沿长宽方向距外边界大于相应方向 1/4 长度的区域。

(2)采用振冲或挤密碎石桩加固后,桩间土的标准贯入锤击数不宜小于液化判别标准贯入锤击数临界值。

(3)基础边缘以外的处理宽度,应超过基础底面下处理深度的 1/2,且不小于基础宽度的 1/5。

(4)采取减小液化震陷的其它方法,如增厚上覆非液化土层的厚度和改善周边的排水条件等。

3. 基础和上部结构处理

为减轻地基液化对基础和上部结构的影响,可综合考虑采取以下措施:
(1)选择合适的基础埋置深度;
(2)调整基础底面积以减小基础的偏心;
(3)加强基础的整体性和刚性,如采用箱基、筏基或钢筋混凝土交叉条形基础,加设基础圈梁等;
(4)减轻荷载,增强上部结构的整体刚度和均匀对称性,合理设置沉降缝.避免采用对不均匀沉降敏感的结构形式等;
(5)管道穿过建筑处应预留足够尺寸或采用柔性接头等。

第四节 桩基的抗震设计

一、可不进行桩基抗震验算的建筑

如上所述,全部消除地基液化沉陷的有效措施之一是采用桩基,桩基的抗震性能普遍优于其它类型的基础。由于下述采用桩基的建筑在地震中极少发生地基失效,故《建筑抗震设计规范》(GB 50011—2010)规定,对于承受竖向荷载为主的低承台桩基,当地面下无液化土层且桩承台周围无淤泥、淤泥质土和地基土静承载力特征值不大于 100 kPa 的填土时,下列建筑可不进行桩基抗震承载力验算:
(1)砌体房屋和按照《建筑抗震设计规范》(GB 50011—2010)规定可不进行上部结构抗震验算的建筑;
(2)设防烈度为 7 度和 8 度时,一般单层厂房、单层空旷房屋和不超过 8 层且高度在 24 m 以下的一般民用框架房屋及与其基础荷载相当的多层框架厂房和多层混凝土抗震墙房屋。

二、桩基的抗震验算

对于不符合上述条件的桩基,一般应进行桩基的抗震验算。验算时应根据场地土的组成情况,将其分为非液化土中的低承台桩基抗震验算和存在液化土层的低承台桩基抗震验算两大类。

对于非液化土中的低承台桩基,其抗震验算应符合下列规定:
(1)单桩竖向和水平向抗震承载力特征值,可较非抗震设计提高 25%;
(2)当承台侧面的回填土夯实至干重度不小于现行《建筑地基基础设计规范》(GB 50007)对填土的要求时,可由承台正面填土与桩共同承担水平地震作用,但不应计入承台底面与地基土间的摩擦力。这主要是考虑到软弱土存在震陷,一般黏性土也可能因桩身摩擦力产生的桩间土在附加应力下的压缩使土与承台脱空,欠固结土固结下沉,非液化的砂砾震密等问题不可避免,使承台底面与地基土间的摩擦力不可靠,故不计其承担水平地震作用。

对于存在液化土层的低承台桩基,其抗震验算应符合下列规定:
(1)承台埋深较浅时,不宜计入承台侧面土抗力或刚性地坪对水平地震作用的分担作用;

（2）当桩承台底面上、下分别有厚度不小于1.5m、1.0m的非液化土层或非软弱土层时，可按下列两种情况进行桩的抗震验算，并取不利情况设计：

①桩承受全部地震作用，此时考虑到土尚未充分液化，单桩承载力仍按比非抗震设计提高25%取用，但液化土的桩周摩阻力及桩水平抗力均应乘以表2-11的折减系数。

土层液化影响折减系数　　　　表2-11

实际标贯锤击数（临界标贯锤击数）	深度 d_s(m)	折减系数
≤0.6	$d_s \leq 10$	0
	$10 < d_s \leq 20$	1/3
>0.6~0.8	$d_s \leq 10$	1/3
	$10 < d_s \leq 20$	2/3
>0.8~1.0	$d_s \leq 10$	2/3
	$10 < d_s \leq 20$	1

②地震作用按水平地震影响系数最大值的10%采用，桩承载力仍考虑较非抗震设计值提高25%，但应扣除液化土层的全部摩阻力及桩承台下2m深度范围内非液化土的桩周摩阻力。这主要是考虑到液化土中孔隙水压力消散时，会沿桩与基础周围产生排水现象，导致桩周摩阻力降低。

（3）打入式预制桩及其它挤土桩，当平均桩距为2.5~4倍桩径且桩数不少于5×5时，可考虑打桩对土的加密作用及桩身对液化土变形限制的有利影响。当打桩后桩间土的标准贯入锤击数达到不液化的要求时，可不考虑液化对单桩承载力的折减。但对桩尖持力层作强度校核时，桩群外侧的应力扩散角应取为零。打桩后桩间土的标准贯入锤击数宜由试验确定，也可按下式计算：

$$N_1 = N_p + 100\rho(1 - e^{-0.3N_p}) \quad (2-12)$$

式中：N_1——打桩后的标准贯入锤击数；

ρ——打入式预制桩的面积置换率；

N_p——打桩前的标准贯入锤击数。

三、桩基的抗震措施

对处于液化土中的桩基承台周围，宜采用非液化土填筑夯实；若采用砂土或粉土，应使土层的标准贯入锤击数不小于液化判别标准贯入锤击数临界值。

为保证液化土层附近桩身的抗弯、抗剪承载力，液化土中桩的配筋范围，应自桩顶至液化深度以下符合全部消除液化沉陷所要求的深度，其纵向钢筋应与桩顶部相同，且箍筋应加粗、加密。

本章小结：建筑场地是指建筑物的所在地，在平面上大体相当于厂区、居民点或自然村的区域范围。场地对建筑物震害的影响，主要与场地土的刚性和场地覆盖层厚度有关。要求掌握根据场地类别划分方法和依据，掌握地基抗震承载力的验算规定和方法；重点了解场地土的液化的原理和影响因素，掌握饱和砂土液化的判别方法及抗液化措施；了解桩基的抗震验算范围和方法。

思考题与习题

1. 场地土分为哪几类？它们是如何划分的？
2. 试述建筑场地类别的划分依据和方法。
3. 已知某建筑场地的地质勘探资料如下表所示，试确定该建筑场地的类别。

思考题3 钻孔资料

土层底部埋深(m)	土层厚度(m)	岩土名称	土层剪切波速(m/s)
2.30	2.30	杂填土	120
5.40	3.10	粉质黏土	173
14.50	9.10	黏土	202
20.80	6.30	粉土	236
23.60	2.80	中密的粉砂	312
30.00	6.40	基岩	580

4. 简述天然地基基础抗震验算的一般原则。哪些建筑可不进行天然地基基础的抗震承载力验算？为什么？
5. 怎样确定地基土的抗震承载力？
6. 什么是场地土的液化？怎样判别？液化对建筑物有哪些危害？
7. 如何确定地基的液化指数和液化的危害程度？
8. 简述可液化地基的抗液化措施。
9. 哪些建筑可不进行桩基的抗震承载力验算？为什么？
10. 简述桩基的抗震验算方法。

第三章 结构地震反应分析及抗震验算

本章提要：地震时，地震引起的地面运动，使原来静止的建筑受到动力作用而产生强迫振动。在振动过程中，结构上产生的惯性力称为地震作用。地震作用计算和结构抗震验算是建筑抗震设计的重要环节之一，是确定所设计的结构能否满足最低抗震安全要求的关键步骤。因此，确定结构地震作用将是本章学习的重点。

第一节 单质点弹性体系的水平地震反应

地震释放的能量，以地震波的形式向四周扩散。地震波到达地面后引起地面运动，使原来处于静止的建筑物受到动力作用，这种动力作用通过房屋基础影响上部结构，使整个结构产生振动，结构在振动过程中产生的惯性力称为地震作用。

与一般大自然变化引起的风载、雪载不同，地震作用不是直接作用在结构上的荷载，而是地面运动引起结构的惯性力所产生的间接作用。地震作用不仅取决于地震烈度大小、震中距的远近，而且与建筑结构的动力特性（如结构自振周期、振型、阻尼等）和建筑所在场地土的特征和场地类别有关，所以确定地震作用比确定结构上一般荷载要复杂得多，此即确定结构上地震作用的特点。地震引起的地面运动，不仅有两个水平方向的运动分量，而且还有竖向分量以及转动分量，同时地震的发生及其强烈程度又具有很大的不确定性，所以确定地震时地面运动的规律较为困难，这也是结构抗震分析的难点。

一、地震反应分析理论的发展

地震反应分析和结构抗震理论是近一百年来发展形成的一门新兴学科。由于结构地震反应决定于地震动与结构动力特性，因此，地震反应分析也随着人们对这两方面认识的加深而发展。根据计算理论不同，地震反应分析理论的发展可划分为静力理论、反应谱理论和动力理论三个阶段。

1. 静力理论阶段

静力法又称烈度法，是一种等效静力分析，其计算简图见图 3-1。静力法进行结构动力计算的基本假设如下：

(1) 结构为刚体；

(2) 底部为固端，基础仅随地基作水平移动。

根据以上假设，结构作平移振动，各质点运动加速度大小、相位均相同，均等于地面振动加速度。这样，质点振动反应仅与地面加速度有关，各质点地震作用最大值为 $|-m_i \ddot{x}_g(t)|_{\max}$，其中 $|\ddot{x}_g(t)|_{\max}$ 为地面运动加速度最大值，与不同烈度相对应，所以，此法又称烈度法。

由于该法是将求出的各质点的地震作用最大绝对值，施加于结构后按静力分析方法求出地震效应，而没有考虑地震作用随时间的变化，因此，静力法属于一种等效静力分析法。

尽管静力法忽略了地震作用与结构动力特性直接相关以及结构为非刚性等关键因素，造成由此求出的地震作用失真，但静力法的产生在抗震领域却具有划时代意义，由此建立了结构抗震理论。

2. 反应谱理论阶段

反应谱理论是建立在强震观测和计算机应用发展的基础上的。在 20 世纪 40 年代，美国比奥特首先明确提出从实测记录中计算反应谱的概念，50 年代初由美国豪斯纳（Housner）根据多个实测的地面振动波分别代入单自由度动力反应方程，计算出各自最大弹性地震反应（加速度、速度、位移），从而得出结构最大地震反应与该结构自振周期的关系曲线，即反应谱。由反应谱可计算出最大地震作用，从而取代了静力法，使结构抗震分析理论进入了一个新的阶段。到 20 世纪 60 年代又发展到考虑场地土类别不同对反应谱曲线的影响。按反应谱理论的结构动力计算简图，见图 3-2。

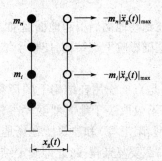
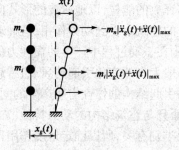

图 3-1　静力法结构动力计算简图　　　　图 3-2　反应谱理论结构动力计算简图

与静力法相比，反应谱理论取得如下进展：

(1) 改变了静力法中关于刚体结构的假设，更真实地模拟了结构振动的加速度 $\ddot{x}(t)$ 对地震作用的影响，即质点 i 惯性力最大绝对值为

$$-m_i [|\ddot{x}_g(t)|_{\max} + |\ddot{x}(t)|_{\max}]$$

(2) 指出地震作用与结构动力特性密切相关，即地震作用随结构自振周期的改变而改变这个基本特点。

(3) 根据多条强震实测记录，经统计分析给出了单自由度体系反应谱曲线，依此计算结构上最大地震作用值，使计算大为简化。

反应谱理论与静力理论相比虽然是一个飞跃，但由于仍是求出最大地震作用后按静力分析法计算地震反应，所以仍属于等效静力法。

3. 动力理论阶段

动力理论是直接由动力方程求解结构地震反应。由于地震波为复杂的随机振动,对于多自由度体系振动不可能直接得出解析解,只可采用逐步积分法,而这种方法计算工作量大,只有在计算机应用高度发展的前提下才能实现。因此,随着 20 世纪 60 年代前后电子计算机的大量普及和试验技术的发展,才使多自由度体系的直接动力分析成为可能。我国现行抗震规范中规定,对于特别不规则建筑、甲类建筑及某些高层建筑规定,用时程法(动力理论)进行补充计算。实际上,在工程中大量高层建筑和大跨度结构均进行了直接动力分析。

直接动力分析(时程分析法)在理论上的主要进展是:

(1)反应谱法是最大值的包络,而地震作用是一个时间过程,时程分析可反映结构地震反应随时间变化的全过程;

(2)时程分析可很好地反映结构振动过程中刚度变化的真实情况及实际地震波全过程的作用;

(3)用反应谱法进行强度计算,有时不能找出结构真正薄弱层(部位),而由弹塑性直接动力分析则可准确识别结构的薄弱环节;

(4)对于地震动三要素——烈度、频谱和持续时间,静力法(烈度法)仅计及烈度,反应谱法考虑了烈度和频谱,而时程分析法则全面考虑了烈度、频谱和持续时间三要素对结构的影响。

直接动力分析理论正处于发展阶段,现实际工程已采用的是确定性直接动力分析。同时,现正在研究发展的还有非确定性分析,即随机振动分析,此法更真实地将地震动与结构地震反应描述为随机过程来分析其统计特征,很有发展前景。但由于计算复杂,尚需进一步研究在工程设计中的实用方法。

二、单自由度弹性体系地震反应方程

对于一般单层房屋、水塔等工程结构,其重量主要集中于屋盖或结构顶部,所以,在进行抗震分析时,可以把参与振动的质量集中于一点,则形成底部固定的无重直杆支承的单质点体系的动力计算简图(图3-3)。在水平地震作用下,当仅考虑质点沿水平方向振动时,则单质点体系即为单自由度体系。

图 3-4 所示为质量为 m 的单自由度弹性体系,当在水平地震作用下,质点产生水平振动。$\ddot{x}_g(t)$ 表示地面水平振动加速度,在工程设计中一般取实测地震波,也可取人工地震波。$x(t)$ 表示质点相对于基础的水平位移,简称相对位移,即为待求的质点位移反应,是随时间变化的函数。

取质点 m 为隔离体,作用在质点上有两个力,即弹性恢复力 S 和阻尼力 D。

弹性恢复力 S 是使质点从振动位置回到平衡位置的一种力,其大小与质点的相对位移 $x(t)$ 成正比,而方向相反,可表为

$$S = -kx(t) \tag{3-1}$$

式中:k——刚度系数,即质点产生单位水平位移时在质点处所需施加的力。

结构在振动过程中,由于外部介质阻力(如空气动力阻尼)、结构材料的内部摩擦、结构材料非弹性变形耗能、结构构件联结处摩擦及通过地基散失能量等因素的影响,使结构振动逐渐衰减,这种使结构振动衰减的力称为阻尼力。在工程设计中,一般采用最简单的黏滞阻尼假

定,即假设阻尼力 D 与质点振动速度 $\dot{x}(t)$ 成正比,而方向相反,即
$$D = -c\dot{x}(t) \tag{3-2}$$
式中:c——阻尼系数。

此时质点 m 上的惯性力为
$$I = -m[\ddot{x}_g(t) + \ddot{x}(t)] \tag{3-3}$$

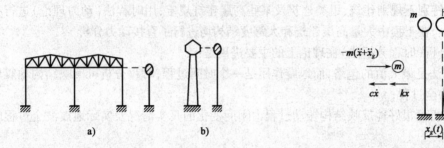

图 3-3 单质点体系　　　　　　图 3-4 单质点体系地震反应

根据达朗贝尔原理:在质点系运动的任一瞬时,作用在质点的主动力、约束反力和惯性力,将处于假想的动力平衡状态,于是可列出质点运动方程为
$$I + D + S = 0 \tag{3-4a}$$
即
$$-m[\ddot{x}_g(t) + \ddot{x}(t)] - c\dot{x}(t) - kx(t) = 0 \tag{3-4b}$$
移项,整理后得:
$$m\ddot{x}(t) + c\dot{x}(t) + kx(t) = -m\ddot{x}_g(t) \tag{3-5}$$
上式即为单自由度弹性体系水平地震反应微分方程。

将各项均除以质量 m,并令
$$\omega^2 = \frac{k}{m}, \quad \xi = \frac{c}{2m\omega} \tag{3-6}$$
则式(3-5)可简化为:
$$\ddot{x}(t) + 2\xi\omega\dot{x}(t) + \omega^2 x(t) = -\ddot{x}_g(t) \tag{3-7}$$
式中:ω——圆频率;

ξ——阻尼比,由式(3-6)确定。

三、单自由度弹性体系的自由振动

单自由度体系运动方程(3-7)是一个常系数二阶非齐次微分方程,其对应的齐次方程为
$$\ddot{x}(t) + 2\xi\omega\dot{x}(t) + \omega^2 x(t) = 0 \tag{3-8}$$
即为该体系自由振动方程。因此运动方程(3-7)的通解即为自由振动时单自由度体系的位移反应。

当 $\xi < 1$ 时,方程(3-8)的解为
$$x(t) = e^{-\xi\omega't}(A\cos\omega't + B\sin\omega't) \tag{3-9}$$
式中:$\omega' = \omega\sqrt{1-\xi^2}$——有阻尼的自振频率;

A、B——待定常数,可由初始条件确定。

由 $t=0, x(t)=x(0), \dot{x}(t)=\dot{x}(0)$,可分别得到:

$$A = x(0); B = \frac{\dot{x}(0) + \xi\omega x(0)}{\omega'}$$

将由初始条件确定的系数 A、B 代入式(3-9)后,即可得出自由振动解为

$$x(t) = e^{-\xi\omega t}\left[x(0)\cos\omega't + \frac{\dot{x}(0) + \xi\omega x(0)}{\omega'}\sin\omega't\right] \quad (3-10)$$

关于单质点自由振动的特点,现作如下讨论:

(1)由 $x(t)$ 的表达式(3-10)可见,有阻尼自由振动位移反应与结构振动频率 ω 和阻尼比 ξ 有关,且随时间 t 的增加,质点振动的振幅很快趋于零,属于自由衰减振动。而 ω、ξ 仅与体系自身的质量、刚度、阻尼有关,属于结构本身的固有属性,故称为结构的自振特征。

(2)由 ω' 的表达式

$$\omega' = \omega\sqrt{1-\xi^2}$$

一般结构的阻尼比 ξ 约在 0.01~0.10 之间,因此,可取 $\omega' \approx \omega$。一般分析自由振动时,常忽略阻尼力项,近似采用无阻尼自由振动解,即可达到工程上应用所需要的精度。

无阻尼单自由度体系的自振频率 f 和自振周期 T 的表达式可归纳为

$$\omega = \sqrt{\frac{k}{m}}$$

$$f = \frac{\omega}{2\pi} = \frac{1}{2\pi}\sqrt{\frac{k}{m}}$$

$$T = \frac{1}{f} = 2\pi\sqrt{\frac{m}{k}} \quad (3-11)$$

(3)临界阻尼系数及阻尼比

对于有阻尼自由振动,由关系式 $\omega' = \omega\sqrt{1-\xi^2}$ 可以看出,阻尼比越大,则 ω' 越低,当 $\xi=1$ 时,则 $\omega'=0$,表示结构不产生振动(据此可进行结构减震设计)。在此种临界状态下,阻尼系数 c 为

$$c = c_r = 2m\omega$$

则

$$\xi = \frac{c}{2m\omega} = \frac{c}{c_r}$$

式中:c_r——称为临界阻尼系数;

ξ——结构实际阻尼系数与临界阻尼系数的比值,称 ξ 为临界阻尼比,简称为阻尼比。

四、单自由度弹性体系地震位移反应分析

单自由度弹性体系地震反应问题即是求解该体系的强迫振动问题,其地震反应即为运动方程式(3-7)的全解,即通解与特解之和。

其通解由式(3-10)已给出,现仅需求出运动方程的特解。因为 $\ddot{x}_g(t)$ 比较复杂,不可能用简单函数来表达,在求特解时,把该地震反应方程视作单位质量承受外荷载 $-m\ddot{x}_g(t)$ 的强迫振动,并认为动荷载是由无穷多个连续作用的瞬时冲量组成,如图 3-5 所示。

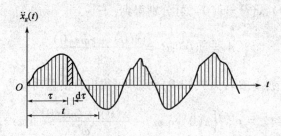

图 3-5 地面加速度时程曲线

现讨论在任一瞬时冲量作用下单质点体系的位移反应。

体系在瞬时冲量之前初始位移和初速度均为零,在瞬时冲量之后体系上没有动荷载作用,因而可视为自由振动,引用式(3-10)自由振动方程解答,即

$$x(t) = e^{-\xi\omega t}\left[x(0)\cos\omega' t + \frac{\dot{x}(0) + \xi\omega x(0)}{\omega'}\sin\omega' t\right]$$

由于在瞬时冲量作用前,质点初位移及初速度均为零,所以在瞬时冲量无限短的时间内位移不会发生变化,而速度有变化,这个变化可由冲量定律求得,即冲量等于质点动量的增量。

在任意时刻 τ,瞬时冲量为 $-m\ddot{x}_g(t)\mathrm{d}\tau$,由冲量定律有:

$$m\Delta\dot{x}(\tau) = -m\ddot{x}_g(\tau)\mathrm{d}\tau \tag{3-12a}$$

由于瞬时冲量作用初速度为零,所以 $\Delta\dot{x}(\tau)$ 即为式(3-10)中的 $\dot{x}(0)$,按单位质量($m = 1$),则上式变为

$$\dot{x}(0) = -\ddot{x}_g(\tau)\mathrm{d}\tau \tag{3-12b}$$

代入式(3-10),并取式中 t 为 $(t-\tau)$,即得出任一瞬时冲量引起的位移 $\mathrm{d}x$ 为

$$\mathrm{d}x = -e^{-\xi\omega(t-\tau)}\frac{\ddot{x}_g(\tau)}{\omega'}\sin\omega'(t-\tau)\mathrm{d}\tau \tag{3-13}$$

将从初始时刻($\tau = 0$)到 $\tau = t$ 期间所有瞬时荷载冲量作用效应叠加,即可得到 t 时刻的振动位移为

$$x(t) = -\frac{1}{\omega'}\int_0^t \ddot{x}_g(\tau)\, e^{-\xi\omega(t-\tau)}\sin\omega'(t-\tau)\mathrm{d}\tau \tag{3-14}$$

式(3-14)即为单自由度弹性体系运动方程的特解,通常称之为杜哈曼(Duhaml)积分。单自由度弹性体系地震位移反应为齐次方程通解与特解之和,即

$$x(t) = e^{-\xi\omega t}\left(\ddot{x}(0)\cos\omega' t + \frac{\dot{x}(0) + \xi\omega x(0)}{\omega'}\sin\omega' t\right) - \frac{1}{\omega'}\int_0^t \ddot{x}_g(\tau)e^{-\xi\omega(t-\tau)}\sin\omega'(t-\tau)\mathrm{d}\tau \tag{3-15}$$

由于阻尼影响,上式等号右边齐次解衰减很快。所以在抗震分析中,常仅取运动方程特解作为地震位移反应。

当近似取 $\omega' \approx \omega$ 时,单自由度体系弹性地震反应的位移计算公式为

$$x(t) = -\frac{1}{\omega}\int_0^t \ddot{x}_g(\tau)\, e^{-\xi\omega(t-\tau)}\sin\omega(t-\tau)\mathrm{d}\tau \tag{3-16}$$

第二节 单质点弹性体系水平地震作用计算——反应谱法

一、水平地震作用的基本公式

由式(3-5)可知：

$$-m[\ddot{x}(t) + \ddot{x}_g(t)] = [kx(t) + c\dot{x}(t)]$$

式中等号右边第二项为阻尼力，相对于第一项可略去，即

$$-m[\ddot{x}_g(t) + \ddot{x}(t)] \approx kx(t) \tag{3-17}$$

由此可知，地震作用下质点任一时刻的相对位移 $x(t)$ 与惯性力 $-m[\ddot{x}_g(t) + \ddot{x}(t)]$ 成正比。因此可以将惯性力看作为一种反映地震影响的等效力，即待求的地震作用。

由式(3-17)，质点的绝对加速度为

$$a = [\ddot{x}(t) + \ddot{x}_g(t)] = -\frac{k}{m}x(t) = -\omega^2 x(t) \tag{3-18}$$

将式(3-16)代入上式，得

$$a = \omega \int_0^t \ddot{x}_g(t) e^{-\xi\omega(t-\tau)} \sin\omega(t-\tau) d\tau \tag{3-19}$$

工程中一般关心在地震持续过程中结构经受的最大地震作用，为此，需求出质点的最大绝对加速度，即

$$\begin{aligned} S_a &= |a|_{max} = \omega \left| \int_0^t \ddot{x}_g(\tau) e^{-\xi\omega(t-\tau)} \sin\omega(t-\tau) d\tau \right|_{max} \\ &= \frac{2\pi}{T} \left| \int \ddot{x}_g(\tau) e^{-\xi\frac{2\pi}{T}(t-\tau)} \sin\frac{2\pi}{T}(t-\tau) d\tau \right|_{max} \end{aligned} \tag{3-20}$$

于是，可得地震时质点产生的惯性力最大值，即为地震作用的最大值：

$$F = mS_a \tag{3-21}$$

由式(3-20)可知，S_a 取决于地震时的地面加速度 $\ddot{x}_g(t)$、结构的自振频率 ω（或自振周期 T）及阻尼比 ξ，由于 $\ddot{x}_g(t)$ 一般为 t 的极不规则函数，不能用简单的解析式表示，一般采用数值积分法来计算 S_a。

二、地震系数与动力系数

式(3-21)可以改写成如下形式：

$$F = mS_a = m\left(\frac{|\ddot{x}_g|_{max}}{g}\right)\left(\frac{S_a}{|\ddot{x}_g|_{max}}\right)g = GK\beta \tag{3-22}$$

1. 地震系数

式(3-22)中 K 为

$$K = \frac{|\ddot{x}_g|_{max}}{g} \tag{3-23}$$

称为地震系数，它是地面运动最大加速度 $|\ddot{x}_g(t)|_{max}$ 与重力加速度 g 的比值。它反映该地区基本烈度的大小，基本烈度愈高地震系数 K 值愈大，而与结构动力特性无关。基本烈度每增加一度，地面运动加速度增加一倍，地震系数 K 值也增加一倍。我国《建筑抗震设计规范》（GB

50011—2010)给出地震烈度与地震系数对应的关系,如表3-1所示。

地震烈度与地震系数的关系 表3-1

地震烈度	6	7	8	9
地震系数 K	0.054	0.107	0.215	0.429

2. 动力系数

式(3-22)中 β 定义为

$$\beta = \frac{S_a}{|\ddot{x}_g|_{\max}} \tag{3-24}$$

称为动力系数,是单质点弹性体系在地震作用下最大反应加速度与地面运动的最大加速度之比,表示由于动力效应,质点最大反应加速度比地面最大加速度放大的倍数。将式(3-20)代入式(3-24)可得:

$$\beta = \frac{2\pi}{T} \frac{1}{|\ddot{x}_g|_{\max}} \left| \int_0^t \ddot{x}_g(\tau) e^{-\xi \frac{2\pi}{T}(t-\tau)} \sin \frac{2\pi}{T}(t-\tau) \mathrm{d}\tau \right|_{\max} \tag{3-25}$$

由上式可知,当地面加速度记录 $\ddot{x}_g(t)$ 和阻尼比 ξ 给定时,就可根据不同的 T 值计算出动力系数 β,从而得到一条 β-T 曲线,这条曲线称为动力系数反应谱曲线或 β 谱曲线。图3-6是根据1940年埃尔森特罗(Elcentro)地震地面加速度记录绘出的 β-T 曲线。由图可见,当 T 较小时,β 反应谱曲线随 T 的增加急剧上升;当 T 较大时,曲线波动下降;而当 T 为某一值时,可使 β 达到最大值。这说明,如果结构自振周期与场地的自振周期(或称场地的特征周

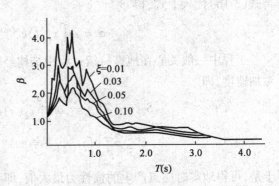

图3-6 1940年埃尔森特罗地震的 β 谱曲线

期)相等或相近时,地震反应最大。因此在结构抗震设计中,应使结构的自振周期远离场地的特征周期,以避免发生类共振现象。通过大量的分析计算,可以得到一系列的 β 值,我国抗震规范中将最大动力系数 $\beta_{\max}$ 取为2.25。

三、设计用反应谱

在实际抗震设计中,将式(3-22)简化为

$$F = K\beta G = \alpha G \tag{3-26}$$

式中:α——水平地震影响系数,是地震系数 K 与动力系数 β 的乘积,即

$$\alpha = K\beta = \frac{|\ddot{x}_g|_{\max}}{g} \frac{S_a}{|\ddot{x}_g|_{\max}} = \frac{S_a}{g} \tag{3-27}$$

所以,地震影响系数 α 是单质点弹性体系在地震时的最大反应加速度(以重力加速度 g 为单位),是一个无量纲的系数。当基本烈度确定后,地震系数为常数,α 仅随 β 值而变化。所以,α-T 关系曲线的形状与 β-T 关系曲线相同。我国《建筑结构抗震设计规范》(GB 50011—2010)给出了 α 与结构自振周期 T 的关系曲线(图3-7)。水平地震影响系数最大值 $\alpha_{\max}$ 应按表3-2采用。

水平地震影响系数最大值 α_{max}　　　　表 3-2

地震影响	烈　度			
	6	7	8	9
多遇地震	0.04	0.08 (0.12)	0.16 (0.24)	0.32
罕遇地震	0.28	0.50 (0.72)	0.90 (1.20)	1.40

注：括号内数字分别对应于设计基本加速度 0.15g 和 0.30g 地区的地震影响系数。

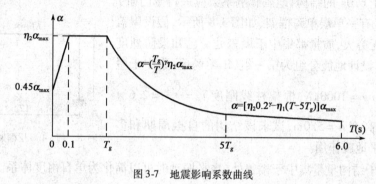

图 3-7　地震影响系数曲线

图中：α——地震影响系数；

　　　α_{max}——地震影响系数最大值；

　　　γ——衰减指数；

　　　η_1——直线下降段的下降斜率调整系数；

　　　T——结构自振周期；

　　　η_2——阻尼调整系数；

　　　T_g——场地特征周期，由表 3-3 确定。

场地特征周期值（s）　　　　表 3-3

设计地震分组	场 地 类 别				
	I_0	I_1	II	III	IV
第一组	0.20	0.25	0.35	0.45	0.65
第二组	0.25	0.30	0.40	0.55	0.75
第三组	0.30	0.35	0.45	0.65	0.90

关于阻尼调整系数和形状参数应符合下列规定：

（1）曲线下降段的衰减指数按下式确定：

$$\gamma = 0.9 + \frac{0.05 - \xi}{0.3 + 6\xi} \tag{3-28}$$

式中：γ——曲线下降段的衰减指数；

　　　ξ——阻尼比。

（2）直线下降段的下降斜率调整系数应按下式确定：

$$\eta_1 = 0.02 + \frac{0.05 - \xi}{4 + 32\xi} \tag{3-29}$$

当 $\xi = 0.05$ 时，$\eta_1 = 0.02$；当 $\eta_1 < 0$ 时，取为零。

(3) 阻尼调整系数应按下式确定：

$$\eta_2 = 1 + \frac{0.05 - \xi}{0.08 + 1.6\xi} \quad (3-30)$$

式中：η_2——阻尼调整系数，当小于 0.55 时，应取 0.55。

除有专门规定外，建筑结构的阻尼比 ξ 应取 0.05。此时，$\gamma = 0.9$，$\eta_1 = 0.02$，$\eta_2 = 1.0$。对于自振周期大于 6.0s 的结构，地震影响系数应进行专门研究。

【例 3-1】 有一单层单跨框架，如图 3-8 所示，假设屋盖平面内刚度为无穷大，质量都集中在屋盖处。已知设防烈度为 8 度(0.2g)，设计地震分组为第一组，II 类场地；集中于屋盖处重力 $G = mg = 1000\text{kN}$，框架柱线刚度 $i_c = \frac{EI_c}{h} = 2.6 \times 10^4 \text{kN} \cdot \text{m}$，框架高度 $h = 5.0\text{m}$，试求该结构的自振周期和多遇地震时的水平地震作用。

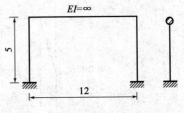

图 3-8 例 3-1 单层框架(尺寸单位：m)

【解】 由于结构重量集中于楼盖处，水平振动时可以简化为单自由度体系。

(1) 求结构体系的自振周期

由于屋盖在平面内刚度为无穷大，框架的侧移刚度 K 为

$$K = 2 \times \left(\frac{12 i_c}{h^2}\right) = 2 \times \frac{12 \times 2.6 \times 10^4}{5^2} = 24960 \text{kN/m}$$

$$T = 2\pi \sqrt{\frac{m}{K}} = 2\pi \sqrt{\frac{G}{Kg}} = 2\pi \sqrt{\frac{1000}{24960 \times 9.80}}$$

$$T = 0.401\text{s}$$

(2) 求水平地震影响系数 α

设防烈度为 8 度(0.2g)，多遇地震下，查表 3-2，$\alpha_{\max} = 0.16$

场地条件为 II 类场地，设计地震分组为第一组时，查表 3-3，$T_g = 0.35\text{s}$

因为，$T_g < T < 5 T_g$，则

$$\alpha = \left(\frac{T_g}{T}\right)^{0.9} \alpha_{\max} = \left(\frac{0.35}{0.401}\right)^{0.9} \times 0.16 = 0.142$$

(3) 计算结构水平地震作用

$$F = \alpha G = 0.142 \times 1000 = 142 \text{kN}$$

第三节 多单质点弹性体系水平地震反应——振型分解法

在实际工程中，除了少数结构可简化成单自由度体系进行分析外，大多数工业与民用建筑均需按多质点体系计算，才能得到满足工程应用精度要求的计算结果。本章主要讨论如图 3-9 所示的多质点体系。由于此处仅计及水平地震作用下的水平地震反应，即仅考虑质点水平位移，因此，n 个质点结构即为 n 个自由度体系。

一、二自由度体系运动方程

为简单起见，先考虑两个自由度体系的情况，然后再将其推广到两个以上自由度的体系。

图 3-9 所示为一简化成二质点体系的建筑结构,在水平地震作用下结构在某一瞬间的变形情况。若取质点 1 作隔离体,则作用在其上的惯性力为

$$I_1 = -m_1(\ddot{x}_g(t) + \ddot{x}_1(t)) \tag{3-31}$$

弹性恢复力为

$$S_1 = -[k_{11}x_1(t) + k_{12}x_2(t)] \tag{3-32}$$

而阻尼力为

$$D_1 = -(c_{11}\dot{x}_1(t) + c_{12}\dot{x}_2(t)) \tag{3-33}$$

式中:k_{11}——使质点 1 产生单位位移而质点 2 保持不动时,在质点 1 处所需施加的水平力;

k_{12}——使质点 2 产生单位位移而质点 1 保持不动时,在质点 1 处所产生的弹性反力;

c_{11}——质点 1 产生单位速度而质点 2 保持不动时,在质点 1 处所产生的阻尼力;

c_{12}——质点 2 产生单位速度而质点 1 保持不动时,在质点 1 处所产生的阻尼力。

根据达朗贝尔原理,考虑质点 1 的动平衡条件,即可得到运动方程:

$$m_1\ddot{x}_1 + c_{11}\dot{x}_1 + c_{12}\dot{x}_2 + k_{11}x_1 + k_{12}x_2 = -m_1\ddot{x}_g \tag{3-34a}$$

同理,对于质点 2,可得:

$$m_2\ddot{x}_2 + c_{21}\dot{x}_1 + c_{22}\dot{x}_2 + k_{21}x_1 + k_{22}x_2 = -m_2\ddot{x}_g \tag{3-34b}$$

式中的系数 k_{ij} 反映了结构刚度的大小,称为刚度系数。对于以剪切变形为主的结构,即在振动过程中质点只有水平位移而无转动的结构,例如横梁刚度为无限大的框架(图 3-10),其首层与二层的层间侧移刚度(即产生单位层间位移时需要作用的层间剪力)分别为 k_1 和 k_2,如图 3-10b)、c)所示,则由各质点上作用力的平衡条件,即可求得各刚度系数如下:

$$k_{11} = k_1 + k_2$$
$$k_{12} = k_{21} = -k_2$$
$$k_{22} = k_2$$

同理,阻尼系数为

$$c_{11} = c_1 + c_2$$
$$c_{12} = c_{21} = -c_2$$
$$c_{22} = c_2$$

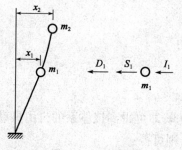

图 3-9 二质点体系　　　　　　　　图 3-10 体系刚度系数

若将式(3-34)用矩阵表示,则为

$$[M]\{\ddot{x}\} + [C]\{\dot{x}\} + [K]\{x\} = -[M]\{I\}\ddot{x}_g \tag{3-35}$$

式中:

$$[M] = \begin{bmatrix} m_1 & 0 \\ 0 & m_2 \end{bmatrix}, 称为质量矩阵;$$

$$[C] = \begin{bmatrix} c_{11} & c_{12} \\ c_{21} & c_{22} \end{bmatrix}, 称为阻尼矩阵;$$

$$[K] = \begin{bmatrix} k_{11} & k_{12} \\ k_{21} & k_{22} \end{bmatrix}, 称为刚度矩阵;$$

且 $\{x\} = \begin{Bmatrix} x_1 \\ x_2 \end{Bmatrix}, \{\dot{x}\} = \begin{Bmatrix} \dot{x}_1 \\ \dot{x}_2 \end{Bmatrix}, \{\ddot{x}\} = \begin{Bmatrix} \ddot{x}_1 \\ \ddot{x}_2 \end{Bmatrix}$

当体系为 n 个自由度时,式(3-35)各项分别为 $n \times n$ 阶方阵或 $n \times 1$ 阶列阵:

$$[M] = \begin{bmatrix} m_1 & & & 0 \\ & m_2 & & \\ & & \ddots & \\ 0 & & & m_n \end{bmatrix}$$

$$[C] = \begin{bmatrix} c_{11} & c_{12} & \cdots & c_{1n} \\ c_{21} & c_{22} & \cdots & c_{2n} \\ \cdots & & & \\ c_{n1} & c_{n2} & \cdots & c_{nn} \end{bmatrix}$$

$$[K] = \begin{bmatrix} k_{11} & k_{12} & \cdots & k_{1n} \\ k_{21} & k_{22} & \cdots & k_{2n} \\ \cdots & & & \\ k_{n1} & k_{n2} & \cdots & k_{nn} \end{bmatrix}$$

$$\{x\} = \begin{Bmatrix} x_1 \\ x_2 \\ \vdots \\ x_n \end{Bmatrix} \quad \{\dot{x}\} = \begin{Bmatrix} \dot{x}_1 \\ \dot{x}_2 \\ \vdots \\ \dot{x}_n \end{Bmatrix} \quad \{\ddot{x}\} = \begin{Bmatrix} \ddot{x}_1 \\ \ddot{x}_2 \\ \vdots \\ \ddot{x}_n \end{Bmatrix}$$

对于上述运动方程,一般常采用振型分解法求解。而用振型分解法求解时需要利用多自由度弹性体系的振型,它们是由分析体系自由振动得来的,为此,需首先求解多自由度体系的自由振动解答。

二、多自由度体系自由振动

1. 自振频率

考虑二自由度体系,令式(3-35)等号右边的外荷载项为 0,即可得到该体系的自由振动方程,考虑到阻尼对结构自振周期的影响较小,故略去阻尼项,则可得:

$$\left.\begin{aligned} m_1\ddot{x}_1 + k_{11}x_1 + k_{12}x_2 &= 0 \\ m_2\ddot{x}_2 + k_{21}x_1 + k_{22}x_2 &= 0 \end{aligned}\right\} \tag{3-36}$$

设上述齐次微分方程组的解为

$$\left.\begin{array}{l} x_1 = X_1\sin(\omega t + \varphi) \\ x_2 = X_2\sin(\omega t + \varphi) \end{array}\right\} \quad (3\text{-}37)$$

式中：ω——自振频率；

φ——初相角；

X_1——质点 1 的振动幅值；

X_2——质点 2 的振动幅值。

将式(3-37)代入式(3-36)，得：

$$\left.\begin{array}{l}(k_{11} - m_1\omega^2)X_1 + k_{12}X_2 = 0 \\ k_{21}X_1 + (k_{22} - m_2\omega^2)X_2 = 0\end{array}\right\} \quad (3\text{-}38)$$

上式为未知量 X_1 和 X_2 的齐次线性方程组。显然，$X_1 = 0$ 和 $X_2 = 0$ 是一组解，但由式(3-37)可知，当 $X_1 = X_2 = 0$ 时，位移 x_1 和 x_2 将同时为 0，此时表示体系处于静止状态，它不是自由振动的解。为使式(3-38)有非零解，其系数行列式必须等于零，即

$$\begin{vmatrix} k_{11} - m_1\omega^2 & k_{12} \\ k_{21} & k_{22} - m_2\omega^2 \end{vmatrix} = 0 \quad (3\text{-}39)$$

式(3-39)称为频率方程。

展开得关于 ω^2 的一元二次方程：

$$(\omega^2)^2 - \left(\frac{k_{11}}{m_1} + \frac{k_{22}}{m_2}\right)\omega^2 + \frac{k_{11}k_{22} - k_{12}k_{21}}{m_1 m_2} = 0 \quad (3\text{-}40)$$

解之，得：

$$\omega^2 = \frac{1}{2}\left(\frac{k_{11}}{m_1} + \frac{k_{22}}{m_2}\right) \pm \sqrt{\left[\frac{1}{2}\left(\frac{k_{11}}{m_1} + \frac{k_{22}}{m_2}\right)\right]^2 - \frac{k_{11}k_{22} - k_{12}k_{21}}{m_1 m_2}} \quad (3\text{-}41)$$

由此可得 ω 的两个正实根，即为体系的两个自由振动频率。其中较小的一个为 ω_1，称为第一自振频率或基本频率，较大的一个为 ω_2，称为第二自振频率。

对于多自由度体系，式(3-38)可写成如下形式：

$$\left.\begin{array}{l}(k_{11} - m_1\omega^2)X_1 + k_{12}X_2 + \cdots + k_{1n}X_n = 0 \\ k_{21}X_1 + (k_{22} - m_2\omega^2)X_2 + \cdots + k_{2n}X_n = 0 \\ \cdots \\ k_{n1}X_1 + k_{n2}X_2 + \cdots + (k_{nn} - m_n\omega^2)X_n = 0\end{array}\right\} \quad (3\text{-}42\text{a})$$

或写成矩阵形式：

$$([K] - \omega^2[M])\{X\} = 0 \quad (3\text{-}42\text{b})$$

式中：

$$[K] = \begin{bmatrix} k_{11} & k_{12} & \cdots & k_{1n} \\ k_{21} & k_{22} & \cdots & k_{2n} \\ \cdots \\ k_{n1} & k_{n2} & \cdots & k_{nn} \end{bmatrix} \quad [M] = \begin{bmatrix} m_1 & & & 0 \\ & m_2 & & \\ & & \ddots & \\ 0 & & & m_n \end{bmatrix} \quad \{X\} = \begin{Bmatrix} X_1 \\ X_2 \\ \vdots \\ X_n \end{Bmatrix}$$

则多质点体系的频率方程为

$$|[K] - \omega^2[M]| = 0 \tag{3-43}$$

即

$$\begin{vmatrix} k_{11} - \omega^2 m_1 & k_{12} & \cdots & k_{1n} \\ k_{21} & k_{22} - \omega^2 m_2 & \cdots & k_{2n} \\ \cdots & & & \\ k_{n1} & k_{n2} & \cdots & k_{nn} - \omega^2 m_n \end{vmatrix} = 0$$

将行列式展开,即得到一个关于频率参数为 ω^2 的 n 次代数方程,n 为体系自由度次数。解代数方程,求出该方程的 n 个根 $\omega_1^2, \omega_2^2, \cdots, \omega_n^2$,体系的 n 个自振圆频率由小到大排列,即为 ω_1,$\omega_2 \cdots, \omega_n$。

2. 主振型

将 ω_1、ω_2 分别代入式(3-38),即可求得质点 1、2 的振动位移幅值。其中对应于 ω_1 者,用 X_{11} 和 X_{12} 表示,对应于 ω_2 者,用 X_{21} 和 X_{22} 表示。由式(3-38)中的第一式可得:

对应于 ω_1,有
$$\frac{X_{12}}{X_{11}} = \frac{m_1 \omega_1^2 - k_{11}}{k_{12}} \tag{3-44a}$$

对应于 ω_2,有
$$\frac{X_{22}}{X_{21}} = \frac{m_1 \omega_2^2 - k_{11}}{k_{12}} \tag{3-44b}$$

由式(3-37)即可得各质点的位移,为

对应于 ω_1,有
$$\left. \begin{array}{l} x_{11}(t) = X_{11} \sin(\omega_1 t + \varphi) \\ x_{12}(t) = X_{12} \sin(\omega_1 t + \varphi) \end{array} \right\} \tag{3-45a}$$

对应于 ω_2,有
$$\left. \begin{array}{l} x_{21}(t) = X_{21} \sin(\omega_2 t + \varphi) \\ x_{22}(t) = X_{22} \sin(\omega_2 t + \varphi) \end{array} \right\} \tag{3-45b}$$

则在振动过程中两质点的位移比为

对应于 ω_1
$$\frac{x_{12}(t)}{x_{11}(t)} = \frac{X_{12}}{X_{11}} = \frac{(m_1 \omega_1^2 - k_{11})}{k_{12}} \tag{3-46a}$$

对应于 ω_2
$$\frac{x_{22}(t)}{x_{21}(t)} = \frac{X_{22}}{X_{21}} = \frac{(m_1 \omega_2^2 - k_{11})}{k_{12}} \tag{3-46b}$$

上述比值不仅与时间无关,而且为常数。说明在结构振动过程中的任意时刻,两个质点的位移比值始终保持不变,即结构的振动形状不变。这种振动形式通常称为主振型,或简称振型。当体系按频率 ω_1 振动时称为第一振型或基本振型,当体系按 ω_2 振动时称为第二振型,如图 3-11 所示。将每一频率对应的各质点的相对振幅值组成的列阵 $\{X\}_j$ 称为振型向量,下标 j 表示振型序号 ($j = 1, 2, \cdots, n$)。当 $j = 1$ 时,相应的 ω_1 与 $\{X\}_1$ 称为基本频率与基本振型。

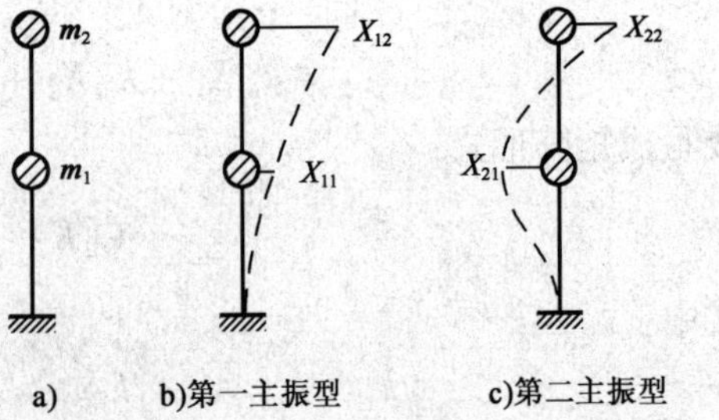

a)　　b)第一主振型　　c)第二主振型

图 3-11　二质点体系振型图

为了使主振型 $\{X\}_j$ 的振幅具有确定值,可取标准化振型。有多种办法可进行标准化。在工程领域中,最常用的办法是规定体系中某一质点的振幅在每个振型中均取值为 1,即振型归一化。

3. 主振型的正交性

所谓主振型的正交性,是指两个不同主振型对应位置上的质点位移相乘,再乘以该质点的质量,然后将各质点所求出的上述乘积作代数和,其值等于零。

主振型的正交性是主振型之间的重要性质,对于动力分析甚为有用,振型分解法即是用此特性而得出的。

现以两个质点体系予以证明。

如图 3-11 所示两个质点体系,图 3-11b) 为第一振型,频率为 ω_1,振幅为 X_{11}、X_{12},各质点惯性力数值为 $m_1\omega_1^2 X_{11}$、$m_2\omega_1^2 X_{12}$;同理相应图 3-11c) 所示的第二振型,频率为 ω_2,振幅为 X_{21}、X_{22},惯性力数值为 $m_1\omega_2^2 X_{21}$、$m_2\omega_2^2 X_{22}$。

根据虚功互等定理,第一振型的惯性力在第二振型的虚位移上做功应等于第二振型的惯性力在第一振型的虚位移上做功,即

$$(m_1\omega_1^2 X_{11})X_{21} + (m_2\omega_1^2 X_{12})X_{22} = (m_1\omega_2^2 X_{21})X_{11} + (m_2\omega_2^2 X_{22})X_{12} \quad (3\text{-}47)$$

整理后得

$$(\omega_1^2 - \omega_2^2)(m_1 X_{11} X_{21} + m_2 X_{12} X_{22}) = 0 \quad (3\text{-}48)$$

因为,$\omega_1 \neq \omega_2$,则

$$m_1 X_{11} X_{21} + m_2 X_{12} X_{22} = 0 \quad (3\text{-}49)$$

此即为两个自由度体系主振型关于质量矩阵的正交关系。

推广到 n 个自由度,主振型关于质量矩阵的正交性可表示为

$$\sum_{i=1}^{n} m_i X_{ji} X_{ki} = 0 \quad (j \neq k) \quad (3\text{-}50a)$$

用矩阵表示为

$$\{X\}_j^T [m] \{X\}_k = 0 \quad (j \neq k) \quad (3\text{-}50b)$$

式中:

$$\{X\}_j^T = \begin{bmatrix} X_{j1} & X_{j2} & \cdots & X_{jn} \end{bmatrix}$$

$$\{X\}_k = \begin{Bmatrix} X_{k1} \\ X_{k2} \\ \vdots \\ X_{kn} \end{Bmatrix}$$

以上为 $j \neq k$ 时两个主振型之间的关系。

此外,主振型相对于刚度矩阵亦存在正交性,即

$$\{X\}_j^T [K] \{X\}_k = 0 \quad (j \neq k) \quad (3\text{-}51)$$

【例 3-2】 已知某二层框架,简化为两个质点的弹性体系(图 3-12),其结构参数为:$m_1 = m_2 = 100\text{t}$;$K_1 = K_2 = 5 \times 10^4 \text{kN/m}$。试求该体系的自振周期和振型。

【解】 (1) 求自振周期。

框架结构以剪切变形为主,则刚度系数为

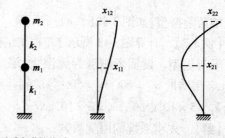

a) 两质点弹性体系   b) 第一振型   c) 第二振型

图 3-12 两质点弹性体系的振型

$$k_{11} = k_1 + k_2 = 2 \times 5 \times 10^4 = 10 \times 10^4 \text{kN/m}$$
$$k_{12} = k_{21} = -k_2 = -5 \times 10^4 \text{kN/m}$$
$$k_{22} = k_2 = 5 \times 10^4 \text{kN/m}$$

代入频率方程

$$\begin{vmatrix} k_{11} - m_1\omega^2 & k_{12} \\ k_{21} & k_{22} - m_2\omega^2 \end{vmatrix} = 0$$

$$\begin{vmatrix} 10 \times 10^4 - 100\omega^2 & -5 \times 10^4 \\ -5 \times 10^4 & 5 \times 10^4 - 100\omega^2 \end{vmatrix} = 0$$

化简,得

$$\omega^4 - 15 \times 10^2 \omega^2 + 25 \times 10^4 = 0$$

解之,得

$$\omega_1^2 = 191, \omega_1 = 13.82 \text{rad/s}$$

则
$$T_1 = \frac{2\pi}{\omega_1} = 0.454 \text{s}$$

$$\omega_2^2 = 1309, \omega_2 = 36.18 \text{rad/s}$$

则
$$T_2 = \frac{2\pi}{\omega_2} = 0.174 \text{s}$$

(2)求振型。

将 ω_1、ω_2 的值分别代入式(3-44),得

对应于 ω_1 的第一振型:

$$\frac{X_{12}}{X_{11}} = \frac{m_1\omega_1^2 - k_{11}}{k_{12}} = \frac{100 \times 191 - 10 \times 10^4}{-5 \times 10^4} = \frac{1}{0.618}$$

即

$$\{X\}_1 = \begin{Bmatrix} X_{11} \\ X_{12} \end{Bmatrix} = \begin{Bmatrix} 0.618 \\ 1.000 \end{Bmatrix}$$

对应于 ω_2 的第二振型:

$$\frac{X_{22}}{X_{21}} = \frac{m_1\omega_2^2 - k_{11}}{k_{12}} = \frac{100 \times 1309 - 10 \times 10^4}{-5 \times 10^4} = \frac{1}{-1.618}$$

即

$$\{X\}_2 = \begin{Bmatrix} X_{21} \\ X_{22} \end{Bmatrix} = \begin{Bmatrix} -1.618 \\ 1.000 \end{Bmatrix}$$

对应的两阶振型,如图 3-12b)、c)所示。

【例 3-3】 计算图 3-13 所示二层框架结构的自振频率与振型。设横梁刚度为无限大,层高均为 3.6m,各层质量 $m_1 = 60\text{t}, m_2 = 50\text{t}$;各层侧移刚度分别为 $k_1 = 5 \times 10^4 \text{kN/m}, k_2 = 3 \times 10^4 \text{kN/m}$。

【解】 先求系统的刚度系数:
$$k_{11} = k_1 + k_2 = 5 \times 10^4 + 3 \times 10^4$$
$$= 8 \times 10^4 \text{kN/m}$$

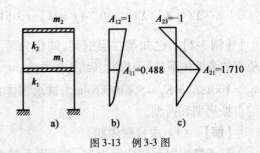

图 3-13 例 3-3 图

$$k_{12} = k_{21} = -k_2 = -3 \times 10^4 \text{kN/m}$$
$$k_{22} = k_2 = 3 \times 10^4 \text{kN/m}$$

按式(3-39)列出频率方程

$$\begin{vmatrix} 8 \times 10^4 - 60\omega^2 & -3 \times 10^4 \\ -3 \times 10^4 & 3 \times 10^4 - 50\omega^2 \end{vmatrix} = 0$$

将上式展开,得

$$0.00003\omega^4 - 0.058\omega^2 + 15 = 0$$

解之,得

$$\omega_1^2 = 307.6, \quad 则 \quad \omega_1 = 17.54 \text{rad/s}$$
$$\omega_2^2 = 1625.8, \quad 则 \quad \omega_2 = 40.32 \text{rad/s}$$

相应各振型的周期为

$$T_1 = \frac{2\pi}{\omega_1} = \frac{2\pi}{17.54} = 0.358\text{s}$$
$$T_2 = \frac{2\pi}{\omega_2} = \frac{2\pi}{40.32} = 0.156\text{s}$$

可求得各阶振型为

第一振型 $\quad \dfrac{X_{12}}{X_{11}} = \dfrac{m_1\omega_1^2 - k_{11}}{k_{12}} = \dfrac{60 \times 307.6 - 8 \times 10^4}{-3 \times 10^4} = \dfrac{1}{0.488}$

第二振型 $\quad \dfrac{X_{22}}{X_{21}} = \dfrac{m_1\omega_2^2 - k_{11}}{k_{12}} = \dfrac{60 \times 1625.8 - 8 \times 10^4}{-3 \times 10^4} = -\dfrac{1}{1.710}$

上述两阶振型,如图3-13b)、c)所示。

将上述计算结果代入式(3-50):

$$\sum_{i=1}^{2} m_i X_{1i} X_{2i} = m_1 X_{11} X_{21} + m_2 X_{12} X_{22}$$
$$= 60 \times 0.488 \times 1.170 + 50 \times 1 \times (-1)$$
$$= 0$$

即,满足振型正交性条件。

三、多自由度弹性体系的地震反应分析

多自由度弹性体系在地震作用下的运动微分方程如式(3-35)所示。为便于求解,假设阻尼矩阵$[C]$是质量矩阵$[M]$和刚度矩阵$[K]$的线性组合,使阻尼矩阵也能满足正交条件,即令

$$[C] = \alpha_1[M] + \alpha_2[K] \tag{3-52}$$

式中:α_1、α_2——比例常数。

此时,运动微分方程可写成如下形式

$$[M]\{\ddot{x}\} + \alpha_1 M\{\dot{x}\} + \alpha_2[K]\{\dot{x}\} + [K]\{x\} = -[M]\{I\}\ddot{x}_g \tag{3-53}$$

将位移按主振型展开,即令

$$x_i(t) = \sum_{j=1}^{n} X_{ji} q_j(t) \tag{3-54a}$$

式中:$q_j(t)$——广义坐标。

式(3-54a)也可写成矩阵形式:

$$\{x\} = [X]\{q\} \tag{3-54b}$$

式中：

$$\{q\} = \begin{Bmatrix} q_1(t) \\ q_2(t) \\ \vdots \\ q_n(t) \end{Bmatrix}$$

$$[X] = [\{X\}_1 \quad \{X\}_2 \quad \cdots \quad \{X\}_n] = \begin{bmatrix} X_{11} & X_{21} & \cdots & X_{n1} \\ X_{12} & X_{22} & \cdots & X_{n2} \\ \cdots & & & \\ X_{1n} & X_{2n} & \cdots & X_{nn} \end{bmatrix}$$

式中：$[X]$——振型矩阵，其中矩阵元素 X_{ji} 为 j 振型 i 质点位移振幅。

将式(3-54)代入到运动微分方程(3-53)中，得

$$[M][X]\{\ddot{q}\} + \alpha_1[M][X]\{\dot{q}\} + \alpha_2[K][X]\{\dot{q}\} + [K][X]\{q\} = -[M]\{I\}\ddot{x}_g \quad (3-55)$$

将上式等号两边同时左乘 $\{X\}_j^T$，得

$$\{X\}_j^T[M][X]\{\ddot{q}\} + \alpha_1\{X\}_j^T[M][X]\{\dot{q}\} + \alpha_2\{X\}_j^T[K][X]\{\dot{q}\}$$
$$+ \{X\}_j^T[K][X]\{q\} = -\{X\}_j^T[M]\{I\}\ddot{x}_g \quad (3-56)$$

式中，等号左边第一项为

$$\{X\}_j^T[M][X]\{\ddot{q}\} = \{X\}_j^T[M][\{X\}_1\{X\}_2\cdots\{X\}_j\cdots\{X\}_n] \begin{Bmatrix} \ddot{q}_1 \\ \ddot{q}_2 \\ \vdots \\ \ddot{q}_j \\ \vdots \\ \ddot{q}_n \end{Bmatrix}$$

$$= \{X\}_j^T[M]\{X\}_1\ddot{q}_1 + \{X\}_j^T[M]\{X\}_2\ddot{q}_2 + \cdots + \{X\}_j^T[M]\{X\}_j\ddot{q}_j + \cdots + \{X\}_j^T[M]\{X\}_n\ddot{q}_n$$

根据主振型对质量矩阵的正交性，上式中除 $\{X\}_j^T[M]\{X\}_j\ddot{q}_j$ 项外，其余各项均等于零，故得：

$$\{X\}_j^T[M][X]\{\ddot{q}\} = \{X\}_j^T[M]\{X\}_j\ddot{q}_j \quad (3-57)$$

同理，式(3-56)等号左边第四项可得：

$$\{X\}_j^T[K][X]\{q\} = \{X\}_j^T[K]\{X\}_j q_j \quad (3-58)$$

由式(3-42b)则式(3-58)也可写成：

$$\{X\}_j^T[K][X]\{q\} = \omega_j^2\{X\}_j^T[M]\{X\}_j q_j \quad (3-59)$$

对于式(3-56)等号左边第二、三项，同理也可写成

$$\alpha_1\{X\}_j^T[M][X]\{\dot{q}\} = \alpha_1\{X\}_j^T[M]\{X\}_j\dot{q}_j \quad (3-60)$$

和

$$\alpha_2\{X\}_j^T[K][X]\{\dot{q}\} = \alpha_2\omega_j^2\{X\}_j^T[M]\{X\}_j\dot{q}_j \quad (3-61)$$

将式(3-57)和式(3-59)~(3-61)代入式(3-56)中，并简化，得

$$\ddot{q}_j + (\alpha_1 + \alpha_2 \omega_j^2)\dot{q}_j + \omega_j^2 q_j = -\gamma_j \ddot{x}_g \tag{3-62}$$

式中:

$$\gamma_j = \frac{\{X\}_j^T[M]\{I\}}{\{X\}_j^T[M]\{X\}_j} = \frac{\sum_{k=1}^n m_k X_{jk}}{\sum_{k=1}^n m_k X_{jk}^2} \tag{3-63}$$

称为第 j 振型的振型参与系数。

令 $\alpha_1 + \alpha_2 \omega_j^2 = 2\xi_j \omega_j$

其中 ξ_j 称为第 j 振型的阻尼比,则式(3-62)简化为

$$\ddot{q}_j + 2\xi_j \omega_j \dot{q}_j + \omega_j^2 q_j = -\gamma_j \ddot{x}_g \qquad (j=1,2,\cdots n) \tag{3-64}$$

当 j 取 1 到 n 时,式(3-64)表示 n 个独立的方程。由此可见,以上的推导过程实际是将原来关于体系位移 $\{x(t)\}$ 的 n 阶运动微分方程组分解成 n 个独立的关于广义坐标 $q_j(t)$ 的微分方程(3-64)的变换。可以看出,在式(3-64)中,每个微分方程仅含有一个未知量 $q_j(t)$。

可以发现,式(3-64)与单自由度体系在地震作用下的运动微分方程(3-7)在形式上相同,只是在等号的右边多了一项系数 γ_j,故方程式(3-64)的强迫振动解可以写成:

$$q_j(t) = -\frac{\gamma_j}{\omega_j}\int_0^t \ddot{x}_g(\tau)e^{-\xi_j\omega_j(t-\tau)}\sin\omega_j(t-\tau)\mathrm{d}\tau \tag{3-65}$$

或

$$q_j(t) = \gamma_j \Delta_j(t) \tag{3-66}$$

式中:

$$\Delta_j(t) = -\frac{1}{\omega_j}\int_0^t \ddot{x}_g(\tau)e^{-\xi_j\omega_j(t-\tau)}\sin\omega_j(t-\tau)\mathrm{d}\tau \tag{3-67}$$

上式中的 $\Delta_j(t)$ 相当于阻尼比为 ξ_j、自振频率为 ω_j 的单自由度弹性体系在地震作用下的位移反应。称这个单自由度体系为与第 j 振型相应的振子(图3-14)。

求得各广义坐标 $q_j(t)$ 后,可由式(3-63)求出原体系的位移反应

图3-14 j 振子及 $\Delta_j(t)$ 的意义

$$x_i(t) = \sum_{j=1}^n X_{ji}q_j(t) = \sum_{j=1}^n X_{ji}\gamma_j \Delta_j(t) \tag{3-68}$$

上式即为用振型分解法分析时,多自由度弹性体系在地震作用下任一质点 m_i 的位移计算公式。

第四节 多质点体系水平地震作用——振型分解反应谱法

一、多质点体系水平地震作用

多自由度弹性体系在地震过程中,质点所受的惯性力就是质点的地震作用,质点 i 上的地震作用为

$$F_i(t) = -m_i[\ddot{x}_g(t) + \ddot{x}_i(t)] \tag{3-69}$$

式中:m_i——质点 i 的质量;

$\ddot{x}_g(t)$——地面运动加速度；

$\ddot{x}_i(t)$——质点 i 的相对加速度，由式(3-68)可得：

$$\ddot{x}_i(t) = \sum_{j=1}^{n} X_{ji}\gamma_j\ddot{\Delta}_j(t) \tag{3-70}$$

为将 $\ddot{x}_g(t)$ 写成求和形式，下面首先证明：

$$\sum_{j=1}^{n} X_{ji}\gamma_j = 1 \tag{3-71}$$

上式可以从下面的推导得以证明。

将 1 按振型展开

$$1 = \sum_{s=1}^{n} a_s x_{si}$$

用 $\sum_{i=1}^{n} m_i x_{ji}$ 乘上式两边：

$$\sum_{i=1}^{n} m_i x_{ji} = \sum_{i=1}^{n}\sum_{s=1}^{n} a_s m_i x_{ji} x_{si}$$

由主振型正交性可知，上式等号右边凡是 $s \neq j$ 的项均为零，只剩下 $s = j$ 项。于是：

$$\sum_{i=1}^{n} m_i x_{ji} = a_j \sum_{i=1}^{n} m_i x_{ji}^2$$

或

$$a_j = \frac{\sum_{i=1}^{n} m_i x_{ji}}{\sum_{i=1}^{n} m_i x_{ji}^2}$$

将此代入 1 的展开式中，且符号下标 s 换 j 可得出式(3-71)。证明完毕。

由此，可将 $\ddot{x}_g(t)$ 表示为

$$\ddot{x}_g(t) = \ddot{x}_g(t)\sum_{j=1}^{n} X_{ji}\gamma_j \tag{3-72}$$

将式(3-70)和式(3-72)代入式(3-69)，得

$$F_i(t) = -m_i\sum_{j=1}^{n} X_{ji}\gamma_j[\ddot{x}_g(t) + \ddot{\Delta}_j(t)] \tag{3-73}$$

式中：$[\ddot{x}_g(t) + \ddot{\Delta}_j(t)]$——第 j 振型所对应振子的绝对加速度。

于是，对应于第 j 振型 i 质点的地震作用的最大绝对值为

$$F_{ji} = m_i\gamma_j X_{ji}|\ddot{x}_g(t) + \ddot{\Delta}_j(t)|_{max} \tag{3-74}$$

令

$$\alpha_j = \frac{|\ddot{x}_g(t) + \ddot{\Delta}_j(t)|_{max}}{g} \tag{3-75}$$

α_j 为第 j 振型所对应振子的最大绝对加速度与重力加速度的比值，即相应于第 j 振型的地震影响系数，而其自振周期为第 j 振型的周期 T_j。由此，多自由度弹性体系第 j 振型 i 质点的水平地震作用标准值(即最大值)可写成：

$$F_{ji} = \alpha_j\gamma_j X_{ji} G_i \tag{3-76}$$

式中：α_j——对应于第 j 振型自振周期 T_j 的地震影响系数；

γ_j——第 j 振型的振型参与系数,由式(3-63)确定;

X_{ji}——第 j 振型第 i 质点的相对位移;

G_i——集中于质点 i 的重力荷载代表值,应取结构和构(配)件自重力标准值与可变荷载组合值之和。

各可变荷载的组合值系数,可按表 3-4 采用。

可变荷载组合值系数　　　　　　　　　　　　　　　　表 3-4

可变荷载种类		组合值系数
雪荷载		0.5
屋面积灰荷载		0.5
屋面活荷载		不计入
按实际情况考虑的楼面活荷载		1.0
按等效均布荷载考虑的楼面活荷载	藏书库(档案库)	0.8
	其它民用建筑	0.5
吊车悬吊物重力	硬钩吊车	0.3
	软钩吊车	不计入

注:1. 多层工业厂房按等效均布荷载考虑的楼面活荷载的组合值系数可取 0.8。
2. 硬钩吊车的吊重较大时,组合系数应按实际情况采用。

二、振型组合

根据振型分解法,结构在任一时刻所受的地震作用为该时刻各振型地震作用之和。由于按上述方法计算得到的 $F_{ji}(i=1,2,\cdots n; j=1,2,\cdots n)$ 均为最大值,按 F_{ji} 求得的地震作用效应 $S_j(j=1,2,\cdots n)$ 也是最大值,由于各振型的最大地震作用效应不可能同时发生,这就出现了如何将 S_j 进行组合,以确定合理的地震作用效应问题。

我国《建筑抗震设计规范》按概率论的方法,采用"平方和开平方"(SRSS 法)的近似组合公式:

$$S = \sqrt{\sum_{j=1}^{m} S_j^2} \tag{3-77}$$

式中:S——组合的水平地震作用标准值的效应;

S_j——第 j 振型水平地震作用标准值的效应。

由于各振型的参与系数 γ_j 不同,与振型周期 T_j 对应的地震影响系数 α_j 也不同,于是,各个振型在地震内力和位移中所占的比重也不相同。通常,仅有前若干个振型起主要作用,一般仅考虑前 2~3 个振型组合即可。当基本自振周期大于 1.5s 或房屋高宽比大于 5 时,所考虑的振型个数要适当增加。经验表明,当 T_j 对应的地震影响系数 α_j 取 $\alpha_{\max}$ 时,所考虑的高阶振型就足够了。

另外,还需注意的是由于地震作用 F_{ji} 与构件地震作用效应 S_j 不是线性关系,不可先用平方和开平方算得最大地震力 $F_i = \sqrt{\sum_{j=1}^{m} F_{ji}^2}$,再求地震作用效应。这样计算的结果是不正确的。

【例 3-4】　按振型分解反应谱法计算图 3-13 所示二层框架的层间地震剪力。设防烈度为 8 度(0.2g),地震设计分组为第一组,I_1 类场地。

【解】　(1)计算主振型及相应的自振周期。

由【例 3-3】已求得主振型及相应的自振周期为

第一振型　　　　　$x_{11} = 0.488, x_{12} = 1.000, T_1 = 0.358s$

第二振型　　　　　　$x_{21} = 1.710, x_{22} = -1.000, T_2 = 0.156s$

(2)求水平地震作用。

由式(3-76),相应于第一振型的质点水平地震作用:
$$F_{1i} = \alpha_1 \gamma_1 x_{1i} G_i$$

由表3-2、表3-3查得:
$$T_g = 0.25s, \alpha_{max} = 0.16$$

由图3-7,因为$T_g < T_1 < 5T_g$,所以
$$\alpha_1 = \left(\frac{T_g}{T_1}\right)^{0.9} \alpha_{max} = \left(\frac{0.25}{0.358}\right)^{0.9} \times 0.16 = 0.116$$

$$\gamma_1 = \frac{\sum_{i=1}^{n} m_i x_{1i}}{\sum_{i=1}^{n} m_i x_{1i}^2} = \frac{60 \times 0.488 + 50 \times 1}{60 \times 0.488^2 + 50 \times 1^2} = 1.23$$

所以,
$$F_{11} = 0.116 \times 1.23 \times 0.488 \times 60 \times 9.8 = 40.94 \text{kN}$$
$$F_{12} = 0.116 \times 1.23 \times 1.0 \times 50 \times 9.8 = 69.91 \text{kN}$$

相应于第二振型各质点水平地震作用:
$$F_{2i} = \alpha_2 \gamma_2 x_{2i} G_i$$

由图3-7,因为$0.1 < T_2 < T_g$,所以
$$\alpha_2 = \alpha_{max} = 0.16$$

$$\gamma_2 = \frac{\sum_{i=1}^{n} m_i x_{2i}}{\sum_{i=1}^{n} m_i x_{2i}^2} = \frac{60 \times 1.710 + 50 \times (-1)}{60 \times 1.710^2 + 50 \times (-1)^2} = 0.233$$

$$F_{21} = 0.16 \times 0.233 \times 1.71 \times 60 \times 9.8 = 37.5 \text{kN}$$
$$F_{22} = 0.16 \times 0.233 \times (-1) \times 50 \times 9.8 = -18.3 \text{kN}$$

(3)求层间地震剪力。

根据以上计算,对应于第一、二振型的地震作用及剪力图,如图3-15a)、b)所示。

根据振型组合的原则,可计算各层的层间地震剪力如下:

$$V_1 = \sqrt{110.85^2 + 19.2^2} = 112.50 \text{kN}$$

$$V_2 = \sqrt{69.91^2 + (-18.3)^2} = 72.27 \text{kN}$$

框架的层间剪力如图3-15c)所示。

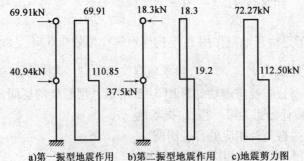

a)第一振型地震作用　b)第二振型地震作用　c)地震剪力图

图3-15　例3-4图

第五节 底部剪力法

一、水平地震作用计算

由上节的计算过程可知,按振型分解反应谱法计算水平地震作用,特别是房屋层数较多时,计算过程十分冗繁。我国《建筑抗震设计规范》规定,在满足一定条件时,可采用近似的计算方法,即底部剪力法进行简化计算。

1. 适用范围

理论分析表明,对于质量和刚度沿高度分布比较均匀、高度不超过 40m、以剪切变形为主(房屋高宽比小于 4 时)的结构,振动时具有以下特点:

(1) 位移反应以基本振型为主;
(2) 基本振型接近直线,如图 3-16。

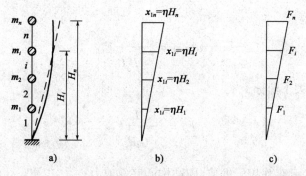

图 3-16 底部剪力法计算图示

因此,底部剪力法适用于一般的多层砖房等砌体结构、内框架和底部框架抗震墙砖房、单层空旷房屋、单层工业厂房及多层框架结构等低于 40m 的以剪切变形为主的规则房屋。

2. 水平地震作用标准值计算

在满足上述条件下,计算各质点上的地震作用时可仅考虑基本振型,而忽略高振型的影响。根据上述假定,基本振型质点的相对水平位移 x_{1i} 将与质点的计算高度 H_i 成正比。即

$$x_{1i} = \eta H_i \tag{3-78}$$

式中:η——比例常数(图 3-16b),于是,作用在第 i 质点上的水平地震作用可写成

$$F_{1i} = \alpha_1 \gamma_1 x_{1i} G_i = \alpha_1 \gamma_1 \eta H_i G_i \tag{3-79}$$

结构的总水平地震作用,也就是结构的底部剪力为

$$F_{EK} = \sum_{i=1}^{n} F_{1i} = \alpha_1 \gamma_1 \eta \sum_{i=1}^{n} H_i G_i \tag{3-80}$$

其中 γ_1 由式(3-63)可写为

$$\gamma_1 = \frac{\sum_{i=1}^{n} G_i \eta H_i}{\sum_{i=1}^{n} G_i (\eta H_i)^2} = \frac{\sum_{i=1}^{n} G_i H_i}{\eta \sum_{i=1}^{n} G_i H_i^2} \tag{3-81}$$

将式(3-81)代入式(3-80),于是得:

$$F_{EK} = \alpha_1 \frac{(\sum_{i=1}^{n} G_i H_i)^2}{\sum_{i=1}^{n} G_i H_i^2} \tag{3-82}$$

另设

$$\xi = \frac{(\sum_{i=1}^{n} G_i H_i)}{\sum_{i=1}^{n} G_i H_i^2 \cdot \sum_{i=1}^{n} G_i} \tag{3-83}$$

可得

$$\begin{aligned} F_{EK} &= \alpha_1 \cdot \xi \cdot \sum_{i=1}^{n} G_i \\ &= \alpha_1 \xi \cdot G \\ &= \alpha_1 G_{eq} \end{aligned} \tag{3-84}$$

3. 各质点水平地震作用

由式(3-80)可得:

$$\alpha_1 \gamma_1 \eta = \frac{1}{\sum_{j=1}^{n} H_j G_j} F_{EK} \tag{3-85}$$

代入式(3-79),并略去下角标1,得

$$F_i = \frac{G_i H_i}{\sum_{j=1}^{n} G_j H_j} F_{EK} \tag{3-86}$$

式中:F_{EK}——结构总水平作用标准值,即结构的底部剪力;

α_1——相应于结构基本周期的水平地震影响系数;多层砌体房屋、底层框架和多层内框架砖房,可取水平地震影响系数最大值 α_{max};

G_i、G_j——分别为集中于质点 i、j 的重力荷载代表值;

G_{eq}——结构等效总重力荷载,$G_{eq} = \xi G$;

G——结构总重力荷载,即 $G = \sum_{i=1}^{n} G_i$;

ξ——结构等效总重力荷载系数,单质点 $\xi = 1$,多质点取 $\xi = 0.85$;

H_i、H_j——分别为质点 i、j 的计算高度。

4. 考虑高阶振型影响时顶部地震作用的修正

按上述底部剪力法计算时,地震剪力在上部1/3左右的各层往往小于按时程分析法和反应谱振型组合取前3个振型的计算结果,特别是对于周期较长的结构相差就更大一些。《建筑抗震设计规范》采用在顶部附加集中力的方法来改进地震作用沿高度的分布。即在结构顶部附加水平地震作用 ΔF_n(图3-17),并取

$$\Delta F_n = \delta_n F_{EK} \tag{3-87}$$

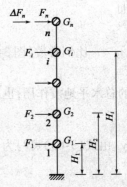

图3-17 各质点水平地震作用计算示意

则各质点的地震作用由式(3-86)改写为

$$F_i = \frac{G_i H_i}{\sum_{j=1}^{n} G_j H_j} F_{EK}(1 - \delta_n) \tag{3-88}$$

式中：δ_n——顶部附加地震作用系数，多层钢筋混凝土和钢结构房屋可按表 3-5 采用，多层内框架砖房可采用 0.2，其它房屋可不考虑；

ΔF_n——顶部附加地震作用；

F_i——质点 i 水平地震作用标准值。

顶部附加地震作用系数 δ_n 表 3-5

$T_g(s)$	$T_1 > 1.4 T_g(s)$	$T_1 \leq 1.4 T_g$
≤0.35	$0.08T_1 + 0.07$	0.0
<0.35~0.55	$0.08T_1 + 0.01$	
>0.55	$0.08T_1 - 0.02$	

进而由平衡条件，可求得各层地震剪力为

$$V_i = \sum_{j=i}^{n} F_j \tag{3-89}$$

式中：V_i——第 i 层地震剪力标准值；

F_j——第 j 层水平地震作用。

二、水平地震作用下地震内力的调整

1. 突出屋面的屋顶间的内力调整

这里需要指出的是，在多层房屋的顶部有突出屋面的电梯间、水箱等小建筑的质量、刚度与相邻结构层的质量、刚度相差很大，已不满足采用底部剪力法计算水平地震作用要求结构质量、刚度沿高度分布均匀的条件。根据按振型分解法得到突出屋面小建筑的水平地震作用与按底部剪力法相比较的分析研究，规范给出采用底部剪力法时，突出屋面的屋顶间、女儿墙、烟囱等的地震作用效应，宜乘以增大系数 3。此增大部分属于局部效应增大，不应往下传递，且顶部附加的地震作用 ΔF_n 应作用在主体结构的顶层。当采用振型分解法时，突出屋面部分可作为一个质点，并建议房屋总层数大于 5 层时，可取 5 个振型进行地震效应组合。

2. 结构水平地震剪力控制

考虑地面运动速度和位移可能对周期较长结构的破坏影响，规范所采用的振型分解反应谱法无法对这方面的破坏影响做出正确的判断等因素，为了保证较长周期结构的安全性，增加了对各楼层水平地震剪力最小值的要求，规定了不同抗震设防烈度的剪力系数，如表 3-6 所示，在抗震验算时，结构任一楼层的水平地震剪力应符合下式要求：

$$V_{EKi} \geq \lambda \sum_{j=i}^{n} G_j \tag{3-90}$$

式中：V_{EKi}——第 i 层对应于水平地震作用标准值的楼层剪力；
　　　λ——剪力系数，不应小于表 3-6 规定的楼层最小地震剪力系数值，对竖向不规则结构的薄弱层，尚应乘以 1.15 的增大系数；
　　　G_j——第 j 层的重力荷载代表值。

楼层最小地震剪力系数值　　　　　　　　表 3-6

类　别	6 度	7 度	8 度	9 度
扭转效应明显或基本周期小于 3.5s 的结构	0.008	0.016（0.024）	0.032（0.048）	0.064
基本周期大于 5.0s 的结构	0.006	0.012（0.018）	0.024（0.032）	0.040

注：1. 表中括号内的数值分别用于设计基本地震加速度为 0.15g 和 0.30g 的地区；
　　2. 对于结构基本周期介于 3.5s 和 5s 之间的结构，可采用其插值。

3. 考虑结构与地基相互作用时，水平地震剪力的折减

《建筑抗震设计规范》规定，8 度和 9 度时建造于 Ⅲ、Ⅳ 类场地，采用箱基、刚性较好的筏基和桩箱联合基础的钢筋混凝土高层结构，当结构基本周期处于特征周期的 1.2 倍至 5 倍范围时，若计入地基与结构的动力相互作用的影响，对刚性地基假定计算的水平地震剪力可按下列规定折减，其层间变形可按折减后的楼层剪力计算。

（1）高宽比 $\dfrac{H}{B} < 3$ 的结构，各楼层水平地震剪力的折减系数可按下式计算：

$$\psi = \left(\frac{T_1}{T_1 + \Delta T}\right)^{0.9}$$

式中：ψ——计入地基与结构动力相互作用后的地震剪力折减系数；
　　　T_1——按刚性地基假定确定的结构基本周期（s）；
　　　ΔT——计入地基与结构动力相互作用后的附加周期（s），可按表 3-7 采用。

附　加　周　期（s）　　　　　　　　表 3-7

烈度	场地类别	
	Ⅲ	Ⅳ
8	0.08	0.20
9	0.10	0.25

（2）高宽比 $\dfrac{H}{B} \geq 3$ 的结构，底部地震剪力按第（1）条规定折减，顶部不折减，中间各层按线性插入值折减。

（3）折减后各楼层的水平地震剪力应满足式（3-90）的规定。

【例 3-5】 按底部剪力法计算图 3-13 所示二层框架的层间地震剪力。设防烈度为 8 度（0.2g），地震设计分组为第一组，I_1 类场地。

【解】 由[例 3-4]已知　$T_g = 0.25 \mathrm{s}, \alpha_1 = 0.116$

$$G_{eq} = \xi \sum_{i=1}^{2} m_i g$$
$$= 0.85 \times (60 + 50) \times 9.8 = 916 \mathrm{kN}$$

所以 $F_{EK} = \alpha_1 G_{eq} = 0.116 \times 916 = 106.29\text{kN}$

结构基本周期 T_1 已由例 3-3 得出,为 0.358s。

因为 $T_1 = 0.358\text{s} > 1.4T_g = 1.4 \times 0.25 = 0.35\text{s}$,所以由表 3-5 查得

$$\delta_n = 0.08T_1 + 0.07 = 0.08 \times 0.358 + 0.07 = 0.0986$$

所以,顶部附加的集中水平地震作用为:

$$\Delta F_2 = \delta_n F_{EK} = 0.0986 \times 106.25 = 10.48\text{kN}$$

由式(3-88)

$$F_i = \frac{G_i H_i}{\sum_{j=1}^{n} G_j H_j} F_{EK}(1 - \delta_n)$$

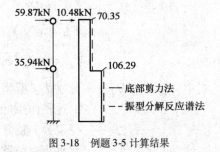

图 3-18 例题 3-5 计算结果

于是得到

$$\sum_{i=1}^{n} G_i H_i = (60 \times 3.6 + 50 \times 7.2) \times 9.8 = 5644.8$$

$$F_1 = \frac{G_1 H_1}{\sum_{j=1}^{n} G_j H_j} F_{EK}(1 - \delta_n) = \frac{60 \times 9.8 \times 3.6}{5644.8} \times 106.29 \times (1 - 0.0986) = 35.94\text{kN}$$

$$F_2 = \frac{G_2 H_2}{\sum_{j=1}^{n} G_j H_j} F_{EK}(1 - \delta_n) = \frac{50 \times 9.8 \times 7.2}{5644.8} \times 106.29 \times (1 - 0.0986) = 59.87\text{kN}$$

所以,

$$V_1 = F_2 + F_1 + \Delta F_2 = 59.87 + 35.94 + 10.48 = 106.29\text{kN}$$

$$V_2 = F_2 + \Delta F_2 = 59.87 + 10.48 = 70.35\text{kN}$$

框架水平地震作用及层间剪力图如图 3-18 所示。

*第六节 结构的扭转耦联效应计算

对于平面布置有明显不对称的结构,在水平地震作用下将产生明显的平动—扭转耦联效应,可采用两种方法计算。

1. 增大系数法

由于建筑物质量分布不均匀、结构刚度计算的局限性、设计假定的正确程度以及抗扭构件的非对称性破坏等,使得实际结构在地震作用下的扭转振动是难于避免的。为此,建筑抗震设计规范规定:规则结构不进行扭转耦联计算时,平行于地震作用方向的两个边榀,其地震作用效应宜乘以增大系数,一般情况下,短边可按 1.15 采用,长边可按 1.05 采用;当扭转刚度较小时,宜按不小于 1.3 采用。

2. 扭转效应分析

考虑扭转影响的结构,假设楼盖平面内刚度为无限大,在自由振型条件下,任一振型 j 在

任意层 i 具有 3 个振型位移（两个正交的水平移动和一个扭转），即 x_{ji}、y_{ji}、θ_{ji}，在 x 或 y 方向水平地震作用时，第 j 振型第 i 层质心水平地震作用具有 x 向、y 向水平地震作用和绕质心轴的地震作用扭矩，如图 3-19 所示。

j 振型 i 层的水平地震作用标准值计算公式为

$$F_{xji} = \alpha_j \gamma_{tj} X_{ji} G_i \quad (3-91)$$

$$F_{yji} = \alpha_j \gamma_{tj} Y_{ji} G_i \quad (3-92)$$

$$M_{tji} = \alpha_j \gamma_{tj} r_i^2 \varphi_{ji} G_i \quad (3-93)$$

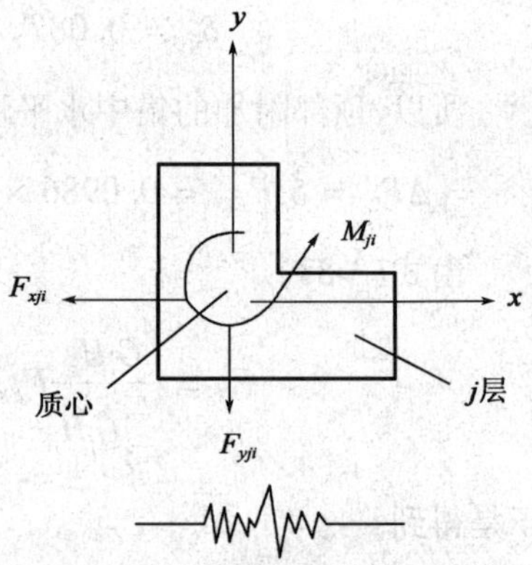

式中：F_{xji}、F_{yji}、M_{tji}——分别为 j 振型 i 层的 x、y 和转角方向的地震作用标准值；

X_{ji}、Y_{ji}——分别为 j 振型 i 层质心在 x、y 方向的水平相对位移；

φ_{ji}——j 振型 i 层的相对扭转角；

γ_{tj}——考虑扭转的 j 振型参与系数，当仅考虑 x 方向地震时，按式(3-94)计算；当仅考虑 y 方向地震时，按式(3-95)计算；当考虑与 x 方向斜交地震作用时，按式(3-96)计算；

r_i——i 层转动半径，按式(3-97)计算。

图 3-19　j 振型 i 层质心处地震作用

$$\gamma_{xj} = \frac{\sum_{i=1}^{n} X_{ji} G_i}{\sum_{i=1}^{n} (X_{ji}^2 + Y_{ji}^2 + \varphi_{ji}^2 r_i^2) G_i} \quad (3-94)$$

$$\gamma_{yj} = \frac{\sum_{i=1}^{n} Y_{ji} G_i}{\sum_{i=1}^{n} (X_{ji}^2 + Y_{ji}^2 + \varphi_{ji}^2 r_i^2) G_i} \quad (3-95)$$

$$\gamma_{tj} = \gamma_{xj} \cos\theta + \gamma_{yj} \sin\theta \quad (3-96)$$

$$r_i = \sqrt{J_i / M_i} \quad (3-97)$$

式中：γ_{xj}、γ_{yj}——分别由式(3-94)、式(3-95)求得的参与系数；

θ——地震作用方向与 x 方向的夹角；

J_i——第 i 层绕质心的转动惯量；

M_i——第 i 层的质量。

考虑单向水平地震作用下扭转的地震作用效应，由于振型效应彼此耦联，其地震效应组合用完全二次型组合法（CQC），即：

$$S_{EK} = \sqrt{\sum_{j=1}^{m} \sum_{k=1}^{m} \rho_{jk} S_j S_k} \quad (3-98)$$

$$\rho_{jk} = \frac{8\sqrt{\xi_j \xi_k}(\xi_j + \lambda_T \xi_k)\lambda_T^{1.5}}{(1-\lambda_T^2)^2 + 4\xi_j \xi_k (1+\lambda_T)^2 \lambda_T + 4(\xi_j^2 + \xi_k^2)\lambda_T^2} \quad (3-99)$$

式中：S_{EK}——考虑扭转的地震作用标准值效应；

S_j、S_k——分别为 j、k 振型地震作用标准值的效应，可取前 9~15 个振型；

ξ_j、ξ_k——分别为 j、k 振型的阻尼比；

ρ_{jk}——j 振型与 k 振型的耦联系数；

λ_T——j 振型与 k 振型的自振周期比。

考虑双向水平地震作用下的扭转地震作用效应，可按下列公式中的较大值确定：

$$S_{EK} = \sqrt{S_x^2 + (0.85 S_y)^2} \tag{3-100}$$

或

$$S_{EK} = \sqrt{S_y^2 + (0.85 S_x)^2} \tag{3-101}$$

式中：S_x——为仅考虑 x 向水平地震作用时的地震作用效应；

S_y——为仅考虑 y 向水平地震作用时的地震作用效应。

在进行平动扭转耦联的计算中，需要求出各楼层的转动惯量。对于任意形状的楼盖取任意坐标轴，质心 C_i 的坐标可用下式求得

$$x_i = \frac{\iint_{A_i} m_i x \mathrm{d}x \mathrm{d}y}{\iint_{A_i} m_i \mathrm{d}x \mathrm{d}y} \tag{3-102}$$

$$y_i = \frac{\iint_{A_i} m_i y \mathrm{d}x \mathrm{d}y}{\iint_{A_i} m_i \mathrm{d}x \mathrm{d}y} \tag{3-103}$$

式中：m_i——i 层任意点处单位面积质量；

A_i——i 层楼盖水平面积。

绕任意竖轴 o 的转动惯量为

$$J_{io} = \iint_{A_i} m_i (x^2 + y^2) \mathrm{d}x \mathrm{d}y \tag{3-104}$$

绕质心 C_i 的转动惯量为

$$J_i = \iint_{A_i} m_i [(x - \bar{x}_i)^2 + (y - \bar{y}_i)^2] \mathrm{d}x \mathrm{d}y \tag{3-105}$$

式中：$\bar{x}_i$、$\bar{y}_i$——质心 C_i 的坐标。

*第七节 竖向地震作用的计算

竖向地震作用使结构产生竖向振动。震害调查表明，在高烈度区，竖向地震的影响十分明显，尤其对高层建筑、高耸结构、大跨结构等的影响更为显著。因此，《建筑抗震设计规范》规定，对于烈度为 8 度和 9 度的大跨度结构、长悬臂结构、烟囱和类似高耸结构，9 度时的高层建筑，应考虑竖向地震作用。

一、烟囱和类似的高耸结构、高层建筑

高耸结构和高层建筑竖向地震作用以竖向第一振型的影响为主，同时，竖向第一振型不仅自振周期小于场地特征周期，而且其振型接近于倒三角形，如图 3-20 所示。

因此，高耸结构和高层建筑竖向地震作用的简化计算，可类似于水平地震作用的底部剪力法，也就是先求出结构的总竖向地震作用，再在各质点上进行分配。其计算公式为

$$F_{EVK} = \alpha_{v\max} G_{eq} \qquad (3\text{-}106)$$

$$F_{vi} = \frac{G_i H_i}{\sum\limits_{i=1}^{n} G_j H_j} F_{EVK} \qquad (3\text{-}107)$$

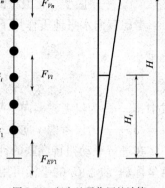

图 3-20 竖向地震作用的计算

式中：F_{EVK}——结构总竖向地震作用标准值或底部轴力（图 3-20）；

F_{vi}——质点 i 的竖向地作用标准值；

$\alpha_{v\max}$——竖向地震影响系数的最大值，取 $\alpha_{v\max} = 0.65\alpha_{\max}$；

G_{eq}——结构等效总重力荷载代表值，$G_{eq} = \xi_V \sum G_i$；

ξ_V——等效总重力荷载系数，取 $\xi_V = 0.75$。

二、屋盖和屋架

《建筑抗震设计规范》规定，对于平板型网架屋盖和跨度大于 24m 的屋架，竖向地震作用的标准值可取其重力荷载代表值和竖向地震作用系数的乘积。竖向地震作用系数按表 3-8 取用。

竖向地震作用系数　　　　　　　　　　　　　　　　　　　表 3-8

结构类型	烈度	场地类别		
		Ⅰ	Ⅱ	Ⅲ、Ⅳ
平板型网架、钢屋架	8	可不计算 （0.10）	0.08 (0.12)	0.10 (0.15)
	9	0.15	0.15	0.20
钢筋混凝土屋架	8	0.10 (0.15)	0.13 (0.19)	0.13 (0.19)
	9	0.20	0.25	0.25

注：表中括号内的数值用于设计基本地震加速度为 0.30g 的地区。

三、长悬臂和其它大跨度结构

对于长悬臂和其它大跨度结构的竖向地震作用标准值，8 度和 9 度可分别取该结构、构件重力荷载代表值的 10% 和 20%；设计基本地震加速度为 0.30g 时，可取该结构构件重力荷载代表值的 15%。

第八节　结构自振周期和振型的简化计算

计算多质点弹性体系地震作用时，需要确定体系的自振周期和振型。从理论上讲，它们可通过解频率方程得出，但当体系的质点数多于 3 个时，手算十分繁琐。在实际工程计算中，常采用近似方法。

一、能量法

一般符合底部剪力法条件的结构，只需基本周期和振型，即可计算其地震作用，此时可采用能量法，或称瑞利（Rayleigh）法，来求解结构的基本周期。这种方法是根据体系在振动过程

中能量守恒定律导出的。

图 3-21 表示一个具有 n 个质点的弹性体系，质点 i 的质量为 m_i，体系按第一振型作自由振动时的频率为 ω_1。假设将各质点的重力荷载水平作用于相应质点 m_i 上的弹性变形曲线作为基本振型，Δ_i 为 i 点的水平位移，则体系的最大位能为

$$U_{\max} = \frac{1}{2}\sum_{i=1}^{n} G_i\Delta_i = \frac{1}{2}g\sum_{i=1}^{n} m_i\Delta_i$$

最大动能为

$$T_{\max} = \frac{1}{2}\sum_{i=1}^{n} m_i(\omega_1\Delta_i)^2$$

由能量守恒定理，可得：

$$U_{\max} = T_{\max}$$

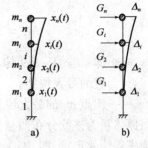

图 3-21 多质点体系能量法示意图

解之，得

$$\omega_1 = \sqrt{\frac{g\sum_{i=1}^{n} m_i\Delta_i}{\sum_{i=1}^{n} m_i\Delta_i^2}}$$

或

$$\omega_1 = \sqrt{\frac{g\sum_{i=1}^{n} G_i\Delta_i}{\sum_{i=1}^{n} G_i\Delta_i^2}} \tag{3-108}$$

基本周期为

$$T_1 = 2\pi\sqrt{\frac{\sum_{i=1}^{n} G_i\Delta_i^2}{g\sum_{i=1}^{n} G_i\Delta_i}} \tag{3-109}$$

或近似取为

$$T_1 = 2\sqrt{\frac{\sum_{i=1}^{n} G_i\Delta_i^2}{\sum_{i=1}^{n} G_i\Delta_i}} \tag{3-110}$$

二、等效质量法

等效质量法是求体系基本周期的另一种常用近似计算方法。它的基本原理是，在计算多质点体系基本周期时，用一个单质点体系代替原体系，使这个单质点体系的自振频率与原体系的基本频率相等或接近。这个单质点体系的质量就称为等效质量，用 M_e 表示。

1. 等效质量的确定

确定等效质量 M_e 的原则，是根据代替原体系的单质点体系振动时的最大动能应等于原体系的最大动能的条件。

例如求图 3-22a) 多质点体系的基本频率时，可用图 4-22b) 的单质点体系代替。根据两者

按第一振型振动时最大动能相等的条件,得

$$\frac{1}{2}M_e(\omega_1 x_m)^2 = \frac{1}{2}\sum_{i=1}^{n} m_i(\omega_1 x_i)^2$$

则

$$M_e = \frac{\sum_{i=1}^{n} m_i x_i^2}{x_m^2} \quad (3\text{-}111)$$

式中:x_m——体系按第一振型振动时,相应于等效质量所在位置的最大位移;
　　x_i——质点 m_i 的最大位移。

当原体系为连续分布质量体系时,式(3-111)中的求和项将变为求积分的形式,即

$$M_e = \frac{\int \overline{m}(y) x^2(y) \mathrm{d}y}{x_m^2} \quad (3\text{-}112)$$

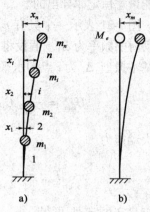

图 3-22　等效质量法示意图

2. 多质点体系基本周期

由式(3-111),得到了等效质量 M_e 就可按单质点体系计算基本频率:

$$\omega_1 = \sqrt{\frac{1}{M_e \delta}} \quad (3\text{-}113)$$

基本周期为

$$T_1 = 2\pi \sqrt{M_e \delta} \quad (3\text{-}114)$$

式中:δ——单位水平力作用在悬臂杆顶点时的顶点位移。

由上可见,按等效质量法基本周期时,需要假设一条接近第一振型的弹性曲线。

【**例 3-6**】　如图 3-23 所示的等截面匀质悬臂杆,高度为 H,抗弯刚度为 EI,单位长度上的均布重力荷载为 q。按等效质量法求体系的基本周期。

【**解**】　假定直杆重力荷载 q 沿水平方向作用的弹性曲线为第一振型曲线(图 3-23),则其位移曲线方程为

$$x = \frac{q}{24EI}(y^4 - 4Hy^3 + 6H^2 y^2)$$

设原体系单位长度的质量为 $\overline{m}$,则原体系的动能 D_1 为

$$D_1 = \frac{1}{2}\int_0^H \overline{m}\mathrm{d}y(\omega_1 x_i)^2 = \frac{1}{2}\overline{m}\omega_1^2 \int_0^H x^2 \mathrm{d}y$$

$$= \frac{1}{2}\overline{m}\omega_1^2 \left(\frac{q}{24EI}\right)^2 \int_0^H (y^4 - 4Hy^3 + 6H^2 y^2)^2 \mathrm{d}y$$

$$= \frac{1}{2}\overline{m}\omega_1^2 \left(\frac{q}{24EI}\right)^2 \times 2.3111 H^5$$

等效质量体系的动能 D_2 为

$$D_2 = \frac{1}{2}M_e(\omega_1 x_m)^2$$

其中 x_m,由第一振型曲线位移方程取 $y = H$ 时得出:

$$x_m = \frac{qH^4}{8EI}$$

所以
$$D_2 = \frac{1}{2}M_e\omega_1^2 \times \left(\frac{q}{8EI}H^4\right)^2$$

由 $D_1 = D_2$,解得
$$M_e = 0.254\bar{m}H$$

体系的基本周期为
$$T_1 = 2\pi\sqrt{M_e\delta} = 2\pi\sqrt{0.254\bar{m}H \times \frac{H^3}{3EI}} = 1.84H^2\sqrt{\frac{\bar{m}}{EI}}$$

【例3-7】 无重量直杆高为 H,抗弯刚度为 EI,在杆的 $0.8H$ 高度处的 B 点有一集中质量 m(图3-24a),试求在悬臂端 C 处的等效质量(图3-24b)。

【解】 以悬臂杆顶端作用单位水平集中力的弹性曲线作为第一振型曲线,则位移曲线为
$$x = \frac{1}{6EI}(3Hy^2 - y^3)$$

原体系的动能 D_1 为
$$\begin{aligned}D_1 &= \frac{1}{2}m\omega_1^2 x_B^2 \\ &= \frac{1}{2}m\omega_1^2 \times \left(\frac{1}{6EI}\right)^2 [3H(0.8H)^2 - (0.8H)^3]^2 \\ &= \frac{1}{2}m\omega_1^2 \left(\frac{1}{6EI}\right)^2 (1.408H^3)^2\end{aligned}$$

等效质量新体系的动能 D_2 为
$$D_2 = \frac{1}{2}M_e\omega_1^2 \left(\frac{1}{6EI}\right)^2 \times (2H^3)^2$$

由 $D_1 = D_2$,得
$$M_e = 0.496m \approx 0.5m$$

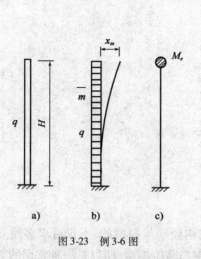

图3-23 例3-6图

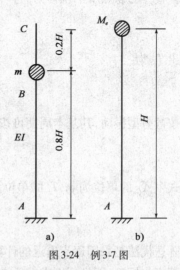

图3-24 例3-7图

由上面两个例题可见,等效质量可由原体系的质量乘上某一系数得到,这个系数称为动力等效系数。上面两个例题的动力等效系数分别为 0.254 和 0.50。

三、顶点位移法

顶点位移法是根据结构在重力荷载水平作用时计算得到的顶点位移来推求其基本频率或基本周期的一种方法。

现以图 3-25a) 所示的质量均匀的悬臂直杆为例,若体系按弯曲振动,则基本周期为

$$T_1 = 1.78 H^2 \sqrt{\frac{\overline{m}}{EI}} \quad (3-115a)$$

或

$$T_1 = 1.78 H^2 \sqrt{\frac{q}{gEI}} \quad (3-115b)$$

而悬臂直杆在水平均布荷载 q 作用下的顶点水平位移 Δ_G 为

$$\Delta_G = \frac{qH^4}{8EI} \quad (3-115c)$$

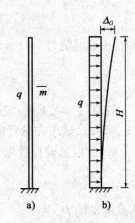

图 3-25 顶点位移法示意图

将式(3-115c)代入式(3-115b),得 T_1 为

$$T_1 = 1.60 \sqrt{\Delta_G} \quad (3-115d)$$

若体系按剪切型振动,则其基本周期为

$$T_1 = 1.28 \sqrt{\frac{\xi q H^2}{GA}}$$

式中:ξ——剪应力分布不均匀系数;
  G——剪切模量;
  A——杆件横截面面积。

这时悬臂直杆的顶点水平位移为

$$\Delta_G = \frac{\xi q H^2}{2GA}$$

于是得出 T_1 为

$$T_1 = 1.80 \sqrt{\Delta_G} \quad (3-116)$$

若体系按弯剪型振动,其基本周期可按下式计算:

$$T_1 = 1.70 \sqrt{\Delta_G} \quad (3-117)$$

上述公式中 Δ_G 的单位为 m,T_1 的单位为 s。

四、矩阵迭代法*

矩阵迭代法是采用逐步逼近的计算方法来确定结构频率与振型的,不仅可求多质点体系的基本频率与振型,而且还可求多质点体系的高阶频率与高阶振型,所以是一种常用的方法。

在讨论主振型的正交性时已经提到,主振型的变形曲线可看做体系按某一频率振动时,其相应惯性荷载所引起的静力变形曲线,所以体系按频率 ω 振动时,其上各质点的位移幅值将分别为

$$\left.\begin{array}{l}x_1 = m_1\omega^2\delta_{11}x_1 + m_2\omega^2\delta_{12}x_2 + \cdots + m_n\omega^2\delta_{1n}x_n \\ x_2 = m_1\omega^2\delta_{21}x_1 + m_2\omega^2\delta_{22}x_2 + \cdots + m_n\delta_{2n}x_n \\ \cdots \\ x_n = m_1\omega^2\delta_{n1}x_1 + m_2\omega^2\delta_{n2}x_2 + \cdots + m_n\omega^2\delta_{nn}x_n\end{array}\right\} \quad (3\text{-}118)$$

式中：δ_{ij}——单位荷载作用于 j 点时在 i 点引起的位移，称为柔度系数。

将上式写成矩阵形式为

$$\begin{Bmatrix}x_1\\x_2\\\vdots\\x_n\end{Bmatrix} = \omega^2\begin{bmatrix}\delta_{11}&\delta_{12}&\cdots&\delta_{1n}\\\delta_{21}&\delta_{22}&\cdots&\delta_{2n}\\\cdots\\\delta_{n1}&\delta_{n2}&\cdots&\delta_{nn}\end{bmatrix}\begin{bmatrix}m_1&&&0\\&m_2&&\\&&\ddots&\\0&&&m_n\end{bmatrix}\begin{Bmatrix}x_1\\x_2\\\vdots\\x_n\end{Bmatrix} \quad (3\text{-}119a)$$

或简写为

$$\{X\} = \omega^2[\delta][m]\{X\} \quad (3\text{-}119b)$$

式中：$\{X\}$——位移列向量；

$[\delta]$——柔度矩阵，与刚度矩阵互逆，即 $[\delta] = [K]^{-1}$；

$[m]$——质量矩阵。

对式(3-119)进行迭代，其步骤如下：先假定一个主振型，代入式(3-119)等号右边，求得 ω^2 的第一次近似值和其主振型的第一次近似值；再以第一次近似值代入上式，求得 ω^2 与振型的第二次近似值；直至前后两次计算结果接近为止。当一个振型求得后，可利用振型的正交性求得较高次的频率与振型。具体方法在下面的例题3-8中说明。

【例3-8】 某3层框架结构，如图3-26所示，假定其横梁的刚度为无限大；各层质量分别为 $m_1 = 2561\text{t}, m_2 = 2545\text{t}, m_3 = 559\text{t}$；各层侧移刚度分别为 $k_1 = 5.43 \times 10^5\,\text{kN/m}, k_2 = 9.03 \times 10^5\,\text{kN/m}, k_3 = 8.23 \times 10^5\,\text{kN/m}$。用矩阵迭代法求结构的频率和振型。

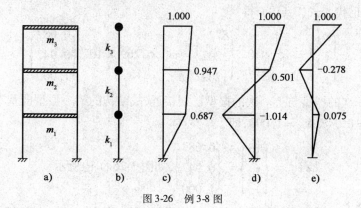

图3-26 例3-8图

【解】 先求柔度系数

$$\delta_{11} = \delta_{12} = \delta_{13} = \frac{1}{k_1} = 1.84 \times 10^{-6}\,\text{m/kN}$$

$$\delta_{22} = \delta_{23} = \frac{1}{k_1} + \frac{1}{k_2} = 1.84 \times 10^{-6} + 1.11 \times 10^{-6} = 2.95 \times 10^{-6}\,\text{m/kN}$$

$$\delta_{33} = \frac{1}{k_1} + \frac{1}{k_2} + \frac{1}{k_3} = 2.95 \times 10^{-6} + 1.21 \times 10^{-6} = 4.16 \times 10^{-6}\,\text{m/kN}$$

首先,设第一振型的第一次近似值为

$$\begin{Bmatrix} x_{11} \\ x_{12} \\ x_{13} \end{Bmatrix} = \begin{Bmatrix} 1 \\ 1 \\ 1 \end{Bmatrix}$$

代入式(3-119),得:

$$\begin{Bmatrix} x_{11} \\ x_{12} \\ x_{13} \end{Bmatrix} = \omega_1^2 \times 10^{-6} \begin{bmatrix} 1.84 & 1.84 & 1.84 \\ 1.84 & 2.95 & 2.95 \\ 1.84 & 2.95 & 4.16 \end{bmatrix} \begin{bmatrix} 2561 & & 0 \\ & 2545 & \\ 0 & & 559 \end{bmatrix} \begin{Bmatrix} 1 \\ 1 \\ 1 \end{Bmatrix}$$

$$= \omega_1^2 \times 10^{-5} \begin{Bmatrix} 1042 \\ 1387 \\ 1455 \end{Bmatrix} = \omega_1^2 \times 1455 \times 10^{-5} \begin{Bmatrix} 0.716 \\ 0.953 \\ 1.000 \end{Bmatrix}$$

则,振型的第二次近似值为

$$\begin{Bmatrix} x_{11} \\ x_{12} \\ x_{13} \end{Bmatrix} = \begin{Bmatrix} 0.716 \\ 0.953 \\ 1.000 \end{Bmatrix}$$

再将此值代入式(3-119)得

$$\begin{Bmatrix} x_{11} \\ x_{12} \\ x_{13} \end{Bmatrix} = \omega_1^2 \times 10^{-6} \begin{bmatrix} 1.84 & 1.84 & 1.84 \\ 1.84 & 2.95 & 2.95 \\ 1.84 & 2.95 & 4.16 \end{bmatrix} \begin{bmatrix} 2561 & & 0 \\ & 2545 & \\ 0 & & 559 \end{bmatrix} \begin{Bmatrix} 0.716 \\ 0.953 \\ 1.000 \end{Bmatrix}$$

$$= \omega_1^2 \times 10^{-5} \begin{Bmatrix} 887 \\ 1218 \\ 1285 \end{Bmatrix} = \omega_1^2 \times 1285 \times 10^{-5} \begin{Bmatrix} 0.690 \\ 0.948 \\ 1.000 \end{Bmatrix}$$

将此第三次近似值代入式(3-119)得:

$$\begin{Bmatrix} x_{11} \\ x_{12} \\ x_{13} \end{Bmatrix} = \omega_1^2 \times 10^{-5} \begin{Bmatrix} 872 \\ 1202 \\ 1269 \end{Bmatrix} = \omega_1^2 \times 1269 \times 10^{-5} \begin{Bmatrix} 0.687 \\ 0.947 \\ 1.000 \end{Bmatrix} \quad (3\text{-}120a)$$

可以看到,最后一次的振型与上一次的振型已很接近,故结构的第一振型即基本振型可确定为 $X_{11} = 0.687$, $X_{12} = 0.947$, $X_{13} = 1.000$,即

$$\{X\}_1 = \begin{Bmatrix} x_{11} \\ x_{12} \\ x_{13} \end{Bmatrix} = \begin{Bmatrix} 0.687 \\ 0.947 \\ 1.000 \end{Bmatrix}, \text{如图 3-26c)中所示。}$$

结构的基本频率 ω_1 可按式(3-120a)中的任一式求得,例如根据 $x_{13} = 1.000$ 可得:

$$1.000 = \omega_1^2 \times 1269 \times 10^{-5} \times 1.000$$

所以

$$\omega_1 = \sqrt{\frac{1}{1269 \times 10^{-5}}} = 8.88 \text{rad/s}$$

对于第二振型,有

$$\begin{Bmatrix} x_{21} \\ x_{22} \\ x_{23} \end{Bmatrix} = \omega_2^2 \times 10^{-6} \begin{bmatrix} 1.84 & 1.84 & 1.84 \\ 1.84 & 2.95 & 2.95 \\ 1.84 & 2.95 & 4.16 \end{bmatrix} \begin{bmatrix} 2561 & & 0 \\ & 2545 & \\ 0 & & 559 \end{bmatrix} \begin{Bmatrix} x_{21} \\ x_{22} \\ x_{23} \end{Bmatrix} \quad (3\text{-}120\text{b})$$

利用主振型的正交性和上面求得的第一振型位移值可得：
$$m_1 x_{11} x_{21} + m_2 x_{12} x_{22} + m_3 x_{13} x_{23} = 0$$
$$2561 \times 0.687 \times x_{21} + 2545 \times 0.947 \times x_{22} + 559 \times 1.000 \times x_{23} = 0$$

即
$$1759 x_{21} + 2410 x_{22} + 559 x_{23} = 0$$

得到关系式：
$$x_{23} = -3.147 x_{21} - 4.311 x_{22} \quad (3\text{-}120\text{c})$$

将式(3-120c)代入式(3-120b)中的第一及第二式得：
$$\begin{Bmatrix} x_{21} \\ x_{22} \end{Bmatrix} = \omega_2^2 \times 10^{-6} \begin{bmatrix} 1475 & 249 \\ -477 & 399 \end{bmatrix} \begin{Bmatrix} x_{21} \\ x_{22} \end{Bmatrix} \quad (3\text{-}120\text{d})$$

现对式(3-120d)进行迭代,先假设一个接近于第二振型的位移,例如,令
$$\begin{Bmatrix} x_{21} \\ x_{22} \end{Bmatrix} = \begin{Bmatrix} 2 \\ 1 \end{Bmatrix}$$

经二轮迭代后,得
$$\begin{Bmatrix} x_{21} \\ x_{22} \end{Bmatrix} = \omega_2^2 \times 1351 \times 10^{-6} \begin{Bmatrix} 1.995 \\ -1.000 \end{Bmatrix}$$

相应的第二阶频率为
$$\omega_2 = \sqrt{\frac{1}{1351 \times 10^{-6}}} = 17.2 \text{rad/s}$$

而由式(3-120c)得 $x_{23} = -3.147 \times 1.995 - 4.311 \times (-1.000) = -1.967$

所以第二主振型为
$$\{X\}_2 = \begin{Bmatrix} x_{21} \\ x_{22} \\ x_{23} \end{Bmatrix} = \begin{Bmatrix} -1.014 \\ 0.501 \\ 1.000 \end{Bmatrix},\text{如图 3-26d)中所示}。$$

对于第三振型,仍可利用主振型的正交性和上面已得出的第一、第二主振型位移算得下面的联立方程：
$$\begin{Bmatrix} \sum_{i=1}^{3} m_i x_{1i} x_{3i} = 0 \\ \sum_{i=1}^{3} m_i x_{2i} x_{3i} = 0 \end{Bmatrix}$$

得：
$$\begin{Bmatrix} 1759 x_{31} + 2410 x_{32} + 559 x_{33} = 0 \\ 2597 x_{31} + 1275 x_{32} - 559 x_{33} = 0 \end{Bmatrix}$$

解之,得：
$$x_{31} = 0.0746 x_{33}, x_{32} = -0.2864 x_{33}$$

令： $x_{33} = 1.000$,则 $x_{31} = 0.075$, $x_{32} = -0.286$

代入式(3-119)可解得第三阶频率,即

$$\begin{Bmatrix} x_{31} \\ x_{32} \\ x_{33} \end{Bmatrix} = \omega_3^2 \times 10^{-6} \begin{bmatrix} 1.84 & 1.84 & 1.84 \\ 1.84 & 2.95 & 2.95 \\ 1.84 & 2.95 & 4.16 \end{bmatrix} \begin{bmatrix} 2561 & & 0 \\ & 2545 & \\ 0 & & 559 \end{bmatrix} \begin{Bmatrix} 0.075 \\ -0.286 \\ 1.000 \end{Bmatrix}$$

$$= \omega_3^2 \times 10^{-6} \begin{Bmatrix} 42.70 \\ -144.70 \\ 531.60 \end{Bmatrix} = \omega_3^2 \times 531.6 \times 10^{-6} \begin{Bmatrix} 0.080 \\ -0.272 \\ 1.000 \end{Bmatrix}$$

得：
$$\omega_3 = \sqrt{\frac{1}{531.6 \times 10^{-6}}} = 43.4 \text{rad/s}$$

相应的振型为

$$\{X\}_3 = \begin{Bmatrix} x_{31} \\ x_{32} \\ x_{33} \end{Bmatrix} = \begin{Bmatrix} 0.075 \\ -0.286 \\ 1.000 \end{Bmatrix}, \text{如图 3-26e) 所示。}$$

采用矩阵迭代法求频率和振型时，由于在求高频及其主振型时需要取用已被求得的较低的振型，计算的误差将随振型的提高而增加。但在实际分析中一般只需采用前几阶振型，所以这种累积误差对实际结构反应分析影响不大。

第九节 结构抗震验算

建筑抗震设计规范为了更好地体现"小震不坏、中震可修、大震不倒"的抗震设计原则，采用了二阶段设计方法来完成三个烈度水准的抗震设防要求，即"小震"作用下的截面抗震验算和"大震"作用下的变形验算。在第一阶段抗震设计中采用以概率为基础的多系数截面抗震验算表达式。

一、结构抗震强度验算

1. 地震作用计算原则

在抗震设计中，计算各类建筑结构的地震作用，一般应遵循下列原则：

（1）一般情况下，可在建筑结构的两个主轴方向分别考虑水平地震作用并进行抗震验算，各方向的水平地震作用应全部由该方向抗侧力构件承担；

（2）有斜交抗侧力构件的结构，宜分别考虑各抗侧力构件方向的水平地震作用；

（3）质量和刚度明显不均匀、不对称的结构，应考虑水平地震作用的扭转影响；

（4）烈度为 8 度和 9 度时大跨度结构、长悬臂结构、烟囱和类似的高耸结构，9 度时的高层建筑，应考虑竖向地震作用。

2. 各类建筑结构的抗震计算应采用下列方法

（1）高度不超过 40m、以剪切变形为主且质量和刚度沿高度分布比较均匀的结构，近似于单质点体系的结构，可采用底部剪力法。

（2）除上述之外的建筑结构，宜采用振型分解反应谱法。

（3）特别不规则的建筑、甲类建筑和高层建筑（表 3-9），宜采用时程分析法进行补充验算。

采用时程分析法的房屋高度范围　　　表3-9

烈度、场地类别	房屋高度范围(m)
8度Ⅰ、Ⅱ类场地和7度	>100
8度Ⅲ、Ⅳ类场地	>80
9度	>60

3. 截面抗震验算

结构构件截面承载力抗震验算应采用下列设计表达式：

$$S \leqslant \frac{R}{\gamma_{RE}} \quad (3-121)$$

式中：S——结构构件内力组合的设计值，按式(3-122)计算；

R——结构构件承载力设计值；

γ_{RE}——承载力抗震调整系数，除以后各章另有规定外，按表3-10取用，当仅考虑竖向地震作用时，各类构件的γ_{RE}均取为1.0。

承载力抗震调整系数γ_{RE}　　　表3-10

材料	结构构件	受力状态	γ_{RE}
钢	柱、梁、支撑、节点板件、螺栓、焊缝	强度	0.75
	柱、支撑	稳定	0.80
砌体	两端均有构造柱、芯柱的抗震墙	受剪	0.9
	其他抗震墙	受剪	1.0
混凝土	梁	受弯	0.75
	轴压比小于0.15的柱	偏压	0.75
	轴压比不小于0.15的柱	偏压	0.80
	抗震墙	偏压	0.85
	各类构件	受剪、偏拉	0.85

结构构件内力组合设计值S按下式计算：

$$S = \gamma_G S_{GE} + \gamma_{Eh} S_{Ehk} + \gamma_{Ev} S_{Evk} + \Psi_w \gamma_w S_{wk} \quad (3-122)$$

式中：γ_G——重力荷载分项系数，一般情况下采用1.2，当重力荷载效应对构件承载能力有利时，不应大于1.0；

γ_{Eh}、γ_{Ev}——分别为水平、竖向地震作用分项系数，应按表3-11采用；

γ_w——风荷载分项系数，应采用1.4；

S_{GE}——重力荷载代表值的效应，应取结构和配件自重标准值和其它重力荷载的组合值之和的效应，其它重力荷载的组合系数见表3-5，在有吊车时，尚应包括悬吊物重力标准值的效应；

S_{Ehk}、S_{Evk}——分别为水平地震作用和竖向地震作用的标准值的效应，尚应乘以相应的增大系数或调整系数；

S_{wk}——风荷载标准值的效应；

Ψ_w——风荷载组合值系数，一般结构可不考虑，风荷载起控制作用的高层建筑应采用0.2。

地震作用分项系数　　　　　　　　　表3-11

地 震 作 用	γ_{Eh}	γ_{Ev}
仅计算水平地震作用	1.3	0.0
仅计算竖向地震作用	0.0	1.3
同时计算水平与竖向地震作用(水平地震为主)	1.3	0.5
同时计算水平与竖向地震作用(竖向地震为主)	0.5	1.3

由于各类结构所受的地震作用和其它荷载作用的反应不尽相同,并不是各类结构构件的荷载效应组合都取式(3-122)的右端所有项,基本上可分为以下几种情况:

(1)高层建筑的各类构件,除考虑水平地震内力和重力荷载内力的组合外,要考虑风荷载内力的组合;在9度区还要考虑竖向地震内力的组合,即:

在7、8度烈度区和6度烈度区Ⅳ类场地土的高层建筑截面抗震验算表达式为

$$S = \gamma_G S_{GE} + 1.3 S_{Ehk} + 0.2 \gamma_w S_{wk} \leq \frac{R}{\gamma_{RE}} \quad (3\text{-}123)$$

在9度烈度区为

$$S = \gamma_G S_{GE} + 1.3 S_{Ehk} + 0.5 S_{Evk} + 0.2 \gamma_w S_{wk} \leq \frac{R}{\gamma_{RE}} \quad (3\text{-}124)$$

(2)单层、多层钢筋混凝土结构和单层、多层钢结构的各类构件,只考虑水平地震内力和重力荷载内力的组合,即:

$$S = \gamma_G S_{GE} + 1.3 S_{Ehk} \leq \frac{R}{\gamma_{RE}} \quad (3\text{-}125)$$

(3)大跨度屋盖系统和长悬臂结构(如网架屋盖),跨度大于24m的屋架及大的挑台、雨篷等,只考虑竖向地震内力和重力荷载内力的组合,即:

$$S = \gamma_G S_{GE} + 1.3 S_{Evk} \leq \frac{R}{\gamma_{RE}} \quad (3\text{-}126)$$

其中,γ_{RE}取1.0。

(4)砌体结构的墙段,受剪承载力验算时,只考虑水平地震剪力,不考虑水平地震剪力与重力荷载内力的组合,即:

$$S = 1.3 S_{Ehk} \leq \frac{R}{\gamma_{RE}} \quad (3\text{-}127)$$

二、结构抗震变形验算

建筑抗震设计规范采用"小震"作用下以概率为基础的承载力极限状态设计,"大震"作用下的弹塑性变形验算和各类结构抗震构造措施要求的设计方法。在第一阶段抗震设计中,除了进行构件截面抗震承载力验算外,为了满足在遭遇较多遇的低于本地区基本烈度的"小震"作用时,建筑物基本不损坏的抗震设计目标,对有些结构如钢筋混凝土结构还要验算"小震"作用下的变形,以防止结构构件、特别是非结构构件的较多损坏。

因此,结构抗震变形验算包括两部分内容:一是"小震"作用下结构处于弹性状态的变形验算;二是"大震"作用下结构的弹塑性变形验算。

1. "小震"作用下的结构抗震变形计算

小震作用下结构弹性变形的验算公式为

$$\Delta u_e \leq [\theta_e]h \qquad (3-128)$$

式中：Δu_e——多遇地震作用标准值产生的层间弹性位移，计算时各作用分项系数均采用 1.0，钢筋混凝土构件可取弹性刚度；

$[\theta_e]$——层间弹性位移角限值，按表 3-12 采用；

h——层高。

弹性层间位移角限值　　　　　　　　表 3-12

结 构 类 型	$[\theta_e]$
钢筋混凝土框架	1/550
钢筋混凝土框架-抗震墙、板柱-抗震墙、框架-核心筒	1/800
钢筋混凝土抗震墙、筒中筒	1/1000
钢筋混凝土框支层	1/1000
多、高层钢结构	1/250

按照建筑抗震设计规范的设计目标，结构在"小震"作用下基本处于弹性状态，其层间位移计算可根据地震作用的不同分析方法而采用相应的方法。

（1）对于按底部剪力法分析结构地震作用时，其弹性位移计算公式为

$$\Delta u_e(i) = \frac{V_e(i)}{K_i} \qquad (3-129)$$

式中：$\Delta u_e(i)$——第 i 层的层间位移；

K_i——第 i 层的侧移刚度；

$V_e(i)$——第 i 层的水平地震剪力标准值。

（2）对于平面结构采用振型分解法计算水平地震作用时，其弹性位移可采用下列公式计算：

j 振型的位移

$$u_{ej}(i) = \alpha_j \gamma_j x_{ji} g \left(\frac{T_j}{2\pi}\right)^2 \qquad (3-130)$$

式中：α_j——j 振型周期对应的地震影响系数；

γ_j——j 振型的振型参与系数；

x_{ji}——j 振型 i 质点的水平相对位移；

T_j——j 振型的周期；

g——重力加速度。

相应于 j 振型的层间位移

$$\Delta u_{ej}^s = \Delta u_{ej}(i) - \theta_j(i-1)h_i$$

$$\Delta u_{ej}(i) = u_{ej}(i) - u_{ej}(i-1)$$

式中：$\theta_j(i-1)$——j 振型 $i-1$ 楼层的转角；

h_i——第 i 层的层高。

各振型的层间位移可按"平方和开平方"的原则组合得到该结构的层间位移

$$\Delta u_e^s(i) = \sqrt{\sum_{j=1}^{m} [\Delta u_{ej}^s(i)]^2} \tag{3-131}$$

2. 结构在罕遇地震作用下薄弱层的弹塑性变形验算

在强烈地震作用下,结构将进入弹塑性状态,并通过发展塑性变形和累积耗能来消耗地震输入能量。大量的分析研究和震害都表明,具有薄弱楼层的结构,其弹塑性层间变形集中的现象是十分明显的。因此,在多遇地震作用下构件截面承载力抗震验算的基础上,进行罕遇地震作用下结构薄弱楼层(部位)的弹塑性变形验算,对于做到"大震不倒"具有十分重要的意义。

为了减少设计工作量,建筑抗震规范对砌体结构仍然采用"小震"作用下的构件截面承载力验算和抗震构造措施要求的设计方法,不需进行变形验算,仅对特别重要结构和在过去地震中倒塌较多的部分延性结构增加"大震"变形验算的要求。

(1)需要进行结构罕遇地震作用下薄弱层弹塑性变形验算的范围。

①下列结构应进行弹塑性变形验算:

a. 8度Ⅲ、Ⅳ类场地和9度时,高大的单层钢筋混凝柱厂房的横向排架;

b. 7~9度时楼层屈服强度系数小于0.5的钢筋混凝土框架结构;

c. 高度大于150m的钢结构;

d. 甲类建筑和9度时乙类建筑中的钢筋混凝土结构和钢结构;

e. 采用隔震和消能减震设计的结构。

②下列结构宜进行弹塑性变形验算:

a. 属于表3-13所列竖向不规则类型的高层建筑结构;

b. 7度Ⅲ、Ⅳ类场地和8度时乙类建筑中的钢筋混凝土结构和钢结构;

c. 板柱—抗震墙结构和底部框架砖房;

d. 高度不大于150m的其它高层钢结构。

竖向不规则的类型 表3-13

不规则类型	定 义
侧向刚度不均匀	该层的侧向刚度小于相邻上一层的70%,或小于其上相邻3个楼层侧向刚度平均值的80%;除顶层外,局部收进的水平尺寸大于相邻下一层的25%
竖向抗侧力构件不连续	竖向抗侧力构件(柱、抗震墙、抗震支撑)的内力由水平转换构件(梁、桁架等)向下传递
楼层承载力突变	抗侧力结构的层间受剪承载力小于相邻上一楼层的80%

(2)楼层屈服强度系数与结构薄弱层的确定。

所谓结构薄弱层是指在强烈地震作用下,结构首先发生屈服并产生较大弹塑性位移的部位。可以用楼层屈服强度系数大小及其沿房屋高度分布情况来判断。

楼层屈服强度系数按下式计算:

$$\xi_y = \frac{V_y}{V_e} \tag{3-132}$$

式中:ξ_y——楼层屈服强度系数,按构件实际配筋和材料强度标准值计算的楼层受剪承载力与楼层弹性地震剪力的比值;

V_y——按构件实际配筋和材料强度标准值计算的楼层实际抗剪承载力;

V_e——按罕遇地震作用下的弹性分析所获得的该楼层的地震剪力。

当薄弱层的屈服强度系数不小于相邻层该系数平均值的0.8时,即

标准层: $\xi_y(i) > 0.8[\xi_y(i+1) + \xi_y(i-1)]\frac{1}{2}$

顶层: $\xi_y(n) > 0.8\xi_y(n-1)$

首层: $\xi_y(1) > 0.8\xi_y(2)$

时,可以认为该房屋楼层屈服强度系数沿高度分布均匀,否则为不均匀。

结构薄弱层的位置可按下列情况确定:

①楼层屈服强度系数沿高度分布均匀的结构,可取首层;

②楼层屈服强度系数沿高度分布不均匀的结构,可取该系数最小的楼层和相对较小的楼层,一般不超过2~3处;

③单层厂房,可取上柱。

(3)结构薄弱层层间弹塑性位移的计算。

分析表明,多层剪切型结构薄弱层的层间弹塑性位移与弹性位移之间有相对稳定的关系,因此层间弹塑性位移可由层间弹性位移乘以修正系数得出,即

$$\Delta u_P = \eta_P \Delta u_e \tag{3-133a}$$

$$\Delta u_e(i) = \frac{V_e(i)}{K_c} \tag{3-133b}$$

式中:Δu_p——层间弹塑性位移;

Δu_e——罕遇地震作用下按弹性分析的层间位移;

η_p——弹塑性位移增大系数;

$V_e(i)$——罕遇地震作用下第i层的弹性地震剪力。

对钢筋混凝土结构,当薄弱层(部位)的屈服强度系数不小于相邻层(部位)该系数平均值的0.8时,弹塑性位移增大系数可按表3-14采用;对钢结构,可按表3-15采用。当薄弱层屈服强度系数不大于相邻层该系数平均值的0.5时,可按表内相应数值的1.5倍采用,其它情况可采用内插法取值。

结构弹塑性位移增大系数　　表3-14

结构类型	总层数n或部位	屈服强度系数ξ_y		
		0.5	0.4	0.3
多层均匀框架结构	2~4	1.30	1.40	1.60
	5~7	1.50	1.65	1.80
	8~12	1.80	2.00	2.20
单层厂房	上柱	1.30	1.60	2.00

钢框架及框架—支撑结构结构弹塑性位移增大系数　　表3-15

R_s	层数	屈服强度系数ξ_y			
		0.6	0.5	0.4	0.3
0(无支撑)	5	1.05	1.06	1.07	1.19
	10	1.11	1.14	1.17	1.20
	15	1.13	1.16	1.20	1.27
	20	1.13	1.16	1.20	1.27

续上表

R_s	层 数	屈服强度系数 ξ_y			
		0.6	0.5	0.4	0.3
1	5	1.49	1.62	1.70	2.09
	10	1.35	1.44	1.48	1.80
	15	1.23	1.32	1.45	1.80
	20	1.11	1.15	1.25	1.80
2	5	1.61	1.80	1.95	2.62
	10	1.29	1.39	1.55	1.80
	15	1.21	1.22	1.25	1.80
	20	1.10	1.12	1.25	1.80
3	5	1.68	1.86	1.86	—
	10	1.25	1.31	1.31	—
	15	1.20	1.20	1.20	1.80
	20	1.10	1.12	1.12	1.80
4	5	1.68	1.86	2.32	—
	10	1.25	1.30	1.67	—
	15	1.20	1.20	1.25	1.80
	20	1.10	1.12	1.25	1.80

注:R_s 为框架—支撑结构楼层部分侧移承载力与该层框架部分抗侧移承载力的比值。

(4)结构薄弱层的抗震变形验算。

结构薄弱层层间弹塑性位移应符合下式要求:

$$\Delta u_P \leqslant [\theta_P] H \tag{3-134}$$

式中: H——薄弱层(或部位)的层高或单层厂房的上柱高度;

$[\theta_p]$——层间弹塑性位移角限值,按表 3-16 采用;对框架结构,当轴压比小于 0.40 时可提高 10%;当柱子全高的箍筋构造满足抗震构造要求的上限时,可提高 20%,但累计不超过 25%。

层间弹塑性位移角限值 $[\theta_p]$　　　　　表 3-16

结 构 类 型	$[\theta_p]$
单层钢筋混凝土柱排架	1/30
钢筋混凝土框架	1/50
底部框架砌体房屋中的框架-抗震墙	1/100
钢筋混凝土框架-抗震墙、板柱-抗震墙、框架-核心筒	1/100
钢筋混凝土抗震墙、筒中筒	1/120
多、高层钢结构	1/50

在计算结构罕遇地震作用下的弹塑性位移时,除上述适用简化方法以外的建筑结构,可采用静力弹塑性分析方法或弹塑性时程分析法。

本章小结：工程抗震设计中求地震作用的常用方法有静力法、振型分解反应谱法和时程分析法。反应谱理论是现阶段抗震设计的基本理论，我国建筑抗震设计规范的设计反应谱是以地震影响系数曲线的形式给出的。不同的结构适用不同的方法。振型分解反应谱法和底部剪力法是基本方法，时程分析法可作为补充计算方法。

本章从求解单自由度体系的最大水平地震作用，介绍了地震反应谱的概念、特性和计算方法，介绍了地震系数、动力系数、地震影响系数、设计反应谱等基本概念，强调了影响反应谱的因素和确定结构地震作用的方法，是学习本章的基础。

多自由度弹性体系地震反应分析，首先介绍了多自由度体系自振特征和振型的计算方法，利用主振型正交性，采用振型分解法进行多自由度体系的地震反应分析。在求解多自由度体系的水平地震作用时，一般可采用振型分解反应谱法或底部剪力法，这是结构抗震设计的基本方法，学习时应重点掌握。

对于不规则结构应考虑水平地震的扭转效应；对于高耸、高层结构和大跨度、长悬臂结构需考虑竖向地震作用的影响。

本章介绍了几种多自由度体系自振频率和振型的实用计算方法。

《建筑抗震设计规范》(GB 50011—2010)所提出的"三水准"的抗震设防目标，是采用"两阶段"设计方法来实现的。本章介绍的截面抗震验算的一般方法，对各类结构具有普遍意义。

思考题与习题

1. 什么是地震作用？地震作用与哪些因素有关？水平地震作用与风荷载有什么不同？
2. 确定地震作用的方法有哪几类？按我国《建筑抗震设计规范》(GB 50011—2010)规定可采用哪些方法确定地震作用值？这些方法的适用条件是什么？
3. 单质点弹性体系在地震作用下的运动方程是怎样建立的？
4. 什么是地震系数 K？怎样确定 K 值？
5. 什么是动力系数 β？影响 β 值大小的因素是什么？怎样确定 β 值？
6. 什么是地震影响系数最大值 α_{max}？怎样确定多遇地震烈度及罕遇地震烈度时的 α_{max} 值？
7. 试说明设计用反应谱曲线的特征。
8. 用底部剪力法或振型分解反应谱法确定地震作用的基本原理是什么？
9. 哪些结构应考虑竖向地震作用？怎样确定竖向地震作用值？
10. 结构自振周期和哪些因素有关？计算结构自振周期有哪些方法？如何选用？
11. 什么是时程分析法？按时程分析法确定地震作用有什么优点？简单叙述按时程分析法确定地震作用的步骤。
12. 什么是建筑的重力荷载代表值？怎样确定？
13. 什么是等效总重力荷载？怎样确定？
14. 什么是楼层屈服强度系数？怎样判断结构薄弱层和部位？
15. 哪些结构只需进行截面抗震验算？怎样进行截面抗震验算？

16. 哪些结构除进行截面抗震验算外还需进行抗震变形验算？抗震变形验算包括哪些内容？怎样进行验算？

17. 什么是地震作用效应、重力荷载分项系数、水平（竖向）地震分项系数？什么是承载力抗震调整系数？

18. 单质点体系，结构自振周期 $T=0.5\text{s}$，质点重力 $G=200\text{kN}$，位于设防烈度为 8 度（0.2g）的 Ⅱ 类场地上，该地区地震设计分区为一区，试计算结构在多遇地震时的水平地震作用。

19. 试计算图示 3 层框架多遇地震时的层间地震剪力。该地区抗震设防烈度为 7 度（地面加速度为 0.15g），Ⅲ 类场地，设计地震分组为第一组。已知：$m_1=270\text{t}$，$m_2=270\text{t}$，$m_3=180\text{t}$，$k_1=2.45\times10^5\text{kN/m}$，$k_2=1.95\times10^5\text{kN/m}$，$k_3=0.98\times10^5\text{kN/m}$。

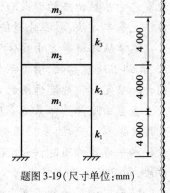

题图 3-19（尺寸单位：mm）

第四章 建筑结构抗震概念设计

本章提要：本章主要介绍建筑结构抗震概念设计的基本概念，及其主要内容和要求，掌握抗震概念设计有助于明确抗震设计思想，恰当地运用抗震设计原则，不致陷入只凭计算的误区。本章主要内容为：建筑场地选择，结构选型与结构布置，结构材料的合理选择，结构整体性和变形的控制，以及非结构构件处理等内容。学习时应深入理解原理，熟练运用知识进行合理的结构抗震设计。

由于地震是一种随机振动，具有显著的不确定性和复杂性，目前人们对地震的特性和规律的认识还很不足，要进行精确地抗震计算还有一定困难。在某种意义上，建筑的抗震设计依赖于设计人员的抗震设计理念。20 世纪 70 年代，人们首次提出了"建筑抗震概念设计"，所谓的"建筑抗震概念设计"是指根据地震灾害和工程经验等所形成的基本设计原则和设计思想，进行建筑和结构的总体布置并确定细部构造的过程。其目标是从房屋形体、结构体系、刚度分布、构件延性等几个主要方面入手，使整体结构能够发挥耗散地震能量的作用，避免结构出现敏感的薄弱部位。

抗震设计可看作由"抗震计算"和"抗震措施"两个部分组成，其前提之一是假定整个结构能够发挥耗散地震能量的作用，在此前提下，才能进行多遇地震下的结构分析、构件设计并采取构造措施，或采用动力时程分析进行验算，以达到罕遇地震下"大震不倒"的目标。由此可见，"概念设计"先于"抗震计算"，且在结构抗震设计中更为重要。

本章从建筑场地选择，结构选型与结构布置，结构材料的合理选择，结构整体性和变形的控制，以及非结构构件处理等方面介绍抗震概念设计的一些基本内容。

第一节 场 地 选 择

场地，是指具有相似的反应谱特征的房屋群体所在地，不局限于房屋基础下的地基土，其范围相当于厂区、居民点和自然村，在平坦地区面积一般不小于 $1 km^2$。地震造成建筑的破坏，除地震动直接引起结构破坏外，还有场地条件的原因，如由于断层错动、山崖崩塌、河岸滑坡、地层陷落等地面严重变形造成的建筑物破坏。因场地选址不当引起的破坏很难靠工程措施来预防。在建筑工程项目的总体布局上，应根据工程需要和地震活动情况、工程地质和地震地质的有关资料，对场地条件做出综合评价，按概念设计的要求选择建筑场地。针对汶川地震的教训，《建筑抗震设计规范》编写中更加强调了场地选择的重要性，即建造房屋时宜选择对抗震有利的地质地段，避开不利的地质地段。无法避开时，应采取有效措施。在危险地段，严禁建造甲、乙类建筑，不应建造丙类建筑。场地地段类别划分如表2-1所示。

此外，历次震害表明，建筑场地类别也对建筑物的破坏有较大影响，场地覆盖层厚度越大，场地土刚性越差，建筑物震害越严重。因此，建筑场地为Ⅰ类时，甲、乙类建筑应允许仍按本地区抗震设防烈度的要求采取抗震构造措施；丙类建筑应允许按本地区抗震设防烈度降低一度的要求采取抗震构造措施，但抗震设防烈度为6度时仍应按本地区抗震设防烈度的要求采取抗震构造措施。但当建筑场地为Ⅲ、Ⅳ类时，对设计基本地震加速度为0.15g和0.30g的地区，宜分别提高到按抗震设防烈度8度(0.20g)和9度(0.40g)时各类建筑的要求，采取抗震构造措施。

最后，要考虑建筑物刚度与场地条件的关系。当建筑物自振周期与地基土的卓越周期一致时，容易产生类共振而加重建筑物的震害。在设计房屋之前，一般应首先了解场地和地基土及其卓越周期，以便为后续上部结构设计时，合理调整结构刚度，避开共振周期打下基础。

第二节　结构选型与结构布置

一、结　构　选　型

1. 结构形式选择

结构形式按材料分类，并按抗震性能的优劣排序(由低到高)排列为砌体结构、钢筋混凝土结构、钢—混凝土组合结构、钢结构。选择不同材料的结构形式，应根据工程的各方面条件，结合各种结构类型的优缺点，选用既符合抗震要求又经济实用的结构类型。

砌体结构由于自重大、强度低、整体性差、抗倒塌能力低，在地震中表现出较差的抗震能力，是否适用于高烈度地区，在国际抗震领域存在较大争议。汶川地震中，在北川县城、汶川县漩口镇、映秀镇等极震区80%～90%以上砌体结构都倒塌或严重破坏，尤其是采用预制楼盖房屋破坏严重。但砌体结构造价低廉，施工技术简单，可居住性好，目前仍然是我国8层以下居住建筑的主导房型。多次震害也表明，严格按照规范要求进行概念设计和合理设置构造柱和圈梁的建筑破坏相对较轻，因此，采用砌体结构时，应采取相应抗震构造措施加强房屋整体性、提高结构抗倒塌能力。

钢筋混凝土结构在地震区多(高)层建筑中广泛应用，是因为它具备较高的承载能力、较好的受力和变形能力、较好的延性，以及可模性好、就地取材等优点。但是，钢筋混凝土结构也存在着难以克服的缺点：

(1)周期性往复水平荷载作用下，构件刚度因裂缝开展而递减，导致构件承载能力和抗变形能力的下降；

(2)低周往复荷载下，杆件塑性铰区反向斜裂缝的出现，将混凝土挤碎，产生永久性的"剪切滑移"。

但总的来说钢筋混凝土结构只要设计合理，是具备足够的抗震可靠度的。

钢—混凝土组合结构包括钢管混凝土结构和型钢混凝土结构。由于组合结构相对于钢筋混凝土结构含钢量大幅提高,因此其承载能力和抗震性能都大幅提高,可在高层、大跨或者抗震要求较高的工程中采用。

钢结构具有极好的延性和耗能能力,在低周往复荷载下有饱满稳定的滞回曲线,历次地震中,钢结构建筑的表现均很好,抗震性能优于其它各类结构,但造价相对较高。

2. 结构体系选择

(1)结构体系的基本要求。

结构体系应根据建筑的抗震设防类别、抗震设防烈度、建筑高度、场地条件、地基、结构材料和施工等因素,经技术、经济和使用条件综合比较确定。不同的结构材料组成不同的结构体系,其抗震性能、使用效果和经济指标不同,但从抗震概念设计角度,均应满足以下各项要求:

①应具有明确的计算简图和合理的地震作用传递途径;
②应避免因部分结构或构件破坏而导致整个结构丧失抗震能力或对重力荷载的承载能力;
③应具备必要的抗震承载力、良好的变形能力和消耗地震能量的能力;
④对可能出现的薄弱部位,应采取措施提高抗震能力。

上述要求是结构选型和布置抗侧力体系时首要考虑的因素,是总体原则,即要求结构体系受力明确、传力合理且传力路径不间断,也是规范中对结构体系合理性的强制性要求,必须深入理解,并通过合理地结构布置和抗震措施来实现。此外,结构体系尚宜符合下列各项要求:

①宜有多道抗震防线。所谓多道抗震防线,即抗震结构体系由若干个延性较好的分体系组成,并有延性较好的结构构件连接起来协同工作,且抗震结构体系还要具有最大可能数量的内部、外部赘余度,有意识地建立一系列较易于修复的分布的塑性屈服区,使结构有足够的吸收耗能能力。

②宜具有合理的刚度和承载力分布,避免因局部削弱或突变形成薄弱部位,产生过大的应力集中或塑性变形集中。而实际结构中由于受到材料强度、构件尺寸模数、构造和使用要求的限制,必然会在某些部位存在抗震承载力的相对薄弱环节,在强震作用下这些部位往往会率先破坏而发展塑性变形,甚至是塑性变形集中的现象,因此,在概念设计中应严防薄弱环节的塑性变形集中现象的发生。

③结构在两个主轴方向的动力特性宜相近。

(2)结构体系的选择。

常见的结构体系有砌体结构、框架结构、底部框架—抗震墙结构、框架—抗震墙结构、抗震墙结构等等。

砌体结构在地震区一般适宜于7层及7层以下的居住建筑,应根据抗震设防烈度、砌体类别严格控制房屋层数和高度。

框架结构由于结构自身重量轻,结构平面布置灵活,通过良好的设计可获得较好的抗震能力,延性较好,但框架结构抗侧移刚度较小,地震作用下水平变形较大,容易造成非结构构件的破坏。当结构较高时,框架水平位移引起的 P-$\triangle$ 效应较大,将进一步加大结构的整体变形和弯矩,从而使结构损伤更为严重,故在地震区框架结构一般用于10层左右体形较简单和刚度较均匀的建筑物。

底部框架—抗震墙结构主要指结构底层或底部两层采用钢筋混凝土框架—抗震墙的多层砌体房屋,这种结构体系主要用于底部需要大空间,而上部各层采用较多纵横墙的房屋。这种房屋因底部刚度小、上部刚度大,竖向刚度变化大,地震时往往在底部出现塑性变形集中的现象,因此,选用此种结构类型时,应严格限制其使用范围,加强底部抗震墙的布置,控制层间刚度比。

框架—剪力墙结构由于在框架结构中加入了适量的抗震墙,使得结构整体变形得到减小,同时又保留了框架结构布置灵活的优点,因此它适用于层数较多、体型复杂、刚度不均匀的建筑物。

抗震墙结构的优点是抗侧刚度大、承载力高、整体性好,但由于其墙体多、自重大,吸收地震作用也大,并且墙体布置不够灵活,因此,抗震墙结构主要用于高层住宅、旅馆等建筑。

二、结 构 布 置

合理的结构布置在抗震设计中是头等重要的,提倡平(立)面简单、对称、规则。因为震害表明,简单、规则、对称的建筑在地震时较不容易破坏。而且道理也很清楚,简单、规则、对称的结构容易估计其地震时的反应,容易采取抗震构造措施和进行细部处理,就能从根本上保证房屋具有良好的耐震性能。反之,建筑布局奇特、复杂,结构布置存在薄弱环节,即使进行精细的地震反应分析,在构造上采取补强措施,也不一定能达到减轻震害的预期目的。因此,结构"规则性"在抗震概念设计中是一个十分重要的概念。"规则"包含了对建筑的平、立面外形尺寸,抗侧力构件布置、质量分布,直接承载力分布等诸多因素的综合要求。"规则"的具体界限随结构类型的不同而异,需要建筑师和结构工程师互相配合,才能设计出抗震性能良好的建筑。

1. 结构平面规则性

结构平面布置主要是指在结构平面合理布置柱和墙的位置以及楼盖的传力方式。结构平面布置应综合考虑建筑设计与结构抗震设计的要求。从抗震设计的角度来讲,由于地震作用引起的惯性力作用于楼层的质量中心,而由结构抗侧力构件提供的抗力则作用在结构的刚度中心,质心与刚心若不重合则产生扭转效应,因此,结构布置应尽可能保证结构平面的刚心与质心的偏心不要过大,且结构应具备足够的抗扭刚度。此外,结构布置中出现平面尺寸凹凸、楼板局部不连续等情况也易在结构连接处形成局部应力集中的薄弱部位。结构平面布置应简单、均匀、对称、规则,不宜采用如图4-1所示几种情况。

此外,规范给出了混凝土结构房屋、钢结构房屋、钢—混凝土组合结构房屋的平面不规则判断量化指标,如表4-1所示。对于砌体结构房屋、工业厂房、大跨建筑、地下建筑等结构布置应参照规范相应章节进行。图4-2~图4-4分别给出了建筑平面不规则的典型示例。

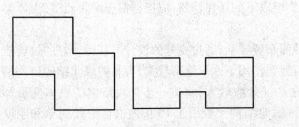

图 4-1 对抗震不利的建筑平面

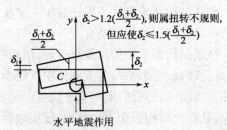

图 4-2 建筑结构平面扭转不规则示例

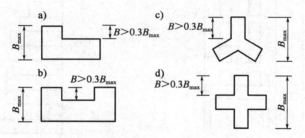

图 4-3 建筑结构平面凹凸不规则示例

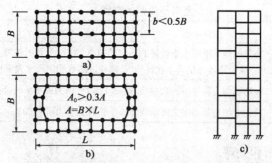

图 4-4 建筑结构平面局部不连续示例（大开洞及错层）

平面不规则的类型   表 4-1

不规则类型	定 义
扭转不规则	在规定的水平力作用下，楼层的最大弹性水平位移或（层间位移），大于该楼层两端弹性水平位移（或层间位移）平均值的 1.2 倍
凹凸不规则	平面凹进的一侧尺寸，大于相应投影方向总尺寸的 30%
楼板局部不连续	楼板的尺寸和平面刚度急剧变化，例如，有效楼板宽度小于该层楼板典型宽度的 50%，或开洞面积大于该层楼面面积的 30%，或较大的楼层错层

2. 结构竖向规则性

结构竖向布置应使体形规则、均匀，避免有较大的外挑和内收，结构的承载力和刚度宜自下而上逐渐地减小，避免抗侧力结构的侧向刚度和承载力突变。因为，历次地震震害表明，结构刚度沿竖向突变、外形外挑内收等，都会在某些楼层产生变形过分集中，出现严重震害甚至倒塌，所以设计中应力求自下而上刚度逐渐、均匀减小，体型均匀不突变。规范给出了混凝土结构房屋、钢结构房屋、钢—混凝土组合结构房屋的竖向不规则判断量化指标，如表 4-2 所示。图 4-5～图 4-7 给出了建筑竖向不规则的典型示例。

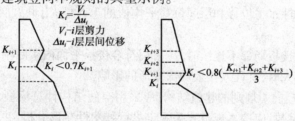

图 4-5 竖向侧向刚度不规则示例（有柔软层）

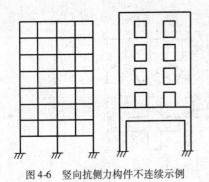

图 4-6 竖向抗侧力构件不连续示例

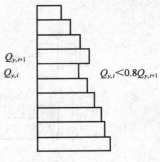

图 4-7 楼层承载力突变(有薄弱层)

竖向不规则的类型　　　　　　　　　　　　　　　　表 4-2

不规则类型	定　义
侧向刚度不规则	该层的侧向刚度小于相邻上一层的 70%,或小于其上相邻三个楼层侧向刚度平均值的 80%;除顶层或出屋面小建筑外,局部收进的水平向尺寸大于相邻下一层的 25%
竖向抗侧力构件不连续	竖向抗侧力构件(柱、抗震墙、抗震支撑)的内力由水平转换构件(梁、桁架等)向下传递
楼层承载力突变	抗侧力结构的层间受剪承载力小于相邻上一楼层的 80%

3. 不规则结构的判断和处理

对于形体不规则的房屋,要达到国家标准规定的抗震设防目标,在设计、施工、监理等方面都要投入更多的力量,还需要业主有较多的投资,有时显得不切实际。因此,抗震规范将不规则的建筑分为一般不规则、特别不规则和严重不规则三个级别区别对待,三个级别的判断可参考表 4-3。规范要求对不规则的建筑应按规定采取加强措施;特别不规则的建筑应进行专门研究和论证,采取特别的加强措施;不应采用严重不规则的建筑。

不规则程度的判断　　　　　　　　　　　　　　　　表 4-3

不规则类型	定　义
一般不规则	超过表 4-1 和表 4-2 中的一项及以上的不规则指标
特别不规则	建筑具有较明显的抗震薄弱部位,将会引起不良后果者。多项(三项及以上)超过表 4-1 和表 4-2 中不规则指标,或某一项超过规定指标较多
严重不规则	体形复杂,多项不规则指标超过不规则结构上限值或某一项大大超过规定值,具有严重的抗震薄弱环节,将会导致地震破坏的严重后果

对于不规则结构可按以下思路进行设计。一般不规则的结构,可按下列要求进行地震作用计算和内力调整,并对薄弱部位采取有效的抗震构造措施:

(1)平面不规则而竖向规则的建筑结构,应采用空间结构计算模型,并应符合下列要求:

①扭转不规则时,应计及扭转影响,且楼层竖向构件最大的弹性水平位移和层间位移分别不宜大于楼层两端弹性水平位移和层间位移平均值的 1.5 倍;当最大层间位移远小于规范限值时,可适当放宽;

②凹凸不规则或楼板局部不连续时,应采用符合楼板平面内实际刚度变化的计算模型;高烈度或不规则程度较大时,宜计入楼板局部变形的影响。

(2)平面规则而竖向不规则的建筑结构,应采用空间结构计算模型,其薄弱层的地震剪力应乘以 1.15 的增大系数,应按本规范有关规定进行弹塑性变形分析,并应符合下列要求:

①竖向抗侧力构件不连续时,该构件传递给水平转换构件的地震内力应根据烈度的高低

和水平转换构件的类型、受力情况、几何尺寸等,乘以1.25~1.5的增大系数;

②侧向刚度不规则时,相邻层的侧向刚度比应依据其结构类型符合抗震规范相关章节的规定,例如底部框架—抗震墙结构侧刚比应符合规范对其的专门规定;

③楼层承载力突变时,薄弱层抗侧力结构的受剪承载力不应小于相邻上一楼层的65%。

(3)平面不规则且竖向也不规则的建筑结构,应同时采取符合上述2条要求的各项抗震措施。

对于特别不规则的建筑,应经专门研究,采取更为有效地加强措施或对薄弱部位采用相应的抗震性能化设计。

4. 防震缝设置原则及要求

在适当的部位设置防震缝,可以将体形复杂的结构划分为多个较规则的抗侧力单元,从而可降低抗震设计的难度及提高抗震设计的可靠度。但设置防震缝会给建筑设计的立面处理、地下室防水处理等带来一定的难度。并且防震缝如果设置不当还会引起相邻建筑物的碰撞,加重地震破坏的程度。可见体形复杂的结构是否设置防震缝各有利弊。因此,对于体形复杂、平立面不规则的建筑,应根据不规则的程度、地基基础条件和技术经济等因素的比较分析后,确定是否设置防震缝。具体可参考以下建议:

(1)可设缝、可不设缝时,不设缝。设置防震缝虽然可使结构抗震分析模型较为简单,容易计算单个结构单元的地震作用和采取抗震措施,但考虑到可能的扭转地震效应引起防震缝两侧墙体的碰撞,防震缝一定要根据抗震设防烈度、结构材料类别、结构类型、结构单元的高度和高差留有足够宽度,并应在防震缝两侧采取相应的措施以减轻碰撞引起的局部损坏。

(2)当不设置防震缝时,应采取符合实际的计算模型,分析判明其应力集中、变形集中或地震扭转效应等导致的易损部位采取相应的加强措施。

(3)当房屋出现以下情况时可考虑设置防震缝,并应使变形缝宽满足防震缝的要求。

①房屋长度超过规定的伸缩缝最大间距,又无条件采取特殊措施而必需设置伸缩缝时;

②地基土质不均匀,房屋各部分的预计沉降量(包括地震时的沉陷)相差过大,必须设置沉降缝时;

③房屋各部分的质量或结构抗侧移刚度大小悬殊时。

(4)防震缝宽度应符合以下要求:

对于钢筋混凝土结构房屋的防震缝最小宽度,一般情况下,应符合《建筑抗震设计规范》的如下规定:

①框架结构(包括少量抗震墙的框架结构)房屋的防震缝宽度,当结构高度不超过15m时,不应小于100mm;当结构高度超过15m时,6度、7度、8度和9度相应每增高5m、4m、3m和2m,宜加宽20mm;

②框架—抗震墙结构房屋防震缝宽度不应小于上述一条的70%,抗震墙结构房屋的防震缝宽度不应小于上述一条的50%,且均不应小于100mm。

对于多层砌体结构房屋,有下列情况之一时宜设置防震缝,缝两侧均应设置墙体,缝宽应根据烈度和房屋高度确定,可采用70~100mm:

①房屋立面高差在6m以上;

②房屋有错层,且楼板高差大于层高的1/4;

③各部分结构刚度、质量截然不同。

第三节 结构材料

一、砌体结构材料规定

（1）烧结普通砖和烧结多孔黏土砖的强度等级不应低于MU10，其砌筑砂浆强度等级不应低于M5。

（2）混凝土小型空心砌块的强度等级不应低于MU7.5，其砌筑砂浆强度等级不应低于Mb7.5。

二、混凝土结构材料规定

（1）混凝土的强度等级，框支梁、框支柱及抗震等级为一级的框架梁、柱、节点核心区，不应低于C30；构造柱、芯柱、圈梁及其它各类构件不应低于C20；并且，混凝土结构的混凝土强度等级，抗震墙不宜超过C60，其它构件，9度时不宜超过C60，8度时不宜超过C70。

对钢筋混凝土结构中的混凝土强度等级有所限制，这是因为高强度混凝土具有脆性性质，且随强度等级提高而增加，在抗震设计中应考虑此因素，故规定9度时不宜超过C60；8度时不超过C70。

（2）普通钢筋宜优先采用延性、韧性和焊接性较好的钢筋；普通钢筋的强度等级，纵向受力钢筋宜选用符合抗震性能指标的不低于HRB400级热轧钢筋，也可采用符合抗震性能指标的HRB335级热轧钢筋；箍筋宜选用符合抗震性能指标的不低于HRB335级的热轧钢筋，也可采用HPB300级热轧钢筋。对于抗震等级为一、二级的框架结构和斜撑构件（含梯段），其纵向受力钢筋采用普通钢筋时，钢筋的抗拉强度实测值与屈服强度实测值的比值不应小于1.25；钢筋的屈服强度实测值与强度标准值的比值不应大于1.3，且钢筋在最大拉应力下的总伸长率实测值不应小于9%。

对一、二级抗震等级的框架结构，规定其普通纵向受力钢筋的抗拉强度实测值与屈服强度实测值的比值不应小于1.25，这是为了保证当构件某个部位出现塑性铰以后，塑性铰处有足够的转动能力与耗能能力；同时还规定了屈服强度实测值与标准值的比值，否则为实现强柱弱梁，强剪弱弯所规定的内力调整将难以奏效。

在施工中当需要以强度等级较高的钢筋替代原设计中的纵向受力钢筋时，应按照钢筋承载力设计值相等的原则换算，并应满足最小配筋率、抗裂验算等要求。此时应注意替代后的纵向钢筋的总承载力设计值不应高于原设计的纵向钢筋总承载力设计值，以免造成薄弱部位的转移，以及构件在有影响的部位发生混凝土的脆性破坏（混凝土压碎、剪切破坏等）。此外，还应注意由于钢筋的强度和直径改变会影响正常使用阶段的挠度和裂缝宽度，同时还应满足最小配筋率和钢筋间距等构造要求。

三、钢结构的钢材规定

（1）钢结构的钢材宜采用Q235等级B、C、D的碳素结构钢及Q345等级B、C、D、E的低合金高强度结构钢；当有可靠依据时，尚可采用其它钢种和钢号。

（2）钢材的屈服强度实测值与抗拉强度实测值的比值不应大于0.85。

（3）钢材应有明显的屈服台阶，且伸长率不应大于20%。

(4)钢材应有良好的焊接性和合格的冲击韧性。

(5)采用焊接连接的钢结构,当钢板厚不小于40mm且承受沿板厚方向的拉力时,受拉试件板厚方向截面收缩率不应小于国家标准《厚度方向性能钢板》GB50313关于Z15级规定的容许值。因为厚度较大的钢板在轧制过程中存在各向异性,由于在焊缝附近常形成约束,焊接时容易引起层状撕裂。

第四节 加强结构整体性与控制结构变形

一、加强结构整体性

建筑结构是由纵、横向承重构件和楼盖组成的一个具有空间刚度的结构体系,其抗震能力的强弱取决于结构的空间整体刚度及其稳定性。结构的整体性是保证结构各部件在地震作用下协调工作的必要条件。

要确保结构整体性,首先结构应具有连续性,它是使结构在地震时能够保持整体性的重要手段之一。施工质量好的现浇钢筋混凝土结构及型钢混凝土结构具备较好的连续性和抗震整体性。地震区的砖混房屋应按规范规定设置圈梁和构造柱,加强纵横墙体的连接,增强房屋的整体性。震害调查及研究表明,圈梁及构造柱对砖混房屋抗震有较重要的作用,它可以加强纵横墙体的连接,以增强房屋的整体性;圈梁还可以箍住楼(屋)盖,增强楼盖的整体性并增加墙体的稳定性;也可以约束墙体的裂缝开展,抵抗由于地震或其它原因引起的地基不均匀沉降而对房屋造成的破坏。

其次,构件间应有可靠连接,保证各个构件充分发挥承载力,使之能满足传递地震力时的强度要求和适应地震时大变形的延性要求。

二、控制结构变形

根据抗震规范所提出的抗震设防三个水准的要求,采用两阶段设计方法来实现,即:在多遇地震作用下,建筑主体结构不受损坏,非结构构件(包括围护墙、隔墙、幕墙、内外装修等)没有过重破坏并导致人员伤亡,保证建筑的正常使用功能;在罕遇地震作用下,建筑主体结构遭受破坏或严重破坏但不倒塌。根据各国规范的规定、震害经验和实验研究结果及工程实例分析,我国当前采用层间位移角作为衡量结构变形能力,从而判别是否满足建筑功能要求的指标。规范规定对于不同的结构应分别进行多遇地震作用下弹性层间位移验算和罕遇地震作用下弹塑性层间位移验算。

第五节 非结构构件处理

抗震设计中的非结构构件通常包括建筑非结构构件和固定于建筑结构的建筑附属机电设备的支架。建筑非结构构件指建筑中除承重骨架体系以外的固定构件和部件,主要包括非承重墙体、附着于楼面和屋面结构的构件、装饰构件和部件、固定于楼面的大型储物架等。建筑附属机电设备指为现代建筑使用功能服务的附属机械、电气构件、部件和系统,主要包括电梯、照明和应急电源、通信设备,管道系统,采暖和空气调节系统,烟火监测和消防系统,公用天线等。在地震作用下,非结构构件或多或少会参与工作,对结构整体抗震性能造成影响。本节主要介绍如何考虑建筑非结构构件对整体结构分析的影响,以及其自身的基本抗震措施。

一、建筑非结构构件对结构抗震计算的影响

建筑结构抗震计算时,应按下列规定计入非结构构件的影响:

(1)地震作用计算时,应计入支承于结构构件的建筑构件的重力。

(2)对柔性连接的建筑构件,可不计入刚度;对嵌入抗侧力构件平面内的刚性建筑非结构构件,可采用周期调整等简化方法计入其刚度影响;一般情况下不应计入其抗震承载力,当有专门的构造措施时,尚可按有关规定计入其抗震承载力。例如在框架结构抗震分析时,砌体填充墙将使结构的抗侧刚度增大,自振周期变短,对结构整体受力性能造成影响,因此,在设计中可根据填充墙数量、质量的大小适当考虑周期折减系数为 0.7~0.9。

(3)支承非结构构件的结构构件,应将非结构构件地震作用效应作为附加作用对待,并满足连接件的锚固要求。

二、建筑非结构构件的基本抗震措施

1. 结构体系相关部位的要求

建筑结构中,设置连接幕墙、围护墙、隔墙、女儿墙、雨篷、商标、广告牌、顶篷支架、大型储物架等建筑非结构构件的预埋件、锚固件的部位,应采取加强措施,以承受建筑非结构构件传给主体结构的地震作用。

2. 非承重墙体的材料、选型和布置要求

应根据烈度、房屋高度、建筑体型、结构层间变形、墙体自身抗侧力性能的利用等因素,经综合分析后确定,并应符合以下要求:

(1)非承重墙体应优先采用轻质墙体材料;采用砌体墙时,应采取措施减小对主体结构的不利影响,并应设置拉结筋、水平系梁、圈梁、构造柱等与主体结构可靠拉结。

(2)刚性非承重墙体的布置,应避免使结构形成刚度和强度分布上的突变;当围护墙非对称均匀布置时,应考虑质量和刚度的差异对主体结构抗震的不利影响。

(3)墙体与主体结构应有可靠的拉结,应能适应主体结构不同方向的层间位移;基本烈度为 8、9 度时应具有满足层间变位的变形能力;与悬挑构件相连接时,尚应具有满足节点转动引起的竖向变形的能力。

(4)外墙板的连接件应具有足够的延性和适当的转动能力,宜满足在设防烈度下主体结构层间变形的要求。

(5)砌体女儿墙在人流出入口和通道处应与主体结构锚固;非出入口无锚固的女儿墙高度,基本烈度为 6~8 度时不宜超过 0.5m,9 度时应有锚固。防震缝处女儿墙应留有足够的宽度,缝两侧的自由端应予以加强。

3. 砌体墙的构造措施

砌体墙主要包括砌体结构的后砌隔墙、框架结构中的砌体填充墙、单层钢筋混凝土柱厂房的砌体围护墙和隔墙、多层钢结构房屋的砌体隔墙,以及砌体女儿墙等等。其基本要求是应采取有效措施减少对结构体系的不利影响;其次,应加强自身的稳定性,同时加强与结构体系的

可靠拉结。此处主要介绍砌体结构的后砌隔墙、框架结构中的砌体填充墙的相关构造要求。对于单层钢筋混凝土柱厂房的砌体围护墙和隔墙、多层钢结构房屋的砌体隔墙可参考抗震规范相关条文。

(1) 多层砌体结构中,后砌的非承重隔墙应沿墙高每隔 500~600mm 配置 2ϕ6 拉结钢筋与承重墙或柱拉结,每边伸入墙内不应少于 500mm;基本烈度为 8 度和 9 度时,长度大于 5m 的后砌隔墙,墙顶尚应与楼板或梁拉结,独立墙肢端部及大门洞边宜设置钢筋混凝土构造柱。

(2) 多层砌体结构中的烟道、风道、垃圾道等不应削弱墙体;当墙体被削弱时,应对墙体采取加强措施;不宜采用无竖向配筋的附墙烟囱或高出屋面的烟囱;不应采用无锚固的钢筋混凝土预制挑檐。

(3) 钢筋混凝土结构中的砌体填充墙,宜与柱脱开或采用柔性连接,并应符合下列要求:
①填充墙在平面和竖向的布置宜均匀对称,宜避免形成薄弱层或短柱;
②砌体的砂浆强度等级不应低于 M5,实心块体的强度等级不宜低于 MU2.5,空心块体的强度等级不宜低于 MU3.5,墙顶应与框架梁密切结合;
③填充墙应沿框架柱全高每隔 500~600mm 设 2ϕ6 拉筋,拉筋伸入墙内的长度,基本烈度为 6、7 度时宜沿墙全长贯通,8、9 度时应全长贯通;
④墙长大于 5m 时,墙顶与梁宜有拉结;墙长超过 8m 或层高 2 倍时,宜设置钢筋混凝土构造柱;墙高超过 4m 时,墙体半高宜设置与柱连接且沿墙全长贯通的钢筋混凝土水平系梁;
⑤楼梯间和人流通道的填充墙,尚应采用钢丝网砂浆面层加强。

本章小结: 本章主要介绍建筑结构抗震概念设计的基本内容,包括:场地选择的原则;不同结构材料的抗震性能,结构类型和结构体系的选特点及适用范围;结构平面布置、竖向布置应遵循的原则;建筑非结构构件对结构整体抗震性能的影响及构造要求。

思考题与习题

1. 何谓"建筑抗震概念设计"? 它包含哪些设计内容? 与抗震计算之间是什么关系?
2. 简述场地条件对建筑抗震的影响? 抗震设计中如何考虑?
3. 建筑抗震概念设计对结构体系有哪些要求?
4. 结构布置中平面和竖向不规则对结构抗震性能的危害,设计中如何分析处理?
5. 在抗震设计中如何考虑防震缝的设置问题?
6. 抗震设防的房屋为何要对混凝土强度等级和钢筋性能提出要求?
7. 抗震设计中如何控制地震作用下的结构变形?
8. 何谓非结构构件? 它对结构抗震性能有何影响?

第五章 混凝土结构房屋抗震设计

本章提要：本章分析了混凝土结构房屋的主要震害特点；介绍了多层和高层钢筋混凝土房屋抗震设计的一般规定；重点阐述了框架结构、框架—抗震墙结构在地震作用下的抗震设计方法，给出了相应设计实例，并介绍了相关构造要求。

学习时应熟悉各项设计步骤，掌握相关构造要求的理论基础，要求能够综合运用计算和构造知识进行结构抗震设计。

多（高）层钢筋混凝土结构房屋是我国工业与民用建筑中最常用的结构形式，历次震害表明，设计中严格执行了抗震规范相关规定的钢筋混凝土结构房屋，一般具有较好的抗震性能。2008年5·12汶川地震也表明，设计合理的混凝土结构房屋达到了设防目标的"小震不坏、中震可修、大震不倒"的设防要求。但也给我们提供了很多经验教训，这些经验都在2010年版本的抗震规范中得到了体现。因此，本章将结合抗震规范的新规定，阐述钢筋混凝土结构的抗震设计方法。

第一节 震害及其分析

一、框架柱铰机构破坏

框架结构的破坏机制分为"梁铰机构"和"柱铰机构"，即"强柱弱梁"和"强梁弱柱"型破坏，如图5-1所示。梁铰机构中只要梁端塑性铰区域满足一定的纵筋、箍筋配置要求，保证不发生剪切破坏，就可以表现出足够的延性和较好的塑性耗能能力，使得结构经受较大的变形而不至于整体倒塌。而柱铰机构由于塑性铰出现在柱端，且往往集中在柱的实际抗弯能力最弱的一层，即薄弱层的柱端，造成应力和变形集中于此，而其它层变形较小，导致结构出现倒塌。因此，抗震设计中通过内力调整和抗震构造措施来实现强柱弱梁。

但历次震害表明，框架结构往往由于多种原因导致常常发生强梁弱柱型破坏。比如，由于建筑功能要求梁跨度大，则所需断面尺寸及配筋较多，而且楼板对框架梁的刚度和承载力贡献也很大，以及规范对框架柱的轴压比限值过高使得设计时框架柱的截面尺寸偏小等，导致框架梁的实际刚度增大,出现强梁弱柱型破坏。此外,填充墙沿竖向布置不均匀,也会导致层刚度的突变,形成相对薄弱的楼层,出现强梁弱柱型破坏,如图 5-2 所示。

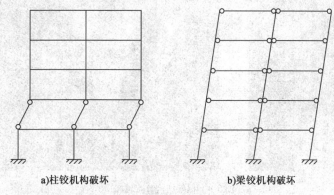

a)柱铰机构破坏　　　　　　b)梁铰机构破坏

图 5-1　框架结构的破坏机制

图 5-2　框架结构柱铰机构破坏

二、框架柱、节点震害

框架柱的震害有:柱顶的震害,主要表现在柱顶周围有水平裂缝、斜裂缝或交叉裂缝,重者混凝土压碎崩落,柱内箍筋拉断,纵筋压屈向外鼓出呈灯笼状,上部梁、板倾斜;柱底端的受力状态与柱顶相似,但由于其箍筋一般较密(纵筋搭接接头和箍筋加密段),故震害相对较轻;柱身的破坏,主要是由于地震剪力较大而柱的抗剪强度不足时,产生斜裂缝,如图 5-3 所示。

图 5-3　框架结构柱顶破坏

节点核心区是保证框架承载力和抗倒塌能力的关键部位,因此,在抗震设计中提出了"强节点弱构件"的抗震设计原则。梁柱节点的破坏机制及其传力机理较为复杂,当节点配筋或构造不当时,往往会出现交叉斜裂缝形式的剪切裂缝,后果比较严重,如图 5-4 所示。

图 5-4 框架结构节点破坏

三、填充墙布置引起的震害

资料表明,汶川地震中,填充墙的布置直接关系着主体结构的抗震性能。其典型震害有:
(1)作为整个结构体系中的第一道防线,首先破坏并耗散地震能量;
(2)填充墙沿竖向布置不连续造成上下刚度突变,出现薄弱层,形成柱铰破坏机制;
(3)填充墙平面布置不当造成结构整体扭转破坏;
(4)窗户下半高填充墙对柱约束形成短柱破坏,如图 5-5 所示。

因此,在抗震设计中,应注意填充墙布置对结构自振周期、刚度分布的影响,出现短柱时,应加强箍筋配置。

a) 填充墙破坏　　　　　　　　　b) 填充墙破坏引起底层柱铰机构破坏

c) 填充墙布置不均匀造成结构扭转破坏　　　d) 填充墙约束造成短柱破坏

图 5-5 填充墙布置引起的震害

四、抗震墙的震害

抗震墙结构(包括框架—抗震墙结构和框架—筒体结构)由于具有较大的抗震刚度和承载力,在历次地震中,表现出优越的抗震性能,震害一般较轻。在强震作用下,其震害主要表现为墙肢间连梁的剪切破坏,造成这种破坏的主要原因是连梁的跨高比小,在反复荷载下形成 X 形剪切裂缝。

第二节 多层和高层钢筋混凝土房屋抗震设计的一般规定

一、房屋适用高度

房屋高度越大,所受地震作用越大,对抗震性能要求越高,因此,不同结构类型,应根据经济技术综合考虑其适用高度。现浇钢筋混凝土房屋的结构类型和最大高度应符合表5-1 的要求。平面和竖向均不规则的结构,适用的最大高度宜适当降低,一般减少10% 左右。对于高度超过最大适用高度时,应通过专门研究,采取型钢混凝土构件、钢管混凝土构件、性能化设计方法等加强措施,并应进行专项审查。

现浇钢筋混凝土房屋适用的最大高度(m)　　　表5-1

结构类型		烈　度				
		6	7	8(0.2g)	8(0.3g)	9
框架		60	50	40	35	24
框架—抗震墙		130	120	100	80	50
抗震墙		140	120	100	80	60
部分框支抗震墙		120	100	80	50	不应采用
筒体	框架—核心筒	150	130	100	90	70
	筒中筒	180	150	120	100	80
板柱—抗震墙		80	70	55	40	不应采用

注:1. 房屋高度指室外地面到主要屋面板板顶的高度(不包括局部突出屋顶部分);
　　2. 框架—核心筒结构指周边稀柱框架与核心筒组成的结构;
　　3. 部分框支抗震墙结构指首层或底部两层为框支层的结构,不包括仅个别框支墙的情况;
　　4. 表中框架不包括异性框架;
　　5. 板柱—抗震墙结构指板柱、框架和抗震墙组成抗侧力体系的结构;
　　6. 乙类建筑可按本地区抗震设防烈度确定适用的最大高度。

二、抗震等级确定

钢筋混凝土房屋应根据设防类别、烈度、结构类型和房屋高度采用不同的抗震等级,并以此为依据,在设计中采用相应的计算和构造措施要求。丙类建筑的抗震等级按表5-2确定。

由表5-2可见,对不同结构类型,其次要抗侧力构件抗震要求可比主要抗侧力构件低,即抗震等级低些,在抗震构造措施上可适当放宽。此外,钢筋混凝土房屋抗震等级的确定,尚应符合下列要求:

现浇钢筋混凝土房屋的抗震等级　　表 5-2

结构类型		设防烈度							
		6		7		8		9	
框架结构	高度(m)	≤24	>24	≤24	>24	≤24	>24	≤24	
	框架	四	三	三	二	二	一	一	
	大跨度框架	三		二		一		一	
框架—抗震墙结构	高度(m)	≤60	>60	≤24	25~60	>60	≤24	25~60	>60	≤24	25~50
	框架	四	三	四	三	二	三	二	一	二	一
	抗震墙	三		三	二		二	一		一	
抗震墙结构	高度(m)	≤80	>80	≤24	25~80	>80	≤24	25~80	>80	≤24	25~60
	抗震墙	四	三	四	三	二	三	二	一	二	一
部分框支抗震墙结构	高度(m)	≤80	>80	≤24	25~80	>80	≤24	25~80			
	抗震墙 一般部位	四	三	四	三	二	三	二			
	抗震墙 加强部位	三	二	三	二	一	二	一			
	框支层框架	二		二		一					
框架—核心筒结构	框架	三		二		一		一	
	核心筒	二		二		一		一	
筒中筒结构	外筒	三		二		一		一	
	内筒	三		二		一		一	
板柱—抗震墙结构	高度(m)	≤35	>35	≤35	>35	≤35	>35		
	框架、板柱的柱	三	二	二	二	一	一		
	抗震墙	二	二	二	一	二	一		

注:1. 建筑场地为 I 类时,除6度外可按表内降低一度所对应的抗震等级采取抗震构造措施,但相应的计算要求不应降低;
2. 接近或等于高度分界时,应允许结合房屋不规则程度及场地、地基条件确定抗震等级;
3. 大跨度框架指跨度不小于 18m 的框架;
4. 高度不超过 60m 的框架—核心筒结构按框架—抗震墙的要求设计时,应按表中框架—抗震墙结构的规定确定其抗震等级。

(1) 设置少量抗震墙的框架结构,在规定的水平力作用下,底层(指计算嵌固端所在层)框架部分所承担的地震倾覆力矩大于结构总地震倾覆力矩的 50% 时,考虑到抗震墙刚度较小,其框架的抗震等级应按框架结构确定,抗震墙的抗震等级可与其框架的抗震等级相同。

(2) 裙房与主楼相连,除应按裙房本身确定抗震等级外,相关范围不应低于主楼的抗震等级;主楼结构在裙房顶层及相邻上下各一层应适当加强抗震构造措施。裙房与主楼分离时,应按裙房本身确定抗震等级。

(3) 当地下室顶板作为上部结构的嵌固部位时,地下一层的抗震等级应与上部结构相同,地下一层以下抗震构造措施的抗震等级可逐渐降低一级,但不应低于四级。地下室中无上部结构的部分,抗震构造措施的抗震等级可根据具体情况采用三级或四级。

(4) 当甲乙类建筑按规定提高一度确定其抗震等级而房屋的高度超过表 5-1 的上限时,应采取比提高一级更有效的抗震构造措施。

三、构件布置要求

(1) 框架结构和框架—抗震墙结构中,框架和抗震墙均应双向设置。

(2) 柱中线与抗震墙中线、梁中线与柱中线之间偏心距过大时,考虑到地震作用下可能导致节点核心区受剪面积不足对柱带来不利的扭转效应,故当偏心距大于柱宽的 1/4 时,应计入偏心的影响,采取水平加腋梁及加强柱的箍筋等有效措施予以处理。

(3) 甲乙类建筑以及高度大于 24m 的丙类建筑,不应采用单跨框架结构;高度不大于 24m 的丙类建筑不宜采用单跨框架结构。

四、地下室顶板作为嵌固端的要求

地下室顶板作为上部结构的嵌固部位时,应具有足够的平面内刚度,以有效地传递地震剪力。因此,规范做出了以下规定:

(1) 应避免在地下室顶板开设大洞口,并应采用现浇梁板结构,相关范围外的地下室顶板宜采用现浇梁板结构;其楼板厚度不宜小于 180mm,混凝土相应等级不宜小于 C30,应采用双层双向配筋,且每层每个方向的配筋率不宜小于 0.25%。

(2) 结构地上一层的侧向刚度,不宜大于地下室结构的楼层侧向刚度的 0.5 倍,地下室周边宜有与其顶板相连的抗震墙。

(3) 地下室柱截面每侧的纵向钢筋面积,除应满足抗震计算要求外,不应少于地上一层柱对应纵筋面积的 1.1 倍,且地下一层柱上端和节点左右梁端实配的抗震受弯承载力之和应大于地上一层柱下端实配的抗震受弯承载力的 1.3 倍。

(4) 地下一层梁刚度较大时,柱截面每侧的纵向钢筋面积应大于地上一层对应柱每侧纵向钢筋面积的 1.1 倍,同时梁端顶面和底面的纵向钢筋面积均应比计算增大 10% 以上。

五、抗剪要求的截面限制条件

为了防止构件截面在箍筋屈服前混凝土过早地发生剪切破坏,必须限制构件的截面最小尺寸,即限制构件的剪压比。规范规定钢筋混凝土结构的梁、柱、抗震墙和连梁,其截面组合的剪力设计值应符合下列要求:

(1) 跨高比大于 2.5 的梁和连梁及剪跨比大于 2 的柱和抗震墙:

$$V \leqslant \frac{1}{\gamma_{RE}}(0.20 f_c b h_0) \tag{5-1}$$

(2) 跨高比不大于 2.5 的连梁、剪跨比不大于 2 的柱和抗震墙、部分框支抗震墙结构的框支柱和框支梁以及落地抗震墙的底部加强部位:

$$V \leqslant \frac{1}{\gamma_{RE}}(0.15 f_c b h_0) \tag{5-2}$$

(3) 剪跨比应按下式计算:

$$\lambda = \frac{M_c}{V_c h_0} \tag{5-3}$$

式中:λ——剪跨比,应按柱端或墙端截面组合的弯矩计算值 M_c 对应的截面组合剪力计算值 V_c 及截面有效高度 h_0 确定,并取上下端计算结果的较大值;反弯点位于柱高中部的框架柱可按柱净高与 2 倍柱截面高度之比计算;

V——按强剪弱弯、强柱弱梁调整后的梁端、柱端或墙端截面组合的剪力设计值;

f_c——混凝土轴心抗压强度设计值;

b——梁、柱截面宽度或抗震墙墙肢截面宽度;圆形截面柱可按面积相等的方形截面柱计算;

h_0——截面有效高度,抗震墙可取墙肢长度。

第三节 框架结构抗震计算

一、框架水平地震剪力分配与内力计算方法

1. 水平地震剪力分配

框架结构水平地震作用可根据结构的规则程度、设防类别、高度范围等要求分别采用底部剪力法、振型分解反应谱法或时程分析法分别沿结构两主轴方向进行计算,一般不用考虑两方向地震作用的扭转耦联。根据计算结果可得出楼层水平地震剪力。对于现浇钢筋混凝土刚性楼、屋盖建筑,一般假定楼屋盖在其平面内的刚度为无穷大,则地震剪力可根据该主轴方向柱的抗侧刚度,按比例分配到各柱。例如,求得结构第 i 层的地震剪力 V_i 后,再把 V_i 按该层各柱的刚度进行分配,得该层第 j 柱所承受的地震剪力 V_{ij} 为

$$V_{ji} = \frac{D_{ji}}{\sum_{k=1}^{m} D_{jk}} V_j \tag{5-4}$$

式中:D_{ji}——第 j 层第 i 柱的抗侧刚度。

2. 内力计算方法

手工计算方法中,常采用反弯点法和 D 值法(改进反弯点法)进行水平荷载下框架内力计算。

(1)反弯点法。

由于水平地震作用一般可简化为作用于框架节点。由精确方法分析可知,框架结构在节点水平力作用下定性的弯矩图如图 5-6 所示,且同一层内的各柱具有相同的层间位移。如能确定各柱内的剪力及反弯点的位置,便可求得各柱的柱端弯矩,并由节点平衡求得梁端弯矩及整个框架结构的其它内力。为此假定:

①柱上下端都不发生角位移,即梁柱线刚度之比无限大,一般认为大于 3 即可满足工程设计要求;

②底层柱反弯点在距离基础顶面 2/3 柱高处,其它各层框架柱反弯点位于柱高的中部。

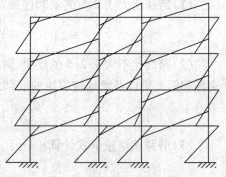

图 5-6 水平地震作用下框架弯矩图

具体计算方法如下:设框架共有 n 层,每层有 m 个柱子,第 j 层的总剪力 V_j 可根据平衡条件求出

$$V_j = V_{j1} + \cdots + V_{jk} + \cdots + V_{jm} = \sum_{k=1}^{m} V_{jk} \tag{5-5}$$

式中：V_{jk}——水平地震在第 j 层第 k 柱所承受的剪力；
  m——第 j 层的总柱子数。

设该层的层间水平位移为 Δu_j，由于各柱的两端只有水平位移而无转角，则有

$$V_{jk} = \frac{12i_{jk}}{h_j^2}\Delta u_j \tag{5-6}$$

式中：i_{jk}——第 j 层第 k 柱的线刚度；
  h_j——第 j 层柱的高度。

把式(5-6)代入式(5-5)，由于梁的刚度为无穷大，从而第 j 层的各柱两端的相对水平位移均相同（均为 Δu_j），因此有

$$\Delta u_j = \frac{V_j}{\sum_{k=1}^{m}\dfrac{12i_{jk}}{h_j^2}} \tag{5-7}$$

把上式代入式(5-4)，得第 j 层各柱的剪力为

$$V_{jk} = \frac{i_{jk}}{\sum_{k=1}^{m}i_{jk'}}V_j \tag{5-8}$$

求出各柱的剪力后，根据已知各柱的反弯点位置，可求出各柱的弯矩。对于底层柱上下端弯矩分别为

$$M_{c1k}^{t} = V_{1k} \cdot \frac{h_1}{3}$$

$$M_{c1k}^{b} = V_{1k} \cdot \frac{2h_1}{3}$$

对于上部第 j 层第 k 柱，则有：

$$M_{cjk}^{t} = M_{cjk}^{b} = V_{jk} \cdot \frac{h_j}{2} \tag{5-9}$$

求出所有柱的弯矩后，考虑各节点的力矩平衡，对每个节点，由梁端弯矩之和等于柱端弯矩之和，可求出梁端弯矩之和 $\sum M_b$。把 $\sum M_b$ 按与该节点相连的梁的线刚度进行分配（即某梁所分配到的弯矩与该梁的线刚度成正比），就可求出该节点各梁的梁端弯矩。

(2) D 值法。

由于反弯点法假定梁刚度为无穷大，使反弯点法的应用受到限制，尤其是对于高层框架结构在抗震设计时，梁的线刚度可能小于柱的线刚度。在一般情况下，柱的抗侧刚度不但与柱的线刚度和层高有关，还与梁的线刚度有关；柱的反弯点高度也与梁柱线刚度比、上下层梁的线刚度比、上下层的层高变化等因素有关。在反弯点法的基础上，考虑上述因素，对柱的抗侧刚度和反弯点高度进行修正，修正后的柱抗侧刚度以 D 表示，故该方法又叫 D 值法。

$$D = \alpha\frac{12i_c}{h^2} \tag{5-10}$$

式中：α——考虑柱上下端节点弹性约束的修正系数；
  i_c、h——柱的线刚度和高度。

其中 α 值反映了梁柱线刚度比值对柱抗侧刚度的一个影响系数，当梁的线刚度为无穷大时 $\alpha=1$。α 值的计算公式如下（图5-7）：

底层
$$K = \frac{i_1 + i_2}{i_c}, \alpha = \frac{0.5 + K}{2 + K}$$

中间层
$$K = \frac{i_1 + i_2 + i_3 + i_4}{2i_c}, \alpha = \frac{K}{2 + K}$$

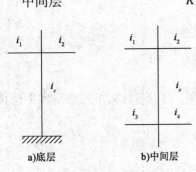

图 5-7 D 值法计算单元

求得柱抗侧刚度 D 值后,可按与反弯点法类似,由同一层内各柱的层间位移相等的条件,得出第 j 层第 k 柱的剪力:

$$V_{jk} = \frac{D_{jk}}{\sum_{k=1}^{m} D_{jk}} V_j \tag{5-11}$$

在求解出柱的剪力后,要求柱端弯矩,还应当确定反弯点的高度,反弯点的高度取决于柱上下端转角的比值,反弯点偏向于转角较大的一端,即约束刚度较小的一端。

影响反弯点高度的影响因素有:侧向外荷载的形式、梁柱线刚度比、结构总层数及该柱所在的层次、柱上下横梁线刚度比、上层层高的变化、下层层高的变化等因素。当上述因素逐一发生变化时,可分别求出柱底端到反弯点的距离,即反弯点高度,并制成相应表格。

①梁柱线刚度比及层数、层次对反弯点高度的影响。

假定框架横梁的线刚度、柱的线刚度和层高 h 沿框架高度保持不变,则可求出相应的各层柱的反弯点高度,其中 y_0 称为标准反弯点高度比,其值可由附表 5-1、附表 5-2 查得。

②上下横梁线刚度比对反弯点的影响。

若上下横梁的线刚度不同,则反弯点将向横梁线刚度较小的一端偏移。因此需对 y_0 加一增量 y_1 进行修正,y_1 的值可由附表 5-3 查得。对于底层柱,不考虑修正值 y_1,即取 $y_1 = 0$。

③层高变化对反弯点的影响。

当上、下层层高发生变化时,反弯点高度的上移增量分别为 $y_2 h$、$y_3 h$,其中 y_2 和 y_3 可由附表 5-4 查得。对于顶层柱,不考虑修正值 y_2,即取 $y_2 = 0$;对于底层柱,不考虑修正值 y_3,即取 $y_3 = 0$。

综上所述,经过各项修正后,柱底至反弯点的高度 yh 可由下式求出:

$$yh = (y_0 + y_1 + y_2 + y_3)h \tag{5-12}$$

求得各柱的剪力和反弯点高度后,可进一步求出各柱端的弯矩。然后,根据节点平衡条件可求出梁端弯矩,并进而求出各梁端的剪力和各柱的轴力。

二、水平地震作用下侧移验算

在结构修正刚度 D 和层间剪力 V_j 已知的情况下,可得出层间位移:

$$\Delta u_j = \frac{V_j}{\sum_{k=1}^{m} D_{jk}} \tag{5-13}$$

式中:$\sum_{k=1}^{m} D_{jk}$ ——第 j 层所有柱的修正抗侧刚度,其中 m 为第 j 层的总柱子数。

按照规范要求需满足 $\Delta u_j \leq [\theta_e]h$,其中框架结构 $[\theta_e] = 1/550$。

三、框架结构截面抗震设计要点

经过上述计算可以得出框架梁柱控制截面内力,然后考虑地震作用效应与重力荷载代表值效应的组合,并与其它荷载效应组合进行比较,选取最不利的内力组合进行抗震截面设计。

1. 框架柱抗震设计要点

(1)柱轴压比限制。

轴压比是指柱组合的轴压力设计值与柱的全截面面积和混凝土抗压强度设计值乘积之比,即 $N/f_c b_c h_c$。它是影响柱的延性的重要因素之一。限制轴压比主要是为了保证柱的塑性变形能力和保证框架的抗倒塌能力。试验表明,柱的延性随轴压比的增大急剧下降,尤其是在高轴压比的条件下,箍筋对柱的变形能力的影响很少。因此,在框架抗震设计中,必须限制轴压比,以保证柱具有一定的延性。柱轴压比限制宜满足表5-3的要求。建造于四类场地较高的高层建筑,轴压比限值应适当减小。

柱轴压比限值 表5-3

抗震等级	一级	二级	三级	四级
框架结构	0.65	0.75	0.85	0.90
框架—抗震墙、板柱—抗震墙、框架—核心筒及筒中筒	0.75	0.85	0.90	0.95
部分框支抗震墙	0.6	0.7	—	—

注:1. 可不进行地震作用计算的结构,取无地震组合的轴力设计值;
 2. 表内限值适用于剪跨比大于2、混凝土强度等级不高于C60的柱;剪跨比不大于2的柱轴压比限值应降低0.05;剪跨比小于1.5的柱,轴压比限值应专门研究并采取特殊构造措施;
 3. 沿柱全高采用井字复合箍且箍筋肢距不大于200mm、间距不大于100mm、直径不小于φ12,或沿柱全高采用复合螺旋箍、螺距不大于100mm、箍筋肢距不大于200mm、直径不小于φ12,或沿柱全高采用连续复合矩形螺旋箍、螺旋净距不大于80mm、箍筋肢距不大于200mm、直径不小于φ10,轴压比限值均可增加0.10;上述三种箍筋的配箍特征值均应按增大的轴压比由表5-29确定;
 4. 在柱的截面中部附加芯柱,其中另加的纵向钢筋总面积不少于柱截面面积的0.8%,轴压比限值可增加0.05;此项措施与第3项措施共同采用时,轴压比限值可增加0.15,但箍筋的配箍特征值仍可按轴压比增加0.10的要求确定;
 5. 柱轴压比不应大于1.05。

(2)按"强柱弱梁"原则调整柱端弯矩设计值。

为了使框架结构在地震作用下塑性铰首先在梁中出现,必须要求在同一节点柱的抗弯能力大于梁的抗弯能力,即"强柱弱梁"的要求。一级、二级、三级、四级框架的梁柱节点处,除框架顶层和柱轴压比小于0.15者及框支梁与框支柱的节点外,柱端弯矩设计值应符合下式要求:

$$\sum M_c = \eta_c \sum M_b \tag{5-14}$$

9度,一级框架结构尚应符合:

$$\sum M_c = 1.2 \sum M_{bua} \tag{5-15}$$

式中:$\sum M_c$——节点上下柱端截面顺时针或反时针方向组合的弯矩设计值之和,上下柱端的弯矩设计值一般情况可按弹性分析分配;

 $\sum M_b$——节点左右梁端截面反时针或顺时针方向组合的弯矩设计值之和,一级框架节点左右梁端均为负弯矩时,绝对值较小的弯矩应取零;

 $\sum M_{bua}$——节点左右梁端截面反时针或顺时针方向实配的正截面抗震受弯承载力所对应的弯矩值之和,根据实际钢筋面积(计入梁受压筋和相关楼板钢筋)和材料强度标准值计值确定;

η_c——框架柱端弯矩增大系数；对于框架结构，一级为 1.7，二级为 1.5，三级为 1.3，四级为 1.2；其它结构类型中的框架，一级可取 1.4，二级可取 1.2，三级、四级可取为 1.1；当反弯点不在柱的层高范围内时，柱端的弯矩设计值可直接乘以上述强柱系数。

由于框架底层柱柱底过早出现塑性铰将影响整个框架的变形耗能能力，从而对框架造成不利影响，同时，由于框架梁塑性铰的出现引起的内力重分布，使底层框架柱的反弯点具有较大的不确定性，因此，一级、二级、三级、四级框架结构的底层，柱下端截面组合的弯矩设计值应分别乘以增大系数 1.7、1.5、1.3 和 1.2。底层柱纵向钢筋宜按上下端的不利情况配置。此处底层指无地下室的基础以上或地下室以上的首层。一级、二级、三级、四级框架结构的角柱，调整后的组合弯矩、剪力设计值应乘以不小于 1.1 的增大系数。

(3) 按"强剪弱弯"原则调整柱截面剪力。

为防止柱在压弯破坏前发生剪切破坏，应按"强剪弱弯"的原则，对柱端部截面组合的剪力设计值予以调整。

一级、二级、三级、四级的框架柱和框支柱组合的剪力设计值应按下式调整：

$$V = \eta_{vc}(M_c^b + M_c^t)/H_n \tag{5-16}$$

9 度，一级框架结构尚应符合：

$$V = 1.2(M_{cua}^b + M_{cua}^t)/H_n \tag{5-17}$$

式中： V——柱端截面组合的剪力设计值；

H_n——柱的净高；

M_c^b, M_c^t——分别为柱的上下端顺时针或反时针方向截面组合的弯矩设计值（应符合强柱弱梁、底层放大等要求）；

M_{cua}^b, M_{cua}^t——分别为偏心受压柱的上下端顺时针或反时针方向实配的正截面抗震受弯承载力所对应的弯矩值，根据实配钢筋面积、材料强度标准值和轴压力等确定；

η_{vc}——柱剪力增大系数，对框架结构，一级、二级、三级、四级可分别取 1.5、1.3、1.2、1.1；对其它结构类型的框架，一级可取 1.4，二级可取 1.2，三级、四级可取 1.1。

(4) 斜截面承载力计算。

在进行框架柱斜截面抗震承载力计算时，仍采用非地震时承载力的计算公式，但应除以承载力抗震调整系数，同时考虑地震作用对钢筋混凝土框架柱承载力降低的不利影响，即可得出框架柱斜截面抗震承载力计算公式：

$$V_c \leqslant \frac{1}{\gamma_{RE}}\left[\frac{1.05}{\lambda+1}f_t bh_0 + f_{yv}\frac{A_{sv}}{s}h_0 + 0.056N\right] \tag{5-18}$$

式中：λ——剪跨比，反弯点位于柱高中部的框架柱，取 $\lambda = \frac{H_n}{2h_0}$，当 $\lambda < 1$ 时，取 $\lambda = 1$；当 $\lambda > 3$ 时，取 $\lambda = 3$。

上式中 N 为考虑地震作用组合的框架柱的轴向压力设计值，当 $N > 0.3f_c A$ 时，取 $N = 0.3f_c A$。

当框架柱中出现拉力时，其斜截面受剪承载力应按下列公式计算：

$$V_c \leqslant \frac{1}{\gamma_{RE}}\left[\frac{1.05}{\lambda+1}f_t bh_0 + f_{yv}\frac{A_{sv}}{s}h_0 - 0.2N\right] \tag{5-19}$$

上式中右边并且当式中方括号内的计算值小于 $f_{yv}\frac{A_{sv}}{s}h_0$ 时，取等于 $f_{yv}\frac{A_{sv}}{s}h_0$，且 $f_{yv}\frac{A_{sv}}{s}h_0$ 的值不

应小于 $0.36f_cbh_0$。上式中 N 为考虑地震作用组合的框架柱的轴向拉力设计值。

2. 框架梁抗震设计要点

(1) 按"强剪弱弯"原则调整梁截面剪力。

为了避免梁在弯曲破坏之前发生剪切破坏,应按"强剪弱弯"原则调整框架梁端部组合的剪力设计值。

一级、二级、三级的框架梁:

$$V_b = \eta_{vb}(M_b^l + M_b^r)/l_n + V_{Gb} \tag{5-20}$$

9 度,一级框架结构尚应符合:

$$V_b = 1.1(M_{bua}^l + M_{bua}^r)/l_n + V_{Gb} \tag{5-21}$$

式中: V——梁端截面组合的剪力设计值;

l_n——梁的净跨;

V_{Gb}——梁在重力荷载代表值(9 度时高层建筑还应包括竖向地震作用标准值)作用下,按简支梁分析的梁端截面剪力设计值;

M_b^l, M_b^r——分别为梁左右端逆时针或顺时针方向组合的弯矩设计值,一级框架两端弯矩均为负弯矩时,绝对值较小的弯矩应取零;

M_{bua}^l, M_{bua}^r——分别为梁左右端逆时针或顺时针方向实配的正截面抗震受弯承载力所对应的弯矩值,根据实配钢筋面积(计入受压钢筋和相关楼板钢筋)和材料强度标准值确定;

η_{vb}——梁端剪力增大系数,一级可取 1.3,二级可取 1.2,三级可取 1.1。

(2) 斜截面承载力计算。

矩形、T 形和工字形截面的一般框架梁,其斜截面抗震承载力仍采用非地震时梁斜截面承载力计算公式,但除应除以承载力抗震调整系数外,尚应考虑在反复荷载作用下,钢筋混凝土斜截面强度有所降低,于是承载力计算公式为

$$V_b \leqslant \frac{1}{\gamma_{RE}}\left[0.42f_tbh_0 + f_{yv}\frac{A_{sv}}{s}h_0\right] \tag{5-22}$$

对集中荷载作用下的框架梁(包括多种荷载,且其中集中荷载对节点边缘产生的剪力值占总剪力值的 75% 以上的情况),其斜截面承载力计算公式为

$$V_b \leqslant \frac{1}{\gamma_{RE}}\left[\frac{1.05}{\lambda+1}f_tbh_0 + f_{yv}\frac{A_{sv}}{s}h_0\right] \tag{5-23}$$

式中:λ——计算截面剪跨比,当 $\lambda < 1.5$ 时,取 $\lambda = 1.5$;当 $\lambda > 3$ 时,取 $\lambda = 3$。

3. 框架节点设计

框架节点起着联系梁柱构件的作用,节点失效意味着与之相连的梁与柱将同时失效,严重的将引起整个框架倒塌。鉴于此,在抗震设计中节点设计应遵循"强节点弱构件"的设计理念。历次震害表明,当框架节点箍筋数量不足,在剪力和压力的共同作用下,节点核心区的破坏形态表现为节点混凝土出现多条斜裂缝,裂缝间混凝土被压碎,箍筋屈服甚至拉断,柱的纵向钢筋被压屈。为防止节点核心区发生剪切破坏,必须确保节点有足够的受剪承载力。规范规定一级、二级、三级框架的节点核心区应进行抗震验算;四级框架节点核心区可不进行抗震验算,但应符合构造措施的要求。下面介绍节点核心区截面抗震验算方法。

(1)节点剪压比控制。

为了防止节点核心区的剪应力不致过高,避免过早出现斜裂缝,使得箍筋不能充分发挥作用,规范规定,节点核心区组合剪力设计值应符合下列条件:

$$V_j = \frac{1}{\gamma_{RE}}(0.3\eta_j f_c b_j h_j) \tag{5-24}$$

式中:V_j——节点核芯区组合的剪力设计值;

η_j——正交梁的约束影响系数,楼板为现浇,梁柱中线重合,四侧各梁截面宽度不小于该侧柱截面宽度的1/2,且正交方向梁高度不小于框架梁高度的3/4时,可采用1.5,9度时宜采用1.25,其它情况均采用1.0;

b_j——节点核心区截面有效验算高度,当验算方向的梁截面尺寸宽度不小于该侧柱截面宽度的1/2时,可采用该侧柱截面宽度;当小于侧柱截面宽度的1/2时可采用下列二者中的较小值:

$$\left.\begin{array}{l} b_j = b_b + 0.5h_c \\ b_j = b_c \end{array}\right\} \tag{5-25}$$

式中:b_b、b_c——分别为验算方向梁的宽度和柱的宽度;

h_c——验算方向的柱截面高度。

当梁、柱中线不重合且偏心距不大于柱宽的1/4时,核心区的截面有效验算宽度可采用式(5-25)和下式计算结果的较小值。

$$b_j = 0.5(b_b + b_c) + 0.25h_c - e \tag{5-26}$$

式中:e——梁柱中心线偏心距。

(2)节点剪力设计值。

一级、二级、三级框架梁柱节点核心区组合剪力设计值应按下列公式确定:

$$V_j = \eta_{jb}\frac{\sum M_b}{h_{b0} - a'_s}\left(1 - \frac{h_{b0} - a'_s}{H_c - h_b}\right) \tag{5-27}$$

9度,一级框架结构,尚应符合:

$$V_j = 1.15\frac{\sum M_{bua}}{h_{b0} - a'_s}\left(1 - \frac{h_{b0} - a'_s}{H_c - h_b}\right) \tag{5-28}$$

式中:V_j——节点核心区组合剪力设计值;

h_{b0}——梁截面有效高度,节点两侧梁截面高度不等时可采用平均值;

a'_s——梁受压钢筋合力点至受压边缘的距离;

H_c——柱的计算高度,可采用节点上、下柱反弯点之间的距离;

h_b——梁的截面高度,节点两侧梁截面高度不等时可采用平均值;

η_{jb}——强节点系数,对于框架结构,一级宜取1.5,二级宜取1.35,三级宜取1.2;对于其它结构中的框架,一级宜取1.35,二级宜取1.2,三级宜取1.1;

$\sum M_b$——节点左右梁端反时针或顺时针方向组合弯矩设计值之和,一级框架节点左右梁端均为负弯矩时,绝对值较小的弯矩应取零;

$\sum M_{bua}$——节点左右梁端反时针或顺时针方向实配的正截面抗震受弯承载力所对应的弯矩值之和,根据实配钢筋面积(计入受压筋)和材料强度标准值确定。

(3)框架节点核心区截面受剪承载力验算。

节点核心区截面抗震受剪承载力,应考虑正交梁和轴向压力对节点受剪承载力的有利影

响,采用下列公式验算:

$$V_j \leq \frac{1}{\gamma_{RE}}\left[1.1\eta_j f_t b_j h_j + 0.05\eta_j N \frac{b_j}{b_c} + \frac{f_{yv}A_{svj}}{s}(h_{b0}-a'_s)\right] \quad (5\text{-}29)$$

9度,一级框架结构,尚应符合:

$$V_j \leq \frac{1}{\gamma_{RE}}\left[0.9\eta_j f_t b_j h_j + \frac{f_{yv}A_{svj}}{s}(h_{b0}-a'_s)\right] \quad (5\text{-}30)$$

式中:N——对应于组合剪力设计值的上柱组合轴向压力较小值,当 $N > 0.5f_c b_c h_c$ 时,取 $N = 0.5f_c b_c h_c$;当 N 为拉力时,取 $N = 0$;

f_{yv}——箍筋的抗拉强度设计值;

f_t——混凝土轴心抗拉强度设计值;

A_{svj}——节点核心区有效验算宽度范围内同一截面验算方向箍筋的总截面面积;

s——箍筋间距;

其它符号意义同上。

四、框架抗震设计实例

某综合楼为6层钢筋混凝土框架结构体系,建筑面积约为 4 500m²,建筑平面如图 5-8 所示。房间开间 3.6m,进深 6m,走廊宽度 2.4m,底层层高 3.9m,其它层层高 3.6m,室内外高差 0.6m。柱截面尺寸 1、2、3、4 层: $b \times h = 500\text{mm} \times 500\text{mm}$,5、6 层: $b \times h = 400\text{mm} \times 400\text{mm}$;梁编号见图 5-9,各编号梁截面尺寸如表 5-4,图中括号内为底层梁的编号,括号外为其它层梁的编号,若只有一个编号,表示底层与其它层梁相同。混凝土强度为 C30,纵筋为 HRB335,箍筋为 HPB235 级钢筋。抗震设防烈度为 8 度,设计基本地震加速度为 0.2g,Ⅱ类场地,设计地震分组为第二组,$T_g = 0.40$s,抗震等级为二级,要求进行横向框架抗震设计。基本风压 0.35kN/m²,基本雪压 0.2kN/m²。

梁截面尺寸 表 5-4

梁 编 号	截面 $b \times h$	梁 编 号	截面 $b \times h$
L1	250mm × 700mm	L4	250mm × 400mm
L2	250mm × 700mm	L5	250mm × 600mm
L3	250mm × 600mm	L6	250mm × 450mm

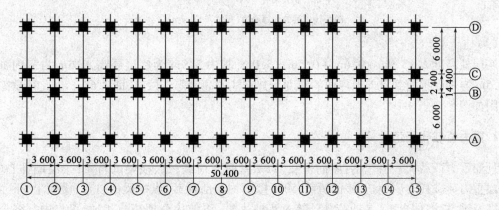

图 5-8 框架平面布置图

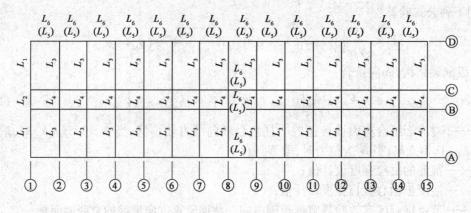

图 5-9 框架梁编号

1. 梁柱计算长度

(1) 梁的计算跨度。

如图 5-10 所示,框架梁的计算跨度以上柱形心为准,由于建筑轴线与墙线重合,故建筑轴线与结构计算的跨度不同。

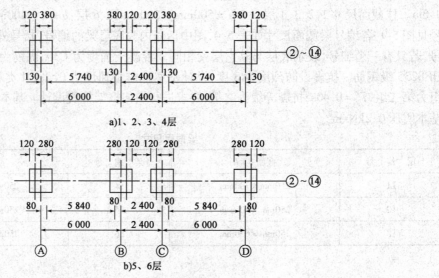

图 5-10 梁的计算跨度(尺寸单位:mm)

(2) 柱高度。

底层柱高度 $h = 3.9\text{m} + 0.6\text{m} + 0.5\text{m} = 5.0\text{m}$,其中 3.9m 为底层层高,0.6m 为室内外高差,0.5m 为基础顶面到室外地坪面的高度。其它柱的高度等于层高,即 3.6m。由此得框架计算简图如图 5-11。

2. 重力荷载代表值计算

顶层重力荷载代表值包括:屋面恒载,50%屋面雪荷载,纵、横梁的自重,半层墙体自重。其它层重力荷载代表值包括:楼面恒载,50%楼面均布活载,纵横梁的自重,楼面上、下个半层的柱及纵、横墙体自重(各项荷载计算过程略去)。将前述分项荷载相加,得集中与各层楼面的重力荷载代表值如下:

第6层：$G_6 = 8\,938\text{kN}$，第5层：$G_5 = 12\,039\text{kN}$，第4层：$G_4 = 12\,330\text{kN}$
第3、2层：$G_{3,2} = 12\,621\text{kN}$，第1层：$G_1 = 13\,972\text{kN}$

建筑物的总重力荷载代表值为

$$\sum_{i=1}^{6} G_i = 8\,938 + 12\,039 + 12\,330 + 2 \times 12\,621 + 13\,972 = 72\,521\text{kN}$$

质点重力荷载代表值见图5-12。

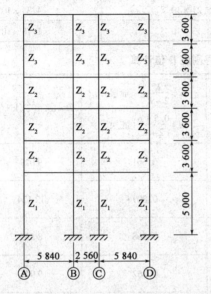

图5-11 横向框架计算简图及柱编号图（尺寸单位：mm）

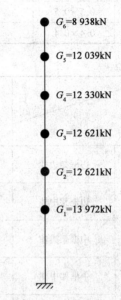

图5-12 质点重力荷载代表值

3. 水平地震力作用下框架的侧移验算

（1）横梁线刚度。

混凝土C30，$E_c = 3 \times 10^7 \text{kN/m}^2$

在框架结构中，由于梁板是整体现浇的，可以作为梁的有效翼缘，增大了梁的有效刚度，减少了框架的侧移。为考虑这一作用，在计算梁的截面惯性矩时，中梁取 $I_0 = 2.0 I_0$（I_0为梁的截面惯性矩）；边梁取 $I_0 = 1.5 I_0$。横梁线刚度计算结果列于表5-5。

横梁线刚度计算   表5-5

梁号L	截面 $b \times h$ (m^2)	跨度 l (m)	惯性矩 $I_0 = \dfrac{bh^3}{12}$ (m^4)	边框架梁 $I_b = 1.5 I_0$ (m^4)	边框架梁 $K_b = \dfrac{EI_b}{l}$ ($\text{kN}\cdot\text{m}$)	中框架梁 $I_b = 2.0 I_0$ (m^4)	中框架梁 $K_b = \dfrac{EI_0}{l}$ ($\text{kN}\cdot\text{m}$)
L1	0.25×0.7	5.85	7.15×10^{-3}	10.73×10^{-3}	5.15×10^4	—	—
L2	0.25×0.7	2.56	7.15×10^{-3}	10.73×10^{-3}	12.57×10^4	—	—
L3	0.25×0.6	5.84	4.5×10^{-3}	—	—	9×10^{-3}	4.62×10^4
L4	0.25×0.4	2.56	1.3×10^{-3}	—	—	2.6×10^{-3}	3.04×10^4
L5	0.25×0.6	3.60	4.5×10^{-3}	6.75×10^{-3}	5.63×10^4	9×10^{-3}	7.5×10^4
L6	0.25×0.45	3.60	1.9×10^{-3}	2.85×10^{-3}	2.38×10^4	3.8×10^{-3}	3.17×10^4

(2) 柱线刚度列于表 5-6,横向框架柱的侧移刚度 D 值计算见表 5-7。

柱 线 刚 度 计 算　　　　表 5-6

柱号	截面 (m^2)	柱高度 h (m)	惯性矩 $I_c = \frac{1}{12}bh^3$ (m^4)	线刚度 $K_c = \frac{EI_c}{l}$ (kN·m)
Z1	0.5×0.5	5.0	5.21×10^{-3}	3.13×10^4
Z2	0.5×0.5	3.6	5.21×10^{-3}	4.34×10^4
Z3	0.4×0.4	3.6	2.13×10^{-3}	1.78×10^4

横向框架柱侧移刚度 D 值计算　　　　表 5-7

层	柱类型	$\overline{K} = \frac{\sum K_b}{2K_c}$（一般层） $\overline{K} = \frac{\sum K_b}{K_c}$（底层）	$\alpha = \frac{\overline{K}}{2+\overline{K}}$（一般层） $\alpha = \frac{0.5+\overline{K}}{2+\overline{K}}$（底层）	$D = \alpha K_c \frac{12}{h^2}$ (kN/m)	根数
底层	边框架边柱	$\frac{5.51}{3.13} = 1.76$	0.601	9 029	4
	边框架中柱	$\frac{5.51+12.57}{3.13} = 5.78$	0.807	12 124	4
	中框架边柱	$\frac{4.62}{3.13} = 1.47$	0.568	8 533	26
	中框架中柱	$\frac{4.62+3.04}{3.13} = 2.44$	0.662	9 946	26
	$\sum D$			565 066	
2、3、4 层	边框架边柱	$\frac{5.51+5.51}{2\times4.34} = 1.270$	0.388	15 591	4
	边框架中柱	$\frac{(5.51+12.57)\times2}{2\times4.34} = 4.166$	0.676	27 165	4
	中框架边柱	$\frac{4.62+4.62}{2\times4.34} = 1.065$	0.347	13 944	26
	中框架中柱	$\frac{(4.62+3.04)\times2}{4.34\times2} = 1.765$	0.469	18 846	26
	$\sum D$			1 023 564	
5、6 层	边框架边柱	$\frac{5.51+5.51}{1.78\times2} = 3.096$	0.608	10 020	4
	边框架中柱	$\frac{(5.51+12.57)\times2}{2\times1.78} = 10.157$	0.835	13 762	4
	中框架边柱	$\frac{4.62+4.62}{1.78\times2} = 2.596$	0.565	9 312	26
	中框架中柱	$\frac{(4.62+3.05)\times2}{1.78\times2} = 4.309$	0.683	11 257	26
	$\sum D$			629 922	

(3) 横向的自振周期。

按顶点位移法计算框架的自振周期。顶点位移法是求结构基频的一种近似方法。将结构按质量分布情况简化成无限质点的旋臂直杆,导出以直杆顶点位移表示的基频公式,这样,只

要求出结构的顶点水平位移,就可按下式求得结构的基本周期:

$$T_1 = 1.7\alpha_0 \sqrt{\Delta_T}$$

式中:α_0——基本周期调整系数,考虑填充墙使框架自振周期减小的影响,取 0.75;

Δ_T——框架顶点位移。

在未求出框架的周期前,无法求出框架的地震力及位移,ΔT 是将框架的重力荷载视为水平作用力,求得的假想框架顶点位移,然后由 Δ_T 求出 T_1,再用 T_1 求得框架结构的底部剪力,进而求出框架各层剪力和结构真正的位移。横向框架顶点位移计算见表 5-8。

横向框架顶点位移　　　　表 5-8

层 次	G_i(kN)	$\sum G_i$(kN)	D_i(kN/m)	层间相对位移 $\delta_i = \dfrac{\sum G_i}{D_i}$	Δ_i
6	8 938	8 938	629 922	0.014 2	0.310 4
5	12 039	20 977	629 922	0.033 3	0.296 2
4	12 330	33 307	1 023 564	0.032 5	0.296 2
3	12 621	45 928	1 023 564	0.044 9	0.230 4
2	12 621	58 549	1 023 564	0.057 2	0.185 5
1	13 972	72 521	565 066	0.128 3	0.128 3

$$T_1 = 1.7 \times 0.75 \times \sqrt{0.310\ 4} = 0.710(\text{s})$$

(4)横向地震作用计算。

抗震设防烈度为 8 度,设计基本地震加速度为 0.2g,Ⅱ 类场地,设计地震分组为第二组,$T_g = 0.40\text{s}$,地震影响系数 $\alpha_{\max} = 0.16$,由于 $T_1 = 0.710\text{s} > 1.4 = 1.4 \times 0.4 = 0.56\text{s}$,应考虑顶点附加地震作用。

$$\delta_n = 0.08T_1 + 0.01 = 0.08 \times 0.710 + 0.01 = 0.066\ 8$$

结构横向总水平地震作用标准值:

$$F_{EK} = \left(\frac{T_g}{T_1}\right)^{0.9} \times \alpha_{\max} \times 0.85 \sum_{i=1}^{6} G_i$$

$$= \left(\frac{0.4}{0.710}\right)^{0.9} \times 0.16 \times 0.85 \times 72\ 521 = 4\ 542\text{kN}$$

顶部附加水平地震作用

$$\Delta F_n = \delta_n F_{EK} = 0.066\ 8 \times 4\ 542 = 303.1\text{kN}$$

各层横向地震剪力计算见表 5-9,其中

$$F_i = \frac{G_i H_i}{\sum\limits_{j=1}^{6} G_j H_j} F_{EK}(1 - \delta_n)$$

各层横向地震作用及楼层地震剪力见表 5-9,横向框架各层水平地震作用和地震剪力见图 5-13。

各层横向地震作用及楼层地震剪力　　　　　表 5-9

层次	h_i(m)	H_i(m)	G_i(kN)	G_iH_i	$G_iH_i/\sum_{j=1}^{6}G_jH_j$	F_i(kN)	V_i(kN)
6	3.6	23.0	8 938	205 574	0.213	1 204.63	1 204.63
5	3.6	19.4	12 039	233 557	0.242	1 025.83	2 230.47
4	3.6	15.8	12 330	194 814	0.202	855.07	3 085.54
3	3.6	12.2	12 621	153 976	0.159	673.05	3 758.59
2	3.6	8.6	12 621	108 541	0.112	474.10	4 232.69
1	5.0	5.0	13 972	69 860	0.072 3	306.05	4 538.74

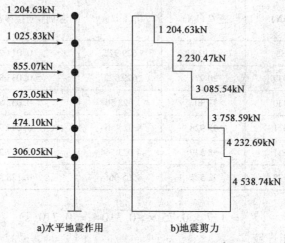

a) 水平地震作用　　　b) 地震剪力

图 5-13　横向框架水平地震作用及地震剪力

(5) 横向框架抗震变形验算。

多遇地震作用下,各层弹性位移验算见表 5-10,层间弹性相对转角均满足要求:

$$\theta_e < [\theta_e] = 1/550$$

横向变形验算　　　　　表 5-10

层次	层间剪力 V_i(kN)	层间刚度 D_i(kN)	层间位移 V_i/D_i(m)	层高 h_i(m)	层间相对弹性转角
6	1 024.23	629 922	0.001 91	3.6	1/1 884
5	2 230.47	629 922	0.003 54	3.6	1/1 017
4	3 085.54	1 023 564	0.003 01	3.6	1/1 196
3	3 758.59	1 023 564	0.003 67	3.6	1/981
2	4 232.69	1 023 564	0.004 14	3.6	1/870
1	4 538.74	565 066	0.008 03	5.0	1/623

4. 水平地震作用下横向框架的内力分析

以中框架为例进行计算,框架柱剪力及弯矩计算,采用 D 值法,其结果见表 5-11、表 5-12。然后根据节点平衡条件可求出梁端弯矩,中柱两侧梁端弯矩按线刚度进行分配,并进而求出各梁端的剪力和各柱的轴力,见表 5-13。地震力作用下框架弯矩见图 5-14。边框架和纵向框架的计算方法、步骤与横向中框架完全相同,故不再赘述。

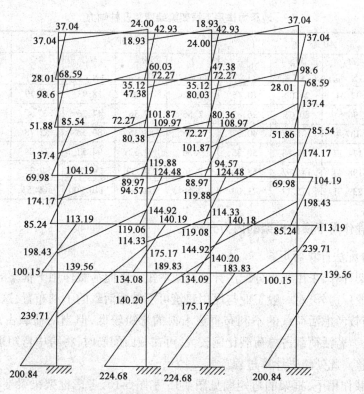

图 5-14 地震作用下框架弯矩图(单位:kN·m)

水平地震作用下 A 轴框架柱剪力和弯矩计算　　　　　　　表 5-11

层次	层间剪力 V_i (kN)	层间刚度 $\sum D_i$ (kN)	D_i (kN)	$D_i/\sum D_i$	V_{im}	yh (m)	$M_{C下}$ (kN·m)	$M_{C上}$ (kN·m)
6	1 204.63	629 922	9 312	0.015	18.07	1.55	28.01	37.04
5	2 230.47	629 922	9 312	0.015	33.46	1.55	51.86	68.59
4	3 085.54	1 023 564	13 944	0.014	43.20	1.62	69.98	85.54
3	3 758.59	1 023 564	13 944	0.014	52.62	1.62	85.24	104.19
2	4 232.69	1 023 564	13 944	0.014	59.26	1.69	100.15	113.19
1	4 538.74	565 066	8 533	0.015	68.08	2.95	200.84	139.56

水平地震作用下 B 轴框架柱剪力和弯矩计算　　　　　　　表 5-12

层次	层间剪力 V_i (kN)	层间刚度 $\sum D_i$ (kN)	D_i (kN)	$D_i/\sum D_i$	V_{im}	yh (m)	$M_{C下}$ (kN·m)	$M_{C上}$ (kN·m)
6	1 204.63	629 922	11 257	0.018	21.68	1.62	35.12	42.93
5	2 230.47	629 922	11 257	0.018	41.15	1.80	72.27	72.27
4	3 085.54	1 023 564	18 846	0.018	55.54	1.62	89.97	109.97
3	3 758.59	1 023 564	18 846	0.018	67.65	1.76	119.06	124.48
2	4 232.69	1 023 564	18 846	0.018	76.19	1.76	134.09	140.19
1	4 538.74	565 066	9 946	0.018	81.70	2.75	224.68	183.83

表 5-13 地震力作用下框架梁端弯矩及柱轴力

层次	AB 跨				BC 跨				柱轴力	
	l (m)	$M_{左}$ (kN·m)	$M_{右}$ (kN·m)	V_b (kN)	l (m)	$M_{左}$ (kN·m)	$M_{右}$ (kN·m)	V_b (kN)	N_A (kN)	N_B (kN)
6	5.84	37.04	24.00	10.45	2.56	18.93	18.93	14.79	-10.45	-14.79
5	5.845	96.6	60.03	26.82	2.56	47.36	47.36	37.4	-37.27	-52.19
4	5.84	137.4	101.87	40.97	2.56	80.36	80.36	62.78	-78.24	-114.97
3	5.84	174.17	119.88	50.35	2.56	94.57	94.57	73.88	-128.59	-188.95
2	5.84	198.43	144.92	58.79	2.56	114.33	114.33	89.32	-187.38	-278.27
1	5.84	239.71	175.17	71.04	2.56	140.20	140.20	109.53	-258.42	-387.8

5. 竖向荷载作用下横向框架的内力分析

(1) 弯矩分配法计算弯矩。

仍取中框架计算，采用弯矩分配法计算框架弯矩。竖向荷载作用下框架的内力分析，除活荷载较大的工业厂房外，对一般工业与民用建筑可不考虑活载的不利布置，这样求得的框架内力，梁跨中弯矩较考虑活荷载的不利布置法求得的弯矩较低，但当活荷载占总荷载比例较小时，其影响很小。若活荷载占总荷载比例较大，可在截面配筋时，将跨中弯矩乘 1.1~1.2 的放大系数予以调整。此处略去计算过程。

在竖向荷载作用下，框架的弯矩图见图 5-15 和图 5-16，考虑框架梁梁端的塑性内力重分布，取弯矩调幅系数为 0.85，调幅后，恒载及活载弯矩图见图 5-15 及图 5-16 中括号内的数值。

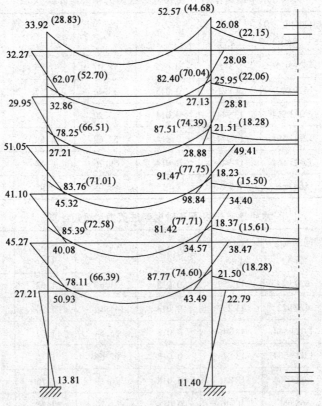

图 5-15　恒载作用下框架弯矩图（单位：kN·m）

(2)梁端剪力和柱轴力计算。

梁端剪力:
$$V = V_q + V_m$$

式中:V_q——梁上均布荷载引起的剪力,$V_q = \frac{1}{2}ql$;

V_m——梁端弯矩引起的剪力,$V_m = \dfrac{M_{左} - M_{右}}{l}$。

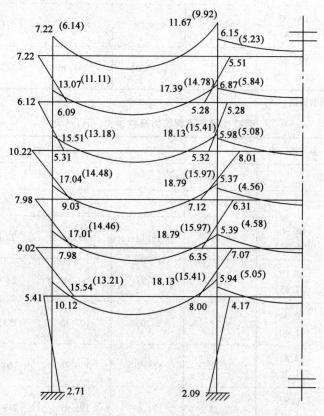

图 5-16 活载作用下框架弯矩图(单位:kN·m)

柱轴力:
$$N = V + P$$

式中:V——梁端剪力;

P——节点集中力及柱自重力。

计算过程略去,计算结果见表 5-14 和表 5-15。

恒载作用下梁端剪力及柱轴力(kN) 表 5-14

层次	剪 力			柱 轴 力			
	AB 跨		BC 跨	A 柱		B 柱	
	V_A	V_B	$V_B = V_C$	$N_顶$	$N_底$	$N_顶$	$N_底$
6	67.32 (67.78)	72.75 (73.25)	29.06	67.78	82.18	102.31	116.71
5	101.09 (101.55)	107.00 (107.46)	23.53	273.23	287.63	337.20	351.6
4	102.7 (103.16)	105.4 (105.86)	23.53	480.29	502.79	570.49	592.99

续上表

层次	剪力			柱轴力			
	AB跨		BC跨	A柱		B柱	
	V_A	V_B	$V_B=V_C$	$N_顶$	$N_底$	$N_顶$	$N_底$
3	103.17 (103.63)	104.93 (105.39)	23.53	704.74	727.24	822.00	844.50
2	103.16 (103.62)	104.95 (105.41)	23.53	929.18	951.68	1 071.76	1 094.26
1	102.64 (103.1)	105.46 (105.92)	23.53	1 157.01	1 188.26	1 325.94	1 359.19

注：括号内为调幅后的剪力值。

活载作用下梁端剪力及柱轴力(kN) 表5-15

层次	总剪力			柱轴力			
	AB跨		BC跨	A柱		B柱	
	V_A	V_B	$V_B=V_C$	$N_顶$	$N_底$	$N_顶$	$N_底$
6	14.66 (15.12)	15.96 (16.42)	6.91	15.12	29.52	23.33	37.73
5	19.93 (20.39)	21.19 (21.65)	9.22	49.91	64.31	68.60	83.00
4	20.18 (20.64)	20.94 (21.40)	9.22	84.95	107.45	113.62	136.12
3	20.30 (20.76)	20.82 (21.28)	9.22	128.21	150.71	166.62	189.12
2	20.30 (20.76)	20.82 (21.28)	9.22	171.47	193.97	219.62	242.12
1	20.18 (20.64)	21.19 (21.65)	9.22	214.61	245.86	272.99	304.24

注：括号内为调幅后的剪力值。

6. 内力组合

（1）框架梁内力组合。

在恒载和活载作用下，跨间 M_{max} 可近似取跨中的 M 代替。

$$M_{max} \approx \frac{1}{8}ql^2 - \frac{M_左 + M_右}{2}$$

式中：$M_左$、$M_右$——梁左、右端弯矩，见图5-15、图5-16括号内的数值。

跨中 M 若小于 $\frac{1}{16}ql^2$，应取 $M=\frac{1}{16}ql^2$。在竖向荷载与地震力组合时，跨间最大弯矩采用数解法计算，如图5-17所示。

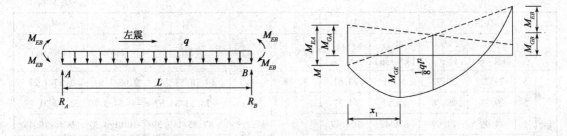

图 5-17 框架梁内力组合图

图中：M_{GA}、M_{GB}——重力荷载作用下梁端的弯矩；

M_{EA}、M_{EB}——水平地震作用下梁端弯矩；

R_A、R_B——竖向荷载与地震荷载共同作用下梁端反力。

对 R_B 作用点取矩

$$R_A = \frac{ql}{2} - \frac{1}{l}(M_{GB} - M_{GA} + M_{EA} + M_{EB})$$

x 处截面弯矩为

$$M = R_{Ax} - \frac{qx^2}{2} - M_{GA} + M_{EA}$$

由 $\frac{dM}{dx}=0$，可求得跨间 M_{max} 的位置为 $x_1 = R_A/q$

将 x_1 代入任一截面 x 处的弯矩表达式，可得跨间最大弯矩为

$$M_{max} = M_{GE} = \frac{R_{Ax}^2}{2q} - M_{GA} + M_{EA} = \frac{qx^2}{2q} - M_{GA} + M_{EA}$$

当右震时，公式中 M_{EA}、M_{EB} 反号。M_{GE} 及 x_1 的具体数值见表 5-16，表中 R_A，x_1，M_{GE} 均有两组数值。梁内力组合见表 5-17，表中恒载和活载的组合，梁端弯矩取调幅后的数值（图 5-16、图 5-17 括号中数值），剪力取调幅前后的较大值，具体数值见表 5-14 和表 5-15。

M_{GE} 及 x_1 计算 表 5-16

项目		1.2(恒+0.5活)		1.3 地震		q	l	R_A	x_1	M_{GE}
		M_{GA} (kN·m)	M_{GB} (kN·m)	M_{EA} (kN·m)	M_{EB} (kN·m)	(kN/m)	(m)	(kN)	(m)	(kN·m)
AB 跨	6	38.28	59.71	48.152	31.2	32.22		76.83/104	2.39/3.23	101.89/91.14
	5	69.98	92.92	125.58	78.04			87.25/168.97	1.85/3.57	136.49/105.67
	4	87.72	98.50	178.62	132.43		5.84	82.92/189.45	1.75/4.01	163.28/113.71
	3	95.82	102.88	226.42	155.84	47.27		71.37/202.28	1.51/4.28	184.49/110.72
	2	95.71	102.83	257.96	188.40			60.38/213.24	1.28/4.51	200.97/127.07
	1	87.60	98.77	311.62	227.72			43.76/228.47	0.93/4.83	244.46/152.16

续上表

| | | 1.2(恒+0.5活) | | 1.3地震 | | q | l | R_A | x_1 | M_{GE} |
		M_{GA} (kN·m)	M_{GB} (kN·m)	M_{EA} (kN·m)	M_{EB} (kN·m)	(kN/m)	(m)	(kN)	(m)	(kN·m)
BC跨	6	29.72	29.72	24.61	24.61	30.48	2.56	19.78/58.24	0.65/1.91	1.33/1.27
	5	29.78	29.78	61.57	61.57	26.38		-14.33/81.87	-0.54/3.10	31.79/31.79
	4	24.99	24.99	104.47	104.47			-47.85/115.39	-1.81/4.37	79.48/79.48
	3	21.34	21.34	122.94	122.94			-62.28/129.82	-2.36/4.92	101.6/101.6
	2	21.48	21.48	148.63	148.63			-82.35/149.89	-3.12/5.68	127.15/127.15
	1	24.97	24.97	182.26	182.26			-108.62/176.16	-4.12/6.68	157.29/157.29

注：当 $x_1 > l$ 或 $x_1 < 0$ 时，表示最大弯矩发生在支座处，应取 $x_1 = l$ 或 $x_1 = 0$，用 $M = R_A x - \dfrac{qx^2}{2} - M_{GA} \pm M_{EA}$ 计算 M_{GE}。

梁内力组合表 表5-17

| 层次 | 位置 | 内力 | 荷载类别 | | | 竖向荷载组合 | 竖向荷载与地震力组合 | |
			恒载①	活载②	地震荷载③	1.2①+1.4②	1.2(①+0.5②)±1.3③	
6	$A_右$	M	-28.83	-6.14	±37.04	-43.19	-1.24	-75.32
		V	67.78	15.12	10.45	102.504		103.993
	$B_左$	M	-44.80	-9.93	±24.00	-67.65	-90.912	-28.512
		V	73.25	16.42	10.45	110.89	111.34	
	$B_右$	M	-22.15	-5.23	±18.93	-33.902	-5.11	-54.33
		V	29.06	6.91	15.08	44.55		58.62
	跨中	M_{AB}	66.15	17.34		103.66	101.89	91.14
		M_{BC}	3.55	0.81		5.39	1.33	1.27
5	$A_右$	M	-52.76	-11.11	±96.6	-78.87	55.602	-195.56
		V	101.55	20.39	26.82	150.41		168.96
	$B_左$	M	-70.04	-14.78	±60.03	-104.74	-155.47	-0.61
		V	107.46	21.65	26.82	159.262	176.81	
	$B_右$	M	-22.06	-5.84	±35.12	-34.65	20.68	-70.64
		V	23.53	9.22	34.84	41.14		79.06
	跨中	M_{AB}	91.18	17.75		134.27	136.49	105.67
		M_{BC}	7.00	2.45		11.83	31.79	31.79
4	$A_右$	M	-66.51	-13.18	±137.4	-98.26	105.52	-251.72
		V	103.63	20.64	40.97	153.25		194.098
	$B_左$	M	-74.38	-15.41	±101.87	-110.83	-214.52	50.35
		V	105.39	21.4	40.97	156.43	192.57	
	$B_右$	M	-18.28	-5.083	±80.36	-29.05	79.48	-129.45
		V	23.53	9.22	61.56	41.14		113.8
	跨中	M_{AB}	81.64	16.40		120.93	163.28	113.71
		M_{BC}	3.22	0.663		4.79	79.48	79.48

续上表

层次	位置	内力	荷载类别 恒载①	活载②	地震荷载③	竖向荷载组合 1.2①+1.4②	竖向荷载与地震力组合 1.2(①+0.5②)±1.3③	
3	$A_右$	M	−72.61	−14.48	±174.17	−107.404	130.601	−322.241
		V	103.62	20.76	50.35	153.41		202.255
	$B_左$	M	−77.75	−15.97	±119.88	−113.572	−258.73	52.96
		V	105.41	21.28	50.35	156.28	204.72	
	$B_右$	M	−15.50	−4.56	±94.57	−24.98	101.61	−144.28
		V	25.53	9.22	79.06	41.14		136.55
	跨中	M_{AB}	77.40	12.78		110.77	184.44	110.72
		M_{BC}	0.44	0.14		0.724	101.6	101.6
2	$A_右$	M	−72.53	−14.46	±198.43	−107.28	178.199	−337.72
		V	103.62	20.76	58.79	153.41		213.227
	$B_左$	M	−77.71	−15.97	144.92	−115.61	−274.09	102.70
		V	105.41	21.28	58.79	156.28	215.69	
	$B_右$	M	−15.61	−4.58	±114.33	−25.14	127.149	−170.11
		V	23.53	9.22	95.31	41.14		157.67
	跨中	M_{AB}	77.46	15.48		114.62	200.97	127.07
		M_{BC}	0.55	0.16		0.884	127.15	127.15
1	$A_右$	M	−66.39	−13.22	±239.71	−98.18	224.02	−399.22
		V	103.1	20.64	71.04	152.62		228.46
	$B_左$	M	−74.60	−15.41	±175.17	−111.09	−326.49	128.96
		V	105.92	21.65	71.04	157.414	232.09	
	$B_右$	M	−18.28	−5.05	±140.20	−29.01	157.294	−207.226
		V	23.53	9.22	106.8	41.14		172.57
	跨中	M_{AB}	82.09	16.38		121.44	244.46	152.16
		M_{BC}	3.22	0.63		4.75	157.29	157.29

注:1. 表中弯矩单位为 kN·m,剪力单位为 kN;
 2. 表中跨中组合弯矩未填处均为跨间最大弯矩发生在支座处,其值与支座正弯矩组合值相同。

(2)框架柱内力组合。

框架柱取每层柱顶和柱底两个控制截面,组合结果见表 5-18 及表 5-19。系数 β 是考虑计算截面以上各层活荷载不总是同时满布面对楼面均布活载的一个折减系数,称为活荷载按楼层的折减系数,其取值见表 5-20。

A 柱内力组合表 表 5-18

层次	位置	内力	荷载类别 恒载①	活载②	地震荷载③	竖向荷载组合 1.2①+1.4②	竖向荷载与地震力组合 1.2(①+0.5②)±1.3③	
6	柱顶	M	32.27	7.22	±37.04	48.83	−5.10	91.21
		N	67.78	15.12	±10.45	102.50	76.82	103.99
	柱底	M	−32.65	−6.96	±28.01	−48.92	−6.94	−79.77
		N	82.18	29.52	±24.85	139.94	84.02	148.63

续上表

层次	位置	内力	荷载类别			竖向荷载组合	竖向荷载与地震组合	
			恒载①	活载②	地震荷载③	1.2①+1.4②	1.2(①+0.5②)±1.3③	
5	柱顶	M	29.95	6.12	±68.59	44.51	−49.56	128.78
		N	273.23	49.91	±51.67	397.75	290.56	424.99
	柱底	M	−27.21	−5.31	±51.86	−40.09	31.58	−103.26
		N	287.63	64.31	±66.07	435.19	297.85	469.63
4	柱顶	M	51.05	10.22	±85.54	75.57	−43.81	178.59
		N	480.29	84.95	±107.04	695.28	488.17	766.47
	柱底	M	−45.32	−9.03	±69.98	−67.03	31.17	−150.78
		N	502.79	107.45	±129.54	753.78	499.42	836.22
3	柱顶	M	40.1	7.98	±104.19	59.29	−82.54	188.36
		N	704.74	128.21	±179.89	1 025.18	688.76	1 156.47
	柱底	M	−40.06	−7.98	±85.24	−36.9	57.95	−163.67
		N	727.24	150.71	±202.30	1 083.68	700.12	1 226.20
2	柱顶	M	45.27	9.02	±113.19	66.95	−87.41	206.88
		N	929.18	171.47	±261.18	1 355.07	878.36	1 557.43
	柱底	M	−50.93	−10.12	±100.15	−75.28	63.01	−197.38
		N	951.68	193.97	±283.68	1 413.57	889.61	1 627.18
1	柱顶	M	27.21	5.41	±139.56	40.23	−145.53	217.33
		N	1 157.01	214.61	±354.72	1 688.87	1 056.04	1 978.31
	柱底	M	−13.61	−2.17	±200.84	−19.37	−278.73	243.46
		N	1 188.26	245.86	±385.97	1 770.12	1 071.67	2 075.19

注：表中弯矩单位为 kN·m，剪力单位为 kN。

B 柱内力组合表　　　　　　　表 5-19

层次	位置	内力	荷载类别			竖向荷载组合	竖向荷载与地震组合	
			恒载①	活载②	地震荷载③	1.2①+1.4②	1.2(①+0.5②)±1.3③	
6	柱顶	M	−26.06	−5.51	±42.93	−31.272	−90.387	21.231
		N	102.31	23.33	±4.34	155.434	131.128	142.412
	柱底	M	27.13	5.28	±35.12	39.948	81.38	−9.932
		N	116.71	37.73	±18.74	192.874	138.328	187.052
5	柱顶	M	−28.81	−5.26	±72.27	−41.936	−131.679	56.223
		N	337.2	68.6	±29.32	500.68	407.684 6	483.91
	柱底	M	28.86	5.32	±72.27	42.08	131.775	−56.127
		N	351.6	83	±43.72	538.12	414.884	528.556
4	柱顶	M	−43.41	−8.01	±109.97	−63.306	−199.859	86.063
		N	570.49	113.62	±65.53	843.656	667.571	837.949
	柱底	M	38.84	7.12	±89.97	56.576	167.841	−66.081
		N	592.99	136.12	±88.03	902.156	678.821	907.699

续上表

层次	位置	内力	荷载类别			竖向荷载组合	竖向荷载与地震力组合	
			恒载①	活载②	地震荷载③	1.2①+1.4②	1.2(①+0.5②)±1.3③	
3	柱顶	M	-34.4	-6.31	±124.48	-50.114	-206.89	116.758
		N	822	166.62	±111.56	1 219.668	941.344	1 231.4
	柱底	M	34.57	6.35	±119.06	50.374	200.072	-109.484
		N	844.5	189.12	±134.06	1 278.168	952.594	1 301.15
2	柱顶	M	-38.47	-7.07	±140.19	-56.062	-232.653	131.841
		N	1 071.76	219.62	±164.59	1 593.58	1 203.917	1 631.851
	柱底	M	43.49	8	±134.09	63.388	231.305	-117.329
		N	1 094.26	242.12	±187.09	1 652.08	1 215.167	1 701.601
1	柱顶	M	22.79	4.17	±183.83	-33.186	-268.829	209.129
		N	1 325.94	272.99	±225.58	1 973.314	1 461.668	2 048.176
	柱底	M	11.4	2.09	±224.68	16.606	307.018	-277.15
		N	1 357.19	304.24	±256.83	2 054.564	1 477.293	2 145.051

注：表中弯矩单位为 kN·m，剪力单位为 kN。

活荷载按楼层的折减系数 β 表5-20

墙、柱、基础计算截面以上的层数	1	2~3	4~5	6~8	9~20	>20
计算截面以上各楼层活荷载总和的折减系数	1.00(0.90)	0.85	0.70	0.65	0.60	0.55

注：当楼面梁的从属面积超过 25m² 时，采用括号内数值。

7. 截面设计

（1）承载力抗力调整系数。

考虑地震作用时，结构构件的截面设计采用下面的表达式：

$$S \leq R/\gamma_{RE}$$

式中：γ_{RE}——承载力抗震调整系数，取值见表5-21；

S——地震作用效应或地震作用效应与其它荷载效应的基本组合；

R——结构构件的承载力。

注意在截面配筋时，组合表中与地震力组合的内力均应乘以 γ_{RE} 后再与静力组合的内力进行比较，挑出最不利内力。

承载力抗震调整系数 γ_{RE} 表5-21

材料	结构构件	受力状态	γ_{RE}
钢筋混凝土	梁	受弯	0.75
	轴压比小于0.15的柱	偏压	0.75
	轴压比不小于0.15的柱	偏压	0.80
	抗震墙	偏压	0.85
	各类构件	受剪、偏拉	0.85

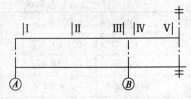

图 5-18 第一层梁控制截面示意

(2)横向框架梁的截面设计。

以第一层梁为例,梁控制截面如图 5-18。混凝土强度等级 C30($f_{ck}=20.1\text{MPa}, f_c=14.3\text{MPa}$),纵筋 HRB335 级($f_y=300\text{MPa}$),箍筋为 HPB235 级($f_y=210\text{MPa}$)。

① 梁的正截面强度计算见表 5-22。

第一层框架梁正截面强度计算　　　　表 5-22

截　　面	I(负弯矩)	I(正弯矩)	II(跨中)	III(负弯矩)
$M(\text{kN}\cdot\text{m})$	-399.22	224.02	244.46	-326.49
$b \times h_0(\text{mm}\times\text{mm})$	250×565	250×565	250×565	250×565
$\frac{b}{2}\cdot V(\text{kN}\cdot\text{m})$	0.25×0.5×228.46=28.56	28.56		0.25×0.5×232.09=29.01
$M_0 = M - \frac{b}{2}V(\text{kN}\cdot\text{m})$	-370.66	195.46	244.46	-297.48
$\gamma_{RE}M_0(\text{kN}\cdot\text{m})$	-277.995	146.60	183.35	-223.11
$\alpha_s = \frac{\gamma_{RE}M_0}{f_c bh_0^2}$	0.247	0.132	0.193	0.199
$\xi = 1-\sqrt{1-2\alpha_S}$	0.289	0.142	0.216	0.224
$\gamma_s = 0.5(1+\sqrt{1-2\alpha_S})$	0.856	0.924	0.892	0.871
$A_s = \frac{\gamma_{RE}M_0}{\gamma_s f_y h_0}(\text{mm}^2)$	1933.1	944.4	1212.68	1524.7
选筋	4ϕ25	4ϕ18	3ϕ25	4ϕ25
实配面积(mm^2)	1965	1017	1473	1965
$\rho(\%)$	1.39	0.54	1.04	1.39
截　　面	III(正弯矩)	IV(负弯矩)	IV(正弯矩)	V(跨中)
M	128.96	-207.226	157.294	4.75
$b \times h_0$	250×565	250×365	250×535	250×365
$\frac{b}{2}\cdot V$	29.01	21.57	21.57	—
$M_0 = M - \frac{b}{2}\cdot V$	99.95	-185.656	135.724	4.75
$\gamma_{RE}M_0$	74.96	-139.24	101.79	3.56
$\alpha_s = \frac{\gamma_{RE}M_0}{f_c bh_0^2}$	0.067	0.337	0.098	0.0077
$\xi = 1-\sqrt{1-2\alpha_S}$	0.069	0.429	0.103	0.0077
$\gamma_s = 0.5(1+\sqrt{1-2\alpha_S})$	0.965	0.785	0.948	0.996
$A_s = \frac{\gamma_{RE}M_0}{\gamma_s f_y h_0}$	462	1738	663	33
选筋	2ϕ18	4ϕ25	3ϕ18	2ϕ18
实配面积	509	1965	763	509
$\rho(\%)$	0.36	1.39	0.57	0.56

②梁的斜截面计算。为了防止梁在完全屈服前发生剪切破坏,截面设计时,对剪力设计值进行调整如下:

$$V = \eta_v (M_b^l + M_b^r)/l_n + V_{Gb}$$

式中:η_v——剪力增大系数,二级框架取1.2;

l_n——梁的净跨,对第一层梁$l_{nAB} = 5.24\text{m}, l_{nBC} = 2.16\text{m}$;

V_{Gb}——梁在重力荷载代表值作用下,按简支梁分析的梁端截面剪力设计值,$V_{Gb} = 1.2(q_{恒} + 0.5q_{活}) \cdot \frac{1}{2}l_n$;

M_b^l, M_b^r——分别为梁的左、右端顺时针方向或反时针方向截面组合的弯矩值。由表5-15查得:

AB 跨:顺时针方向 $M_b^l = 224.02 \text{kN} \cdot \text{m}$;

$M_b^r = -326.49 \text{kN} \cdot \text{m}$;

逆时针方向 $M_b^l = -399.22 \text{kN} \cdot \text{m}$;

$M_b^r = 128.96 \text{kN} \cdot \text{m}$;

BC 跨:顺时针方向 $M_b^l = \pm 157.294 \text{kN} \cdot \text{m}$;

逆时针方向 $M_b^r = \mp 207.226 \text{kN} \cdot \text{m}$。

计算中 $M_b^l + M_b^r$ 取顺时针方向和逆时针方向中较大者。

剪力调整

AB 跨: $M_b^l + M_b^r = 326.49 + 224.02 = 550.51 \text{kN} \cdot \text{m}$
$> 399.22 + 128.96 = 528.18 \text{kN} \cdot \text{m}$

$$V_{Gb} = (35.79 + 0.5 \times 7.2) \times 1.2 \times \frac{1}{2} \times 5.24 = 123.84 \text{kN}$$

BC 跨: $M_b^l + M_b^r = 157.294 + 207.226 = 364.52 \text{kN} \cdot \text{m}$

$$V_{Gb} = (18.38 + 0.5 \times 7.2) \times 1.2 \times \frac{1}{2} \times 2.16 = 28.49 \text{kN}$$

$$V_{A右} = V_{B左} = 1.2 \times 550.51/5.24 + 123.84 = 249.91 \text{kN}$$

$$V_{B右} = 1.2 \times 364.522/2.16 + 28.49 = 231.00 \text{kN}$$

考虑承载力抗震调整系数 $\gamma_{RE} = 0.85$

$$\gamma_{RE} V_{A右} = \gamma_{RE} V_{B左} = 0.85 \times 249.91 = 212.42 \text{kN}$$

$$\gamma_{RE} V_{B右} = 0.85 \times 231.00 = 196.35 \text{kN}$$

调整后的剪力值大于组合表中的静力组合的剪力值,故按调整后的剪力值进行斜截面计算。斜截面强度计算见表5-23。

梁的斜截面强度计算   表5-23

截 面	支座$A_右$	支座$B_左$	支座$B_右$
设计剪力 V'(kN)	228.46	232.09	172.57
$\gamma_{RE} \cdot V'$(kN)	194.19	197.28	146.69
调整后剪力 V(kN)	249.91	249.91	231.00
$\gamma_{RE} \cdot V$(kN)	212.42	212.42	196.35
$b \times h_0$(mm^2)	250×565	250×565	250×365

续上表

截 面	支座$A_右$	支座$B_左$	支座$B_右$
$0.2f_cbh_0$ (N)	$400.4\times10^3>V$	$400.4\times10^3>V$	$257.4\times10^3>V$
箍筋直径ϕ(mm)肢数(n)	$n=2,\phi=8$	$n=2,\phi=8$	$n=2,\phi=8$
A_{sV_1}(mm^2)	50.3	50.3	50.3
箍筋间距s(mm)	100	100	100
$V_{cs}=0.42f_tbh_0+1.25f_{yv}\dfrac{A_{sv}'}{s}h_0$	$231.97\times10^3>\gamma_{RE}V$	$231.97\times10^3>\gamma_{RE}V$	$231.97\times10^3>\gamma_{RE}V$
$\rho_{sv}=\dfrac{nAsv'}{b\cdot s}$(%)	0.40	0.40	0.40

根据国内对低周反复荷载作用下钢筋混凝土连续梁和悬臂梁受剪承载力试验,反复加载使梁的受剪承载力降低。考虑地震的反复性,表中公式将静力荷载作用下梁的受剪承载力乘以0.8的降低系数。

(3)柱截面设计。

以第1、2层柱为例,对图5-19中的Ⅰ-Ⅰ、Ⅱ-Ⅱ、Ⅲ-Ⅲ截面进行设计。混凝土为C30,$f_c=14.3$MPa,$f_{ck}=20.1$MPa。纵钢筋 HRB335级$f_y=300$MPa,箍筋为HPB235级,$f_y=210$MPa。

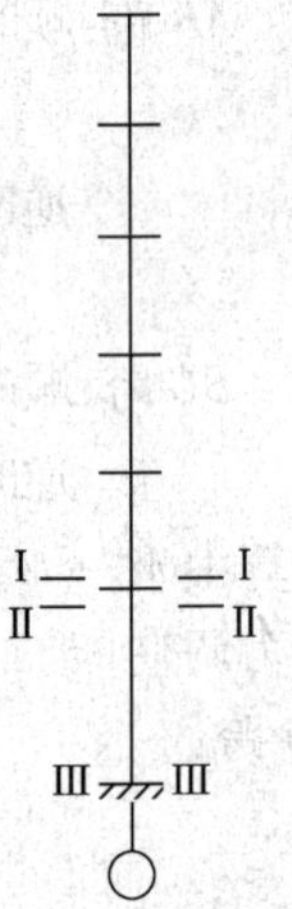

①轴压比验算。轴压比限值见表5-24。

由B柱的内力组合表5-19查得:

$N_{I-I}=1\,701.6$kN

$$\mu_c=\frac{N}{Af_c}=\frac{1\,701.6\times10^3}{500\times500\times14.3}=0.476<0.75$$

$N_{II-II}=2\,048.18$kN

$$\mu_c=\frac{N}{Af_c}=\frac{2\,048.18\times10^3}{500\times500\times14.3}=0.572<0.75$$

$N_{III-III}=2\,145.05$kN

$$\mu_c=\frac{N}{Af_c}=\frac{2\,145.05\times10^3}{500\times500\times14.3}=0.6<0.75$$

图5-19 柱计算截面示意

均满足轴压比限值的要求。

轴 压 比 限 值　　　　表5-24

类　别	抗震等级		
	一　级	二　级	三　级
框架	0.65	0.75	0.85
框支柱	0.6	0.7	0.8

②正截面承载力计算。框架结构的变形能力与框架的破坏机制密切相关,一般框架,梁的延性远大于柱子,梁先屈服可使整个框架有较大的内力重分布和能量消耗能力,极限层间位移增大,抗震性能较好。若柱子形成了塑性铰,则会伴随产生极大的层间位移,危及结构承受垂直荷载的能力并使结构成为机动体系。因此,在框架结构中,应体现"强柱弱梁",即一、二级框架的梁柱节点处,除顶层和轴压比小于0.15者外,梁、柱端弯矩应符合下述公式的要求:

二级框架　　　　　　　$\sum M_c\geq1.5\sum M_b$

式中：$\sum M_c$——节点上、下柱端顺时针或反时针方向截面组合的弯矩设计值之和；

$\sum M_b$——节点左右梁端反时针或顺时针方向截面组合的弯矩设计值之和。

由于框架结构的底层柱过早出现塑性屈服将影响整个结构的变形能力，同时，随着框架梁塑性铰的出现，由于是塑性内力重分布，底层柱的反弯点具有较大的不确定性，因此，对二级框架底层柱底考虑 1.5 的弯矩增大系数。

第一层梁与 B 柱节点的梁端弯矩值由内力组合表 5-17 查得。

$\sum M_b$： 左震 $326.49 + 157.294 = 483.784 \text{kN} \cdot \text{m}$

右震 $128.96 + 207.226 = 336.186 \text{kN} \cdot \text{m}$

取 $\sum M_b = 483.784 \text{kN} \cdot \text{m}$

第一层梁与 B 柱节点的柱端弯矩值由内力组合表 5-19 查得。

$\sum M_c$： 左震 $231.305 + 268.829 = 500.134 \text{kN} \cdot \text{m}$

右震 $117.329 + 209.129 = 326.458 \text{kN} \cdot \text{m}$

梁端 $\sum M_b$ 取左震，$\sum M_c$ 也应取左震，即

$$\sum M_c = 500.134 \text{kN} \cdot \text{m} < 1.5 \sum M_b = 1.5 \times 423.784 = 725.676 \text{kN} \cdot \text{m}$$

取 $\sum M'_c = 725.676 \text{kN} \cdot \text{m}$

将 $\sum M_c$ 与 $\sum M'_c$ 的差值按柱的弹性分析弯矩值之比分配给节点上下柱端（即 I-I，II-II 截面）：

$$\Delta M_{cI\text{-}I} = \frac{231.305}{231.305 + 268.829} \times (725.676 - 500.134) = 104.31 \text{kN} \cdot \text{m}$$

$$\Delta M_{cII\text{-}II} = \frac{268.829}{231.305 + 268.829} \times (725.676 - 500.134) = 121.23 \text{kN} \cdot \text{m}$$

$M_{cI\text{-}I} = 231.305 + 104.31 = 335.62 \text{kN} \cdot \text{m}$

$M_{cII\text{-}II} = 268.829 + 121.231 = 390.06 \text{kN} \cdot \text{m}$

对底层柱底截面的弯矩设计值应考虑弯矩设计值增大系数 1.5。

$$M_{cIII\text{-}III} = 307.018 \times 1.5 = 460.527 \text{kN} \cdot \text{m}$$

根据 B 柱内力组合表 5-19，选择最不利内力，并考虑上述各种调整及承载力抗震调整系数，各截面控制内力如下：

I-I 截面　a. $M = 335.62 \times 0.8 = 268.50 \text{kN} \cdot \text{m}$

$N = 1\,215.167 \times 0.8 = 972.13 \text{kN}$

b. $M = 63.39 \text{kN} \cdot \text{m}$

$N = 1\,652.08 \text{kN}$

II-II 截面　a. $M = 390.06 \times 0.8 = 312.05 \text{kN} \cdot \text{m}$

$N = 1\,461.668 \times 0.8 = 1\,169.33 \text{kN}$

b. $M = 33.19 \text{kN} \cdot \text{m}$

$N = 1\,973.31 \text{kN}$

III-III 截面　a. $M = 460.527 \times 0.8 = 368.42 \text{kN} \cdot \text{m}$

$N = 1\,477.293 \times 0.8 = 1\,181.83 \text{kN}$

b. $M = 16.61 \text{kN} \cdot \text{m}$

$N = 2\,054.56 \text{kN}$

截面采用对称配筋，具体配筋计算见表 5-25。表中：

$$\eta = 1 + \frac{1}{1400\frac{e_i}{h_0}}\left(\frac{l_0}{h}\right)^2 \xi_1\xi_2$$

$$e = \eta e_i + 0.5h - a_s$$

$$\xi = \frac{N}{bh_0\alpha_1 f_c}（大偏心受压）$$

$$\xi = \frac{N - \xi_b h_0 \alpha_1 f_c}{\frac{Ne - 0.45 h_0^2 \alpha_1 f_c}{(0.8 - \xi_b)(h_0 - a_s')} + bh_0 \alpha_1 f_c} + \xi_b（小偏心受压）$$

$$A_s = A_s' = \frac{N\left(\eta e_i - 0.5h + \frac{N}{2b\alpha_1 f_c}\right)}{f_y'(h_0 - a_s')}（大偏心受压）$$

$$A_s = A_s' = \frac{Ne - \xi(1 - 0.5\xi)bh_0^2\alpha_1 f_c}{f_y'(h_0 - a_s')}（小偏心受压）$$

柱正截面受压承载力计算　　　　　　　　　　　　表 5-25

截面	I-I		II-II		III-III	
$M(kN \cdot m)$	268.50	63.39	312.05	33.19	368.42	16.61
$N(kN)$	972.13	1 652.08	1 169.33	1 973.31	1 183.83	2 054.56
$bh_0(mm^2)$	500×465		500×465		500×465	
η	1.0	1.731	1.149	2.051	1.129	20 323
$\eta e_i(mm)$	296.49	101.04	329.61	75.52	373.94	65.24
$e(mm)$	506.49	311.04	539.61	285.52	583.94	275.24
$\xi(\xi_b=0.55)$	0.296	0.53	0.356	0.569	0.360	0.578
偏心性质	大偏心	小偏心	大偏心	小偏心	大偏心	小偏心
$A_s = A_s'(mm^2)$	883.2	<0	739.5	<0	1 942.2	<0
选筋	3φ20		3φ20		4φ25	
实配面积(mm^2)	1 017		942		1 964	
$\rho(\%)$	0.38		0.38		0.79	

③斜截面承载能力计算。

以第一层柱为例,剪力设计值按下式调整:

$$V_c = 1.3\frac{M_c^u + M_c^l}{H_n}$$

式中:H_n——柱净高;

M_c^u、M_c^l——分别为柱上、下端顺时针或逆时针方向截面组合的弯矩设计值;取调整后的弯矩值,一般层应满足$\sum M_c = 1.5 \sum M_b$,底层柱底应考虑1.5的弯矩增大系数。

由正截面计算中第 II-II、III-III 截面的控制内力得:

$$M_c^u = 390.06 kN \cdot m$$
$$M_c^l = 460.527 kN \cdot m$$
$$H_n = 4.4 m$$

$$V_c = 1.3 \times \frac{390.06 + 460.527}{4.4} = 251.31 \text{kN}$$

柱的抗剪承载能力：

$$V = \frac{1}{\gamma_{RE}} \left(\frac{1.05}{\lambda + 1} f_t b h_0 + f_{yv} \frac{A_{SV}}{s} h_0 + 0.056N \right)$$

式中：λ——框架的计算剪跨比，$\lambda = H_n/2h_0$，当 $\lambda < 1$ 时，取 $\lambda = 1$；当 $\lambda > 3$ 时，取 $\lambda = 3$；

N——考虑地震作用组合的框架柱轴向压力设计值，当 $N > 0.3 f_c A$ 时，取 $N = 0.3 f_c A$。

$$\lambda = H_n/2h_0 = \frac{4.4 \times 10^3}{2 \times 465} = 4.73 > 3.0, \text{取} \lambda = 3.0$$

$N > 0.3 f_c A = 1\,072.5 \text{kN}$，取 $N = 1\,072.5 \text{kN}$

设柱箍筋为 4 肢 $\phi 12@200$，则

$$V = \frac{1}{0.85} \left(\frac{1.05}{3+1} \times 1.43 \times 500 \times 465 + 210 \times \frac{4 \times 113.04}{200} \times 465 + 0.056 \times 1\,072.5 \times 10^3 \right)$$

$= 433.06 \text{kN} > 251.3 \text{kN}$（箍筋直径选择考虑节点抗震验算要求）

同时柱受剪截面应符合如下条件：

$$V_c = \frac{1}{\gamma_{RE}} (0.2 f b h_0)$$

即 $\frac{1}{0.85}(0.2 \times 14.3 \times 500 \times 465) = 782.29 \text{kN} > 251.3 \text{kN}$

(4) 节点设计。

《建筑抗震设计规范》(GB 50011—2010) 规定，一级、二级、三级框架的节点核心区应进行抗震验算；四级框架节点核心区可不进行抗震验算，但应符合构造措施的要求。对于纵横向框架共同具有的节点，可以按各自方向分别进行计算，下面以第一层横梁与 B 柱相交的节点为例，进行横向节点计算。

①节点核心区剪力设计值。

对二级框架：

$$V_j = 1.35 \frac{\sum M_b}{h_0 - a'_s} \left(1 - \frac{h_0 - a'_s}{H_c - h_b} \right)$$

式中：V_j——节点核心区组合的剪力设计值；

$\sum M_b$——与柱端弯矩调整公式中意义相同，

取 $\sum M_b = 326.49 + 157.29 = 483.78 \text{kN}$

h_c——柱的计算高度，可取节点上、下柱反弯点间的距离，由表 5-12 得：

$$h_c = 1.76 + 5 - 2.75 = 4.01 \text{m}$$

h_b——节点两侧梁高平均值，即

$$h_b = \frac{600 + 400}{2} = 500 \text{mm}$$

h_0——节点两侧梁高有效平均值，即

$$h_0 = \frac{565 + 365}{2} = 465 \text{mm}$$

$$V_j = 1.35 \frac{483.78 \times 10^6}{465 - 35} \left(1 - \frac{465 - 35}{4\,010 - 500} \right) = 1\,332.77 \text{kN}$$

②节点核心区截面验算。

在节点设计中首先要验算节点截面的限制条件,以防节点截面太小,核心区混凝土承受过大斜压应力致使节点混凝土先被压碎而破坏。

框架节点受剪水平截面应符合如下条件:

$$V_j \leqslant \frac{1}{\gamma_{RE}}(0.30\eta_j f_c b_j h_j)$$

$$V_j < \frac{1}{\gamma_{RE}}(0.30\eta_j f_c b_j h_j) = \frac{1}{0.85}(0.30 \times 1.5 \times 14.3 \times 500 \times 500) = 1\,892.65\text{kN}$$

满足要求。

③节点核心区截面抗剪强度验算。

$$V_j \leqslant \frac{1}{\gamma_{RE}}\left(1.1\eta_j f_t b_j h_j + 0.05\eta_j N \frac{b_j}{b_c} + f_{yv} \cdot A_{svj} \frac{h_{b0} - a'_s}{s}\right)$$

式中:N——取对应于剪力设计值的上柱轴向压力,由表 5-19 查得,$N = 1\,215.167\text{kN} < 0.5 f_c b_c h_c = 1\,787.5\text{kN}$;

A_{svj}——核心区验算宽度范围内箍筋总截面面积,可由下式计算:

$$A_{svj} = \frac{nA_{sv1}(h_0 - a'_s)}{s}$$

框架节点受剪承载力由混凝土斜压杆和水平筋两部分受剪承载力组成。公式中考虑了轴向力 N 对抗剪能力的提高,但当轴压比大到一定程度后,节点受剪能力不再随着轴压比的增大而增大,甚至有所下降,故限制公式中轴压力设计值的取值不应大于 $0.5 f_c b_c h_c$。当节点在两个正交方向有梁时,梁对节点区混凝土有一定约束作用,提高了节点的受剪承载力,在公式中用 η_j 来考虑这一影响。但对梁截面较小,或只有一个方向有梁的节点以及边节点、角节点,由于约束作用不明显,均不考虑这一影响。

设节点区箍筋为 4 肢 $\phi12@80$,则

$$A_s = \frac{4 \times 113.04 \times 430}{80} = 2\,430.36\text{mm}^2$$

$$V_j \leqslant \frac{1}{\gamma_{RE}}\left(1.1\eta_j f_t b_j h_j + 0.05\eta_j N \frac{b_j}{b_c} + f_{yv} \cdot A_{svj} \frac{h_{b0} - a'_s}{s}\right)$$

$$= \frac{1}{0.85}(1.1 \times 1.5 \times 1.43 \times 500^2 + 0.05 \times 1.5 \times 1\,215.16 \times 10^3 + 210 \times 2\,430.36)$$

$$= 1\,404.63\text{kN} < V_j$$

满足要求。

第四节 框架—抗震墙结构抗震计算

一、框架—抗震墙结构的变形与受力特点

框架结构具备结构布置灵活、易于形成较大使用空间的优点,但框架抗侧刚度较小,结构顶点位移和层间相对位移较大,使得非结构构件在地震时破坏较严重,因此,框架结构房屋高

度一般控制在 10~15 层。而抗震墙结构具备抗侧刚度大,可以用于层数更高的情况,但由于抗震墙布置问题,难于形成较大的使用空间,且墙的抗弯刚度弱于抗剪强度,易出现由于剪切造成的脆性破坏。由此可见,框架结构和抗震墙结构在高层房屋的使用中各有优缺点。

框架—抗震墙结构是在框架结构纵横方向的适当位置布置一定数量的抗震墙而形成的结构体系。它综合了延性框架、抗侧力刚度较大并带有边框的抗震墙和有良好耗能性能的连梁,具有多道抗震防线,是一种抗震性能很好的结构体系,在结构布置合理的情况下,可以同时具有框架和抗震墙各自优点和克服其缺点。因此,在高层建筑中采用框架—抗震墙结构相对框架结构更经济合理。

1. 框架—抗震墙结构变形特点

框架—抗震墙结构由框架和抗震墙两种不同的抗侧力结构组成,两种结构的受力特点和变形性质是不同的。在水平力作用下,抗震墙是竖向悬臂结构,其变形曲线呈弯曲型(图 5-20b),楼层越高水平位移增长速度越快,顶点水平位移值与高度是 4 次方关系。

在一般抗震墙结构中,由于所有抗侧力结构都是抗震墙,在水平力作用下各片墙的侧向位移相似,所以,楼层剪力在各片墙之间是按其等效刚度 EI_{eq} 比例进行分配。

框架在水平力作用下,其变形曲线为剪切型(图 5-20a),楼层越高水平位移增长越慢。在纯框架结构中,各榀框架的变形曲线相似,所以,楼层剪力按框架柱的抗侧移刚度 D 值比例分配。

框架—抗震墙结构,既有框架又有抗震墙,它们之间通过平面内刚度无限大的楼板连接在一起,在水平力作用下,使框架与抗震墙水平位移协调一致,不能各自自由变形。在不考虑扭转影响的情况下,在同一楼层的水平位移必须相同,因此,框架—抗震墙结构在水平力作用下的变形曲线呈反 S 形的弯剪型位移曲线(图 5-20c、d)。

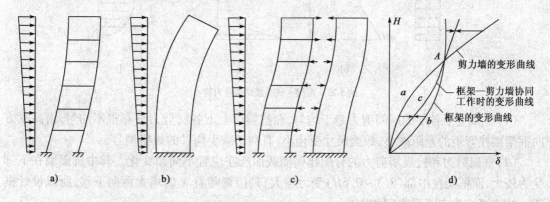

图 5-20 框架、抗震墙和框架—抗震墙结构变形特点

框架—抗震墙结构的变形曲线随刚度特征值 λ 的变化而变化,λ 是框架抗推刚度(或广义抗推刚度)与抗震墙抗弯刚度的比值。图 5-21 为不同 λ 值时框架—抗震墙结构的变形曲线。可以看出,当 λ 值较小时,总框架的抗推刚度较小,总抗震墙的等效抗弯刚度相对较大,结构的侧移曲线接近弯曲型,这时抗震墙起主要作用;而当 λ 较大时,总框架的抗推刚度相对较大,总抗震墙的等效抗弯刚度相对较小,框架的作用愈加显著,所以结构的侧移曲线接近剪切型;当 λ 在 1~6 之间时,结构侧移曲线介于二者之间,表现为弯剪型,即下部以弯曲变形为主,越往上部逐渐转变为剪切型。

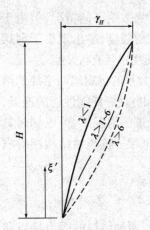

$$\lambda = H\sqrt{\frac{C_f}{EI_W}} \qquad (5\text{-}31)$$

$$C_f = \overline{D}\,\overline{h} \qquad (5\text{-}32)$$

式中：C_f——框架总刚度；

EI_W——抗震墙总刚度，计算方法见式(5-33)；

$\overline{D}$——各层框架平均抗侧刚度值，可取为结构$(0.5\sim0.6)H$间楼层的D值；

$\overline{h}$——平均层高(m)，$\overline{h}=H/n$，H为总高度，n为层数。

2. 框架—抗震墙结构受力特点

图 5-21 框架—抗震墙结构在不同 λ 时的变形曲线

框架—抗震墙结构在水平力作用下，楼层的总剪力分布为三角形分布，如图 5-22b)。由于框架与抗震墙协同工作，在下部楼层因为抗震墙位移小，它拉住框架，故抗震墙承担了大部分剪力，而框架承担剪力很小。抗震墙分配剪力如图 5-22c)。上部楼层则相反，抗震墙的位移越来越大，而框架的位移越来越小，所以，框架除承受水平力作用下的那部分剪力外，还要负担拉回抗震墙变形的附加剪力，因此，在上部楼层即使水平力产生的楼层剪力很小，而框架中仍有相当数值的剪力，如图 5-22d)。综上所述，框架—抗震墙结构的剪力分布具有如下特点：

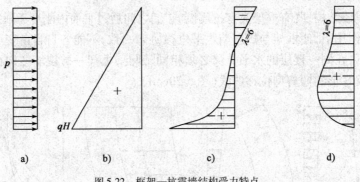

图 5-22 框架—抗震墙结构受力特点

(1) 框架上下各层的层间剪力趋于均匀，而抗震墙上下各层剪力分布很不均匀，沿高度方向框架梁柱弯矩的差距减小，截面尺寸变化小，有利于减少构件的规格型号。

(2) 框架剪力和抗震墙剪力的分配比例随截面所在位置不同而变化。其中抗震墙在下部受力较大，而框架在中部$(0.3\sim0.6H)$受力较大，其位置随着λ的增大而向下移，所以设计框架—抗震墙结构应着重底部和中部。

(3) 框架、抗震墙之间的剪力分配关系随λ变化，变化关系如表 5-26 所示。

(4) 在结构顶部，虽然结构总剪力应该为零，但框架和抗震墙剪力均不为零，它们大小相等，方向相反。

在地震作用下，通常是抗震墙首先屈服，之后将产生内力重分配，框架承担的剪力比例将会增加。如果地震作用继续增大，则框架也会随后进入屈服状态。因此，框架—抗震墙结构中，可将抗震墙作为第一道防线，框架作为第二道防线。从上述分析可以看出，框架—抗震墙结构协同工作的特点使得框架和抗震墙能充分发挥各自的作用(框架主要承受竖向荷载，抗震墙主要承受水平荷载)，从而充分体现出这种结构体系的优越性。

刚度特征值 λ 对剪力分配的影响　　　　表 5-26

刚度特征值	$\lambda = 0$	$\lambda =$ 常数（一般 $\lambda = 1 \sim 6$）	$\lambda = \infty$
剪力分配	p　V_p　V_w　V_f	V_w　V_f	V_w　V_f
分析	当 $\lambda = 0$ 时，结构退化为纯抗震墙结构，此时外荷载产生的剪力 V_p 均由抗震墙承担	当 λ 很小时，抗震墙承担大部分剪力；当 λ 很大时，框架承担大部分剪力	当 $\lambda = \infty$ 时，结构退化为纯抗震墙结构，此时外荷载产生的剪力 V_p 全部由框架来承担

二、框架—抗震墙结构布置原则

（1）框架—抗震墙结构的适用高度、高宽比和层间位移可按相关规范规定取值。

（2）框架—抗震墙结构中，框架和抗震墙均应双向布置。为了防止在水平地震作用下发生扭转，抗震墙、梁和柱中心线之间的偏心距不宜大于柱宽的 1/4。

（3）框架—抗震墙结构中抗震墙的布置宜符合下列要求：

①在建筑物的周边附近、楼梯间、电梯间、平面形状变化及恒载较大的部位宜布置抗震墙，而且抗震墙的间距不宜过大；平面形状凹凸较大时，宜在凸出部位的端部附近布置抗震墙，在伸缩缝、沉降缝、防震缝两侧不宜同时设置抗震墙。

②抗震墙宜均匀对称布置，使结构纵横两个方向的抗侧刚度尽可能相近，以减少结构的扭转效应。如不能对称，也要尽量使刚度中心和质量中心接近，减小水平荷载引起的扭矩。

③框架—抗震墙结构的平面是长矩形或平面有一部分较长时，纵向抗震墙不宜集中布置在房屋的两端。

④抗震墙宜设计成周边有梁柱的带边框抗震墙，且应注意将纵横抗震墙连成组合体，纵、横抗震墙宜做成 L 形、T 形、匚形、工形或井筒形等，以增加其刚度和稳定性，不宜采用单片形，更不宜为了加大抗震墙的截面惯性矩而设置一道很长的墙。

⑤抗震墙应贯通全高，使结构上下刚度均匀或逐渐减小（抗震墙厚度可逐渐减小），避免沿高度方向刚度突变；抗震墙开洞时，洞口宜布置在截面中间，并尽量做到上下对齐、大小相同。

⑥框架—抗震墙结构应具有足够的抗震墙数量。其数量应满足以下几点要求：第一，应使结构满足承载力要求；第二，要使结构有足够的抗侧刚度（EI_w），使结构的位移不超过限值，通常建筑物愈高，要求的 EI_w 也愈大；第三，基本振型地震作用下抗震墙部分承受的倾覆力矩不应小于结构总倾覆力矩的 50%，当不满足此要求时，意味着结构中抗震墙的数量偏少，框架承担较大的地震作用，此时结构的抗震等级和轴压比应按纯框架结构执行。计算表明，当刚度特征值 λ 不大于 2.4 时，可实现这一要求。但是，在框架—抗震墙结构中，抗震墙的数量并不是越多越好。抗震墙的数量（用总抗弯刚度 EI_w 表示）以使结构满足位移要求为恰到好处。一般宜将框架—抗震墙结构的刚度特征值设计在 $1 < \lambda \leq 2.4$ 范围内。

三、框架—抗震墙结构在水平地震作用下的内力计算

框架—抗震墙结构在水平地震作用下的内力计算分为两部分：一是求出水平地震作用在总框架和总抗震墙之间的分配；二是分别计算各榀框架和各片抗震墙的内力。重点在于求出水平地震作用在总框架和总抗震墙之间的分配，及如何正确地考虑框架和抗震墙两者间的协同工作，解决两者的相互作用。常用的分析方法有力法、位移法、矩阵位移法和微分方程法等等。其中微分方程法是一种在一定假定的基础上的简化计算方法，便于手算，本节主要介绍该方法。

1. 基本假定

(1) 楼板在自身平面内的刚度无限大。这一假定保证楼板将整个计算区段内的框架和抗震墙连成一个整体，在水平荷载作用下，框架和抗震墙之间不产生相对位移。

(2) 当结构体形规则、抗震墙布置对称均匀时，可认为水平地震作用的合力通过抗侧移刚度中心，即不计扭转的影响。

(3) 对抗震墙只考虑弯曲变形而不计剪切变形，对框架只考虑整体剪切变形不计整体弯曲变形（即不计杆件的轴向变形）。

(4) 结构的质量和刚度沿高度分布比较均匀。

2. 计算简图

根据上面的基本假定可知，在水平地震作用下，结构只有整体沿作用方向的位移，框架和抗震墙之间没有相对位移，即处于同一楼面标高处各片抗震墙及框架的水平位移相同。此时，可把所有与地震作用方向平行的抗震墙综合在一起成总抗震墙，将所有这个方向的框架综合在一起成总框架。而在两者之间，考虑协同工作后，可根据联系方式和约束程度不同，在楼板标高处用铰接连杆和刚接连杆连接，代替楼板和连梁的作用。因此，框架—抗震墙结构可简化为铰接体系和刚接体系。

(1) 铰接体系。

框架和抗震墙仅依靠楼盖连接成整体，楼盖的作用是保证各片平面结构具有相同的水平侧移，但平面外刚度为零，对各平面结构并不产生约束弯矩，故可将楼盖简化为铰接连杆，从而该框剪结构可简化成图 5-23b) 所示的计算简图，称之为铰接体系。这种体系由总框架、总抗震墙和铰接连杆三部分组成。图中总抗震墙包括 2 片墙，总框架包括 5 榀框架。

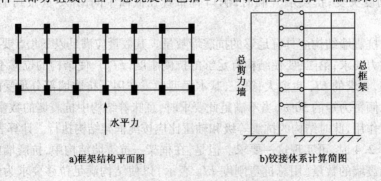

a) 框架结构平面图　　　　b) 铰接体系计算简图

图 5-23　框架—抗震墙结构铰接体系简化

（2）刚接体系。

当总框架和总抗震墙之间通过连梁连接，且连梁刚度较大时，计算体系应简化为包括总框架、总抗震墙和由刚性连杆（连梁）的刚接体系，计算简图如图 5-24b），即连梁能对抗震墙墙肢和柱端有约束转动的作用。图中包括 2 榀双肢抗震墙和 5 榀框架。

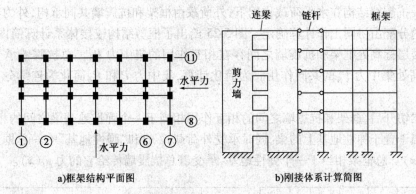

a）框架结构平面图　　　　b）刚接体系计算简图

图 5-24　框架—抗震墙结构刚接体系简化

3. 总抗震墙和总刚度的计算

（1）总抗震墙的刚度为

$$EI_W = \sum_n EI_{eq} \tag{5-33}$$

式中：n——抗震墙中抗震墙数量；

EI_{eq}——单片抗震墙的等效抗弯刚度。

（2）总框架的刚度。

用 D 值法求框架结构内力时，曾引入修正后的柱抗侧移刚度 D 值，其物理意义是使框架柱两端产生单位相对侧移时所需要的剪力，表达式为

$$D = 12\alpha \frac{i_c}{h^2} \tag{5-34}$$

式中各系数的物理意义可参照本章 D 值法部分。对总框架来说，D 值应为同一层内所有框架柱的抗侧移刚度之和，即 $D = \sum D_j$。

总框架的抗推刚度 C_f，其物理意义为使总框架在楼层间产生单位剪切变形时所需要的水平剪力，由此可得：

$$C_f = hD = h\sum D_j \tag{5-35}$$

在工程实际中，总框架各层抗推刚度 C_f 及总抗震墙各层等效抗弯刚度 EI_{eq} 沿结构高度不一定完全相同，而是有变化的，如果变化不大，其平均值可采用加权平均法算得：

$$C_f = \frac{\sum_m h_i C_{fi}}{H} \tag{5-36}$$

$$EI_w = \frac{\sum_m h_i EI_w}{H} \tag{5-37}$$

式中：C_{fi}——总框架各层的抗推刚度；

EI_w——总抗震墙各层的抗弯刚度；

h_i——各层层高；

$H = \sum_m h_i$——建筑物总高度。

4. 铰接体系的内力计算

框架—抗震墙结构在水平荷载作用下，外荷载由框架和抗震墙共同承担，外力在框架和抗震墙之间的分配由协同工作计算确定。图 5-25 给出了框剪结构铰接体系计算简图，将连杆切断后在各楼层标高处框架和抗震墙之间存在相互作用的集中力 P_{fi}。总抗震墙承受外荷载 P 和楼层标高处集中力 P_{fi} 的共同作用。为简化计算，集中力 P 和 P_{fi} 简化为连续分布力 $p(x)$、$p_f(x)$。

将连梁切开后，框架和抗震墙之间的相互作用相当于一个弹性地基梁之间的相互作用，总抗震墙相当于置于弹性地基上的梁，同时承受外荷载 $p(x)$ 和"弹性地基"——总框架对它的弹性反力 $p_f(x)$。总框架相当于一个弹性地基，承受着总抗震墙传给它的力 $p_f(x)$。

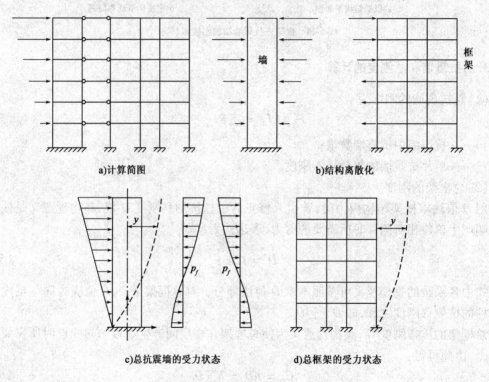

a)计算简图　　　　　　　　　b)结构离散化

c)总抗震墙的受力状态　　　　d)总框架的受力状态

图 5-25　铰接体系

将铰接体系中的连杆切开，建立协同工作微分方程时取总抗震墙为脱离体，计算简图如图 5-25 所示。此抗震墙是一个竖向受弯构件，为静定结构，受外荷载 $p(x)$、$p_f(x)$ 作用。把总抗震墙当做悬臂梁，其内力与弯曲变形的关系如下：

$$EI_w \frac{d^4 y}{dx^4} = p(x) - p_f(x) \tag{5-38}$$

由计算假定可知，总框架和总抗震墙具有相同的侧移曲线，取总框架为脱离体可以给出 $p_f(x)$ 与侧移 $y(x)$ 之间的关系。

当总框架的剪切变形为 $\theta = dy/dx$ 时，由定义可得总框架层间剪力为

$$V_f = C_f\theta = C_f\frac{\mathrm{d}y}{\mathrm{d}x} \tag{5-39}$$

对上式积分得:

$$\frac{\mathrm{d}V_f}{\mathrm{d}x} = -p_f(x) = C_f\frac{\mathrm{d}^2 y}{\mathrm{d}x^2} \tag{5-40}$$

将式(5-40)代入式(5-38),整理后得:

$$\frac{\mathrm{d}^4 y}{\mathrm{d}x^4} - \frac{C_f}{EI_w}\frac{\mathrm{d}^2 y}{\mathrm{d}x^2} = \frac{p(x)}{EI_w} \tag{5-41}$$

为叙述方便,引入符号:

$$\xi = x/H,\ \lambda = H\sqrt{\frac{C_f}{EI_w}} \tag{5-42}$$

引入式(5-42)中的符号后,式(5-41)则变为

$$\frac{\mathrm{d}^4 y}{\mathrm{d}\xi^4} - \lambda^2\frac{\mathrm{d}^2 y}{\mathrm{d}\xi^2} = \frac{p(\xi)H^4}{EI_w} \tag{5-43}$$

上式即为框架—抗震墙结构铰接体系的基本微分方程,是一个 4 阶常系数非齐次线性微分方程。它的解包括两部分,一部分是相应齐次方程的通解,另一部分是该方程的特解。由于求解过程较复杂,此处略去计算过程给出了在均布荷载、倒三角形分布荷载和顶部集中荷载作用下的一般解:

$$y = \begin{cases} \dfrac{qH^4}{EI_w\lambda^2}\left\{\dfrac{1+\lambda\mathrm{sh}\lambda}{\mathrm{ch}\lambda}[\mathrm{ch}(\lambda\xi)-1]-\lambda\mathrm{sh}(\lambda\xi)+\lambda^2\xi\left(1-\dfrac{\xi}{2}\right)\right\} & (\text{均布荷载}) \\[2ex] \dfrac{qH^4}{EI_w\lambda^2}\left[\dfrac{\mathrm{ch}(\lambda\xi)-1}{\mathrm{ch}\lambda}\left(\dfrac{\mathrm{sh}\lambda}{2\lambda}-\dfrac{\mathrm{sh}\lambda}{\lambda^3}+\dfrac{1}{\lambda^2}\right)+\left(\varepsilon-\dfrac{\mathrm{sh}(\lambda\xi^2)}{\lambda}\right)\left(\dfrac{1}{2}-\dfrac{1}{\lambda^2}\right)-\dfrac{\xi^2}{6}\right] & (\text{倒三角形荷载}) \\[2ex] \dfrac{PH^3}{EI_w\lambda^3}\left\{\dfrac{\mathrm{sh}\lambda}{\mathrm{ch}\lambda}[\mathrm{ch}(\lambda\xi)-1]-\mathrm{sh}(\lambda\xi)+\lambda\xi\right\} & (\text{顶部集中荷载}) \end{cases} \tag{5-44}$$

三种典型荷载下的 M_w 和 V_w 可分别对 y 求 2 阶和 3 阶导数获得,其表达式如下:

$$M_w = \begin{cases} \dfrac{qH^2}{\lambda^2}\left[\dfrac{\lambda\mathrm{ch}\lambda+1}{\mathrm{ch}\lambda}(\mathrm{ch}\lambda\xi)-\lambda\mathrm{sh}(\lambda\xi)-1\right] & (\text{均布荷载}) \\[2ex] \dfrac{qH^2}{\lambda^2}\left[\left(1+\dfrac{1}{2}\lambda\mathrm{sh}\lambda-\dfrac{\mathrm{sh}\lambda}{\lambda}\right)\dfrac{\mathrm{ch}(\lambda\xi)}{\mathrm{ch}\lambda}-\left(\dfrac{\lambda}{2}-\dfrac{1}{\lambda}\right)\mathrm{sh}(\lambda\xi)-\xi\right] & (\text{倒三角形分布荷载}) \\[2ex] PH\left[\dfrac{\mathrm{sh}\lambda}{\lambda\mathrm{ch}\lambda}\mathrm{ch}(\lambda\xi)-\dfrac{1}{\lambda}\mathrm{sh}(\lambda\xi)\right] & (\text{顶部集中荷载}) \end{cases} \tag{5-45}$$

$$V_w = \begin{cases} \dfrac{qH}{\lambda}\left[\lambda\mathrm{ch}(\lambda\xi)-\dfrac{1+\lambda\mathrm{sh}\lambda}{\mathrm{ch}\lambda}\mathrm{sh}(\lambda\xi)\right] & (\text{均布荷载}) \\[2ex] \dfrac{qH}{\lambda^2}\left[\left(1+\dfrac{\lambda\mathrm{sh}\lambda}{2}-\dfrac{\mathrm{sh}\lambda}{\lambda}\right)\dfrac{\lambda\mathrm{sh}(\lambda\xi)}{\mathrm{ch}\lambda}-\left(\dfrac{\lambda}{2}-\dfrac{1}{\lambda}\right)\lambda\mathrm{ch}(\lambda\xi)-1\right] & (\text{倒三角形分布荷载}) \\[2ex] P\left[\mathrm{ch}(\lambda\xi)-\dfrac{\mathrm{sh}\lambda}{\mathrm{ch}\lambda}\mathrm{sh}(\lambda\xi)\right] & (\text{顶部集中荷载}) \end{cases} \tag{5-46}$$

根据上式即可求出抗震墙的内力,抗震墙上任一截面的转角、弯矩及剪力的正负号仍采用梁中通用的规定。图 5-25 中所示方向均为正方向。总框架剪力可由总剪力减去总抗震墙的剪力求得。

5. 刚接体系的内力计算

刚接体系相对于铰接体系的不同之处,在于刚接体系中总抗震墙与总框架之间的连杆对墙肢有约束弯矩作用,因此,在刚接体系中,将连杆切开后,连杆中除有轴向力外还有剪力和弯矩。将剪力和弯矩对总抗震墙墙肢截面形心轴取矩,就得到对墙肢的约束弯矩 M_i。连杆轴向力 P_{fi} 和约束弯矩 M_i 都是作用在楼层处的集中力。计算时需将其在层高内连续化,这样便得到了图 5-26 所示的计算简图。

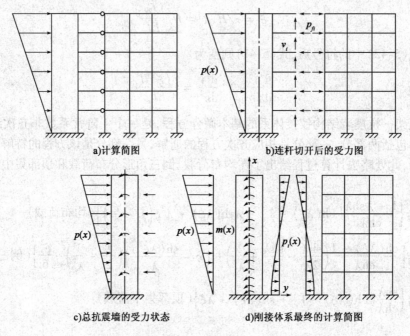

图 5-26　刚接体系

如图 5-27 所示,在框架—抗震墙结构刚接体系中形成刚接连杆的连梁有两种:一种是连接墙肢与框架柱的连梁,另一种是连接墙肢与墙肢的连梁。这两种连梁都可以简化为带刚域的梁,如图 5-28 所示。刚域长度可取从墙肢形心轴到连梁边距离减去 1/4 连梁高度。

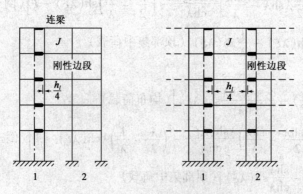

图 5-27　两种连梁

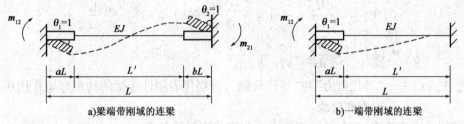

图 5-28 带刚域连梁

约束弯矩系数 m 为当梁端有单位转角 $\theta=1$ 时梁端产生约束弯矩。约束弯矩系数表达式如下,式中所以符号的意义见图 5-28。

$$\left.\begin{array}{l} m_{12} = \dfrac{1+a-b}{(1+\beta)(1-a-b)^3}\dfrac{6EI}{l} \\ m_{21} = \dfrac{1-a+b}{(1+\beta)(1-a-b)^3}\dfrac{6EI}{l} \end{array}\right\} \quad (5\text{-}47)$$

式中 $\beta = \dfrac{12\mu EI}{GAl^2}$ 为考虑剪切变形时的影响系数,当不计杆件剪切变形时,$\beta=0$,令式中 $b=0$,则可得到仅一端有刚域的梁端约束弯矩系数:

$$\left.\begin{array}{l} m_{12} = \dfrac{1+a}{(1+\beta)(1-a)^3}\dfrac{6EI}{l} \\ m_{21} = \dfrac{1}{(1+\beta)(1-a)^3}\dfrac{6EI}{l} \end{array}\right\} \quad (5\text{-}48)$$

由梁端约束弯矩系数的定义可知,当梁端有转角 θ 时,梁端约束弯矩为

$$\left.\begin{array}{l} M_{12} = m_{12}\theta \\ M_{21} = m_{12}\theta \end{array}\right\} \quad (5\text{-}49)$$

上式给出的梁端约束弯矩为集中约束弯矩,为便于用微分方程求解,要把它简化为沿层高均布的分布弯矩:

$$m_i(x) = \dfrac{M_{abi}}{h} = \dfrac{m_{abi}}{h}\theta(x) \quad (5\text{-}50)$$

某一层内总约束弯矩为

$$m = \sum_{i=1}^{n} m_i(x) = \sum_{i=1}^{n}\dfrac{m_{abi}}{h}\theta(x) \quad (5\text{-}51)$$

式中:n——同一层内连梁总数;

$\sum\limits_{i=1}^{n}\dfrac{m_{abi}}{h}$——连梁总约束刚度,$m_{ab}$ 中下标 a、b 分别代表"1"或"2",即当连梁有刚域时有两个结点,m_{ab} 是指 m_{12} 或 m_{21};一端刚域的梁只有一个结点,m_{ab} 是指 m_{12}。

如果框架部分的层高及杆件截面沿结构高度不变化,则连梁的约束刚度是常数。但实际结构中各层的 m_{ab} 是不相同的,这时应取各层约束刚度的加权平均值。

在图 5-26 所示的刚接体系计算简图中,连梁线性约束弯矩在总抗震墙 x 高度的截面处产生的弯矩为

$$M_m = -\int_x^H m\,\mathrm{d}x \quad (5\text{-}52)$$

产生此弯矩所对应的剪力和荷载分别为

$$V_m = -\frac{dM_n}{dx} = -m = -\sum_{i=1}^{n}\frac{m_{abi}}{h}\theta(x) = -\sum_{i=1}^{n}\frac{m_{abi}}{h}\frac{dy}{dx} \qquad (5\text{-}53)$$

$$P_m(x) = -\frac{dV_m}{dx} = \sum_{i=1}^{n}\frac{m_{abi}}{h}\frac{d^2 y}{dx^2} \qquad (5\text{-}54)$$

式中：V_m、$P_m(x)$——"等代剪力"和"等代荷载"，分别代表刚性连梁的约束弯矩作用所承受的剪力和荷载。

在连梁约束弯矩影响下，总抗震墙内力与弯曲变形的关系为

$$EI_w \frac{d^4 y}{dx^4} = p(x) - p_f(x) + p_m(x) \qquad (5\text{-}55)$$

式中：$p(x)$——外荷载；

$p_f(x)$——总框架与总抗震墙之间的相互作用力，由式(5-40)确定。则有：

$$EI_w \frac{d^4 y}{dx^4} = p(x) + C_f \frac{d^2 y}{dx^2} + \sum_{i+1}^{n}\frac{m_{abi}}{h}\frac{d^2 y}{dx^2} \qquad (5\text{-}56)$$

整理后有：

$$\frac{d^4 y}{dx^4} - \frac{\left(C_f + \sum_{i=1}^{n}\frac{m_{abi}}{h}\right)}{EI_w}\frac{d^2 y}{dx^2} = \frac{p(x)}{EI_w} \qquad (5\text{-}57)$$

为方便，引入

$$\xi = x/H, \lambda = H\sqrt{\frac{C_f + \sum_{i=1}^{n}\frac{m_{abi}}{h}}{EI_w}}$$

则方程(5-57)可化为

$$\frac{d^4 y}{d\xi^4} - \lambda^2 \frac{d^2 y}{d\xi^2} = \frac{p(\xi)H^4}{EI_w} \qquad (5\text{-}58)$$

上式即为刚接体系的微分方程，形式与铰接体系的微分方程是完全相同的，因此铰接体系微分方程的解对刚接体系都适用。但应用时应注意下列不同之处：

①λ 值计算不同。刚接体系考虑了连梁约束刚度的影响。

②内力计算不同。在刚接体系中，由式(5-46)计算的 V_w 值不是总抗震墙的剪力。在刚接体系中，把由 y 微分三次得到的剪力，即式(5-46)中求出的剪力记作 V_w'，则有：

$$EI_w \frac{d^3 y}{d\xi^3} = -V_w + m(\xi) = -V_w' \qquad (5\text{-}59)$$

由于 V_w' 已经求出，如果知道了 $m(\xi)$，就可以借助上式求出抗震墙分配到的剪力 V_w。在刚接体系中，由结构任意高度处水平方向力的平衡条件可得：

$$V_p = V_w' + m + V_f \qquad (5\text{-}60)$$

因为
$$V_f' = m + V_f$$

则式(5-60)可以变成

$$V_p = V_w' + V_f' \qquad (5\text{-}61)$$
$$V_f' = V_p - V_w' \qquad (5\text{-}62)$$

由此可归纳出刚接体系总剪力在总抗震墙和总框架中的分配计算步骤如下：

①由刚接体系的刚度特征值 λ 和某一截面处的无量纲量 ξ 由式(5-45)和式(5-46)计算确定 V_w'；

②由式(5-62)计算 V'_f;

③根据总框架的抗侧移刚度和总连梁的约束刚度按比例分配 V'_f，得到总框架的剪力和总连梁的总约束弯矩：

$$V_f = \frac{C_f}{C_f + \sum_{i=1}^{n} \frac{m_{abi}}{h}} V'_f \tag{5-63}$$

$$m = \frac{\sum_{i=1}^{n} \frac{m_{abi}}{h}}{C_f + \sum_{i=1}^{n} \frac{m_{abi}}{h}} V'_f \tag{5-64}$$

④确定总抗震墙分配到的剪力 $V_w = V'_w + m$。

6. 框架剪力的调整

在框架—抗震墙结构的计算中，按协同工作求得的框架部分的剪力一般都较小。而在实际的框架—抗震墙结构中，抗震墙的间距往往较大，楼板在其平面内会产生变形，由于框架的刚度较小，在框架部位的楼板位移会较大，从而使框架的实际剪力会比计算值大。另外，由于抗震墙的刚度较大，承受了大部分的地震作用，会首先开裂，刚度降低，框架和抗震墙之间将产生塑性内力重分布，也会导致框架承担的水平地震作用增加。所以，为保证作为第二道防线的框架具有一定的抗侧移能力和必要的强度储备，在框架内力计算时所采用的框架层剪力 V_f 不得太小。为此，规范规定，在抗震设计中，框架总剪力 $V_f \geqslant 0.2V_0$。对于框架总剪力 $V_f < 0.2V_0$ 的楼层，框架总剪力通常取下列两式中的较小值：

$$V = 1.5 V_{f,\max} \tag{5-65}$$

$$V = 0.2 V_0 \tag{5-66}$$

式中：V_0——对应于地震作用标准值的结构底部总剪力；

$V_{f,\max}$——对应于地震作用标准值且未经调整的各层框架承担的地震总剪力 V_f 中的最大值。

7. 各榀框架和各片抗震墙的内力分配

(1)抗震墙内力。

计算求得总抗震墙的弯矩 M_w 和剪力 V_w 后，按各片墙的等效抗弯刚度 EI_{wj} 分配，即得各片抗震墙的内力：

$$M_{wij} = \frac{EI_{wj}}{\sum_{k=1}^{n} EI_{wk}} M_{wi} \tag{5-67}$$

$$V_{wij} = \frac{EI_{wj}}{\sum_{k=1}^{n} EI_{wk}} V_{wi} \tag{5-68}$$

(2)框架、梁柱内力。

确定总框架所承担的剪力 V_f 后，可按各柱的抗侧移刚度 D 值把 V_f 分配到各柱，这里的 V_f 应当是柱反弯点标高处的剪力，为简化计算，常近似地取各层柱的中点为反弯点的位置，用各楼层上、下两层楼板标高处的剪力 V_{fi} 取平均值作为该层柱中点处剪力。因此，第 i 层第 j 个柱子的剪力为

$$V_{cij} = \frac{D_j}{\sum_{j=1}^{m} D_j} \cdot \frac{V_{fi} + V_{fi-1}}{2} \tag{5-69}$$

式中：m——第 i 层中柱子总数；

V_{fi}、V_{fi-1}——第 i 层柱柱顶与柱底楼板高程处框架的总剪力。

求得各柱的剪力之后即可确定柱端弯矩，再根据节点平衡条件，由上、下柱端弯矩求得梁端弯矩，再由梁端弯矩确定梁端剪力；由各层框架梁的梁端剪力可以求得各柱轴向力。

四、框架—抗震墙结构的抗震截面设计

框架—抗震墙结构构件的抗震截面设计要求，分别按框架结构梁、柱和抗震墙的截面设计进行，此处不再重复介绍。

第五节 抗震构造要求

一、框架的基本抗震构造措施

(1) 梁的截面尺寸，宜符合下列各项要求：

① 截面宽度不宜小于 200mm；

② 截面高宽比不宜大于 4；

③ 净跨与截面高度之比不宜小于 4。

(2) 梁宽大于柱宽的扁梁应符合下列要求：

采用扁梁的楼盖、屋盖应现浇，梁中线宜与柱中线重合，扁梁应双向布置，扁梁的截面尺寸应符合下列要求，并应满足现行有关规范对挠度和裂缝宽度的规定：

$$b_b \leq 2b_c$$
$$b_b \leq b_c + h_b$$
$$h_b \geq 16d \tag{5-70}$$

式中：b_c——柱截面宽度，圆形截面取柱直径的 0.8 倍；

b_b、h_b——分别为梁截面宽度和高度；

d——柱纵筋直径。

(3) 梁的钢筋配置，应符合下列各项要求：

① 纵筋配置要求。

a. 为确保梁在地震作用下有足够的塑性变形能力，必须保证梁有足够的塑性转动量，而塑性转动量与截面混凝土相对受压区高度（截面受压区高度和有效高度之比）有关，相对受压区高度越小，塑性转动能力越强。因此，规范要求梁端计入受压钢筋的混凝土相对受压区高度，抗震等级一级不应大于 0.25，二级、三级不应大于 0.35。

b. 梁端截面的底面和顶面纵向钢筋配筋量的比值，同样对梁的变形能力有较大的影响。梁端底面的钢筋可增加负弯矩时的塑性转动能力，还能防止在地震中梁底出现正弯矩时过早屈服或破坏严重，从而影响承载力和变形能力的正常发挥。因此，规范规定梁端截面的底面和顶面纵向钢筋配筋量的比值除按计算确定外，抗震等级一级不应小于 0.5，二级、三级不应小于 0.3。

c. 梁端纵向受拉钢筋的配筋率不宜大于 2.5%。沿梁全长顶面和底面的配筋,抗震等级一级、二级不应少于 2φ14,且分别不应少于梁两端顶面和底面纵向配筋中较大截面面积的 1/4,抗震等级三级、四级不应少于 2φ12。

d. 抗震等级一级、二级框架梁内贯通中柱的每根纵向钢筋直径,对框架结构不应大于矩形截面柱在该方向截面尺寸的 1/20;对其它结构类型的框架不宜大于矩形截面柱在该方向截面尺寸的 1/20;对圆形截面柱,不宜大于纵向钢筋所在位置柱截面弦长的 1/20。

②箍筋配置要求。

a. 梁端箍筋加密区的长度、箍筋最大间距和最小直径应根据抗震等级按表 5-27 采用,当梁端纵向受拉钢筋配筋率大于 2% 时,表中箍筋最小直径应增大 2mm。

b. 梁端加密区的箍筋肢距,抗震等级一级不宜大于 200mm 和 20 倍箍筋直径的较大值,抗震等级二级、三级不宜大于 250mm 和 20 倍箍筋直径的较大值,抗震等级四级不宜大于 300mm。

梁端箍筋加密区的长度、箍筋的最大间距和最小直径 表 5-27

抗震等级	加密区长度(采用较大值)(mm)	箍筋最大间距(采用较大值)(mm)	箍筋最小直径(mm)
一级	$2h_b$,500	$h_b/4,6d,100$	10
二级	$1.5h_b$,500	$h_b/4,8d,100$	8
三级	$1.5h_b$,500	$h_b/4,8d,150$	8
四级	$1.5h_b$,500	$h_b/4,8d,150$	6

注:1. d 为纵向钢筋直径,h_b 为梁截面高度;
  2. 箍筋直径大于 12mm、数量不少于 4 肢且肢距不大于 150mm 时,抗震等级一级、二级的最大间距应允许适当放宽,但不得大于 150mm。

(4)柱的截面尺寸,宜符合下列要求:

①截面的宽度和高度,抗震等级四级或不超过 2 层时不宜小于 300mm,抗震等级一级、二级、三级超过 2 层时不宜小于 400mm;圆柱直径,抗震等级四级或不超过 2 层时不宜小于 350mm,抗震等级一级、二级、三级超过 2 层时不宜小于 450mm。

②剪跨比宜大于 2。

③截面长边与短边的边长比不宜大于 3。

(5)柱的钢筋配置应符合下列要求:

①纵筋配置要求。

a. 柱纵向钢筋的最小总配筋率应根据抗震等级按表 5-28 采用,同时每一侧配筋率不应小于 0.2%;对建造于 IV 类场地且较高的高层建筑,表中的数值应增加 0.1。

柱截面纵向钢筋的最小总配筋率(%) 表 5-28

类别	抗震等级			
	一级	二级	三级	四级
中柱和边柱	0.9(1.0)	0.7(0.9)	0.6(0.7)	0.5(0.6)
角柱、框支柱	1.1	0.9	0.8	0.7

注:1. 表中括弧内数值用于框架结构的柱;
  2. 钢筋强度标准值小于 400MPa 时,表中数值应增加 0.1,钢筋强度标准值为 400MPa 时,表中数值应增加 0.05;
  3. 混凝土强度等级高于 C60 时,上述数值应增加 0.1。

b. 宜对称配置。

c. 截面边长大于 400mm 的柱，纵向钢筋间距不宜大于 200mm。

d. 柱总配筋率不应大于 5%。剪跨比不大于 2 的一级抗震框架柱，每侧纵向钢筋配筋率不宜大于 1.2%。

e. 边柱、角柱及抗震墙端柱在小偏心受拉时，为避免柱受拉钢筋屈服后受压因包兴格效应导致纵筋压屈，柱内纵筋总截面面积应比计算值增加 25%。

f. 柱纵向钢筋的绑扎接头应避开柱端的箍筋加密区。

②箍筋配置要求。

a. 柱的箍筋应在一定范围加密：对于柱端取截面高度（圆柱直径），柱净高的 1/6 和 500mm 三者的最大值；底层柱的下端不小于柱净高的 1/3；当有刚性地面时，应取刚性地面上下各 500mm；剪跨比不大于 2 的柱和因设置填充墙等形成的柱净高与柱截面高度之比不大于 4 的柱、框支柱、抗震等级一级及二级框架的角柱取全高。

b. 柱箍筋在加密区的间距和直径，应符合下列要求：一般情况下，箍筋的最大间距和最小直径，应按表 5-27 采用；抗震等级一级框架柱的箍筋直径大于 12mm 且箍筋肢距不大于 150mm 及抗震等级二级框架柱的箍筋直径不小于 10mm 且箍筋肢距不大于 200mm 时，除底层柱下端外，最大间距应允许采用 150mm；抗震等级三级框架柱的截面尺寸不大于 400mm 时，箍筋最小直径应允许采用 6mm；抗震等级四级框架柱剪跨比不大于 2 时，箍筋直径不应小于 8mm；框支柱和剪跨比不大于 2 的柱，箍筋间距不应大于 100mm。

c. 柱箍筋加密区箍筋肢距，抗震等级一级不宜大于 200mm，二级、三级不宜大于 250mm 和 20 倍箍筋直径的较大值，四级不宜大于 300mm。至少每隔一根纵向钢筋宜在两个方向有箍筋或拉筋约束；采用拉筋复合箍时，拉筋宜紧靠纵向钢筋并钩住箍筋。

d. 为确保框架柱在地震作用下有足够的弹塑性变形能力，柱箍筋在加密区的体积配箍率，应符合下列要求：

$$\rho_v \geqslant \lambda_v f_c / f_{yv} \tag{5-71}$$

式中：ρ_v——柱箍筋加密区的体积配箍率，抗震等级一级不应小于 0.8%，二级不应小于 0.6%，三级、四级不应小于 0.4%；计算复合螺旋箍的体积配箍率时，其非螺旋箍的箍筋体积应乘以折减系数 0.8；

λ_v——最小配箍特征值，宜按表 5-29 采用；

f_c——混凝土轴心抗压强度设计值，强度等级低于 C35 时，应按 C35 计算；

f_{yv}——箍筋或拉筋抗拉强度设计值。

此外，框支柱宜采用复合螺旋箍或井字复合箍，其最小配箍特征值应比表 5-29 内数值增加 0.02，且体积配箍率不应小于 1.5%；剪跨比不大于 2 的柱宜采用复合螺旋箍或井字复合箍，其体积配箍率不应小于 1.2%，地震烈度 9 度抗震等级一级时不应小于 1.5%。

e. 考虑到框架柱在层高范围内剪力不变及可能的扭转影响，为避免箍筋非加密区的受剪能力降低很多，导致柱的中段破坏，柱箍筋非加密区的体积配箍率不宜小于加密区的 50%；箍筋间距，抗震等级一级、二级框架柱不应大于 10 倍纵向钢筋直径，三级、四级框架柱不应大于 15 倍纵向钢筋直径。

(6) 框架节点箍筋配置要求。

为使框架的梁柱纵向钢筋有可靠的锚固条件，框架梁柱节点核心区的混凝土要有良好的约束。因此，节点箍筋配置与框架柱有所区别，框架节点核心区箍筋的最大间距和最小直径宜按柱加密区箍筋采用,抗震等级一、二、三级框架节点核心区配箍特征值不宜小于0.12、0.10和0.08,且体积配箍率不宜小于0.6%、0.5%和0.4%。柱剪跨比不大于2的框架节点核心区配箍特征值不宜小于核心区上、下柱端的较大体积配箍率。

柱箍筋加密区的箍筋最小配箍特征值　　　　表 5-29

抗震等级	箍筋形式	柱轴压比								
		≤0.3	0.4	0.5	0.6	0.7	0.8	0.9	1.0	1.05
一级	普通箍、复合箍	0.10	0.11	0.13	0.15	0.17	0.20	0.23	—	—
	螺旋箍、复合或连续复合矩形螺旋箍	0.08	0.09	0.11	0.13	0.15	0.18	0.21	—	—
二级	普通箍、复合箍	0.08	0.09	0.11	0.13	0.15	0.17	0.19	0.22	0.24
	螺旋箍、复合或连续复合矩形螺旋箍	0.06	0.07	0.09	0.11	0.13	0.15	0.17	0.20	0.22
三级、四级	普通箍、复合箍	0.06	0.07	0.09	0.11	0.13	0.15	0.17	0.20	0.22
	螺旋箍、复合或连续复合矩形螺旋箍	0.05	0.06	0.07	0.09	0.11	0.13	0.15	0.18	0.20

注:普通箍指单个矩形箍和单个圆形箍,复合箍指由矩形、多边形、圆形箍或拉筋组成的箍筋;复合螺旋箍指由螺旋箍与矩形、多边形、圆形箍或拉筋组成的箍筋;连续复合矩形螺旋箍指全部螺旋箍为同一根钢筋加工而成的箍筋。

二、框架—抗震墙结构的基本抗震构造措施

框架—抗震墙结构构件的基本构造要求,与框架结构梁、柱和抗震墙结构中的抗震墙相同,不同之处主要有以下几点:

(1)抗震墙的厚度不应小于160mm且不应小于层高或无支撑长度的1/20,底部加强部位的抗震墙厚度不应小于200mm且不应小于层高或无支撑长度的1/16。

(2)有端柱时,墙体在楼盖处宜设置暗梁,暗梁的截面高度不宜小于墙厚和400mm的较大值;端柱截面宜与同层框架柱相同,并应满足框架柱的构造要求;抗震墙底部加强部位的端柱和紧靠抗震墙洞口的端柱宜按柱箍筋加密区的要求沿全高加密箍筋。

(3)抗震墙的竖向、横向分布钢筋配筋率均不应小于0.25%,并应双排布置;钢筋最大间距不应大于300mm,最小直径不应小于8mm,最大直径不宜大于墙厚的1/10。双排分布钢筋间拉筋的间距不应大于600mm,直径不应小于6mm;在底部加强部位,边缘构件以外的拉筋间距应适当加密。

(4)楼面梁与抗震墙平面外连接时,不宜支承在洞口连梁上,沿梁轴线方向宜设置与梁连接的抗震墙,梁的纵筋应锚固在墙内,也可在支承梁的位置设置扶壁柱或暗柱,并应按计算确定其截面尺寸和配筋。因为,试验研究表明,在往复荷载作用下,锚固在墙内的梁的纵筋有可能产生滑移,与梁连接的墙面混凝土有可能拉脱。

(5)设置少量抗震墙的框架结构,其抗震墙的抗震构造措施可仍按抗震墙结构中抗震墙的构造要求执行。

三、抗震墙的边缘构造要求

结构试验表明,有边缘约束构件的矩形截面抗震墙与无边缘约束构件的矩形截面抗震墙相比,极限承载力将提高约40%,极限层间位移角约增加一倍,对地震能量的消耗增大20%左

右,且有利于墙板的稳定。因此,抗震墙两端和洞口两侧应设置边缘约束构件。抗震墙的边缘约束构件包括暗柱、端柱和翼墙(图5-29),其抗震构造要求如下:

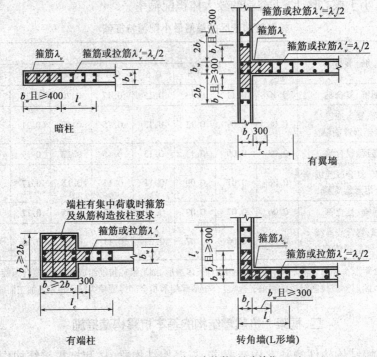

图5-29 抗震墙的边缘约束构件(尺寸单位:mm)

(1)一级、二级抗震墙底部加强部位及相邻的上一层,边缘约束构件沿墙肢的长度和配箍特征值应符合表5-30的要求,一级、二级抗震墙边缘约束构件在设置箍筋范围内(图5-29中阴影部分)的纵向钢筋配筋率不应低于1.2%和1.0%;但若墙肢底截面在重力荷载代表值作用下的轴压比小于表5-31的规定值时,可按第2点的要求设置构造边缘构件。

抗震墙边缘约束构件的范围及配筋要求　　　　　　表5-30

抗震等级或地震烈度 项　目	一级(9度)		一级(8度)		二、三级	
	$\lambda \leq 0.2$	$\lambda > 0.2$	$\lambda \leq 0.3$	$\lambda > 0.3$	$\lambda \leq 0.4$	$\lambda > 0.4$
l_c(暗柱)	$0.20h_w$	$0.25h_w$	$0.15h_w$	$0.20h_w$	$0.15h_w$	$0.20h_w$
l_c(翼墙或端柱)	$0.15h_w$	$0.20h_w$	$0.10h_w$	$0.15h_w$	$0.10h_w$	$0.15h_w$
λ_v	0.12	0.20	0.12	0.20	0.12	0.20
纵向钢筋(取较大值)	$0.012A_c$,8ϕ16		$0.012A_c$,8ϕ16		$0.010A_c$,6ϕ16(三级6ϕ14)	
箍筋或拉筋沿竖向间距	100mm		100mm		150mm	

注:1.抗震墙的翼墙长度小于其3倍厚度或端柱截面边长小于2倍墙厚时,按无翼墙、无端柱查表;
　2.l_c为约束边缘构件沿墙肢长度,且不小于墙厚和400mm;有翼墙或端柱时不应小于翼墙厚度或端柱沿墙肢方向截面高度加300mm;
　3.λ_v为边缘约束构件的配箍特征值,体积配箍率可按抗震规范中的公式计算,并可适当计入满足构造要求且在墙端有可靠锚固的水平分布钢筋的截面面积;
　4.h_w为抗震墙墙肢长度;
　5.λ为墙肢轴压比;
　6.A_c为图5-30中边缘约束构件阴影部分的截面面积。

（2）一级、二级抗震墙的其它部位和三级、四级抗震墙，构造边缘构件的范围按图 5-30 采用；构造边缘构件的配筋应满足受弯承载力要求，并符合表 5-32 的要求。

抗震墙设置构造边缘构件的最大轴压比 表 5-31

抗震等级或烈度	一级（9 度）	一级（8 度）	二、三级
轴压比	0.1	0.2	0.3

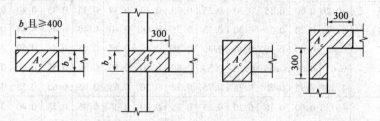

图 5-30 抗震墙的构造边缘构件范围（尺寸单位：mm）

抗震墙构造边缘构件的配筋要求 表 5-32

抗震等级	底部加强部位			其它部位		
	纵向钢筋最小量（取较大值）	箍筋最小直径（mm）	箍筋沿竖向最大间距（mm）	纵向钢筋最小量（取较大值）	箍筋最小直径（mm）	箍筋沿竖向最大间距（mm）
一级	$0.010A_c$,$6\phi16$	8	100	$0.008A_c$,$6\phi14$	8	150
二级	$0.008A_c$,$6\phi14$	8	150	$0.006A_c$,$6\phi12$	8	200
三级	$0.006A_c$,$6\phi12$	6	150	$0.005A_c$,$4\phi12$	6	200
四级	$0.005A_c$,$4\phi12$	6	200	$0.004A_c$,$4\phi12$	6	250

注：1. A_c 为边缘构件的截面面积；
2. 其它部位的拉筋，水平间距不应大于纵筋间距的 2 倍；转角处宜采用箍筋；
3. 当端柱承受集中荷载时，其纵向钢筋、箍筋直径和间距应满足柱的相应要求。

框架—抗震墙结构中的抗震墙，是作为第一道防线的主要抗侧力构件，更应注重抗震墙边缘构件的设置，规范要求不但要设端柱，而且要设边框梁，即应设计成带边框的抗震墙。端柱的截面尺寸与同层的框架柱相同。端柱的配筋应通过抗震墙的截面承载力计算得到，并不小于上述两点的构造要求；边框梁的配筋可按框架梁的构造要求配置。抗震墙底部加强部位的端柱和紧靠抗震墙洞口的端柱宜按柱箍筋加密区的要求沿全高加密箍筋。

规则框架承受均布水平力作用时标准反弯点的高度比 y_0 值 附表 5-1

m	n \ K	0.1	0.2	0.3	0.4	0.5	0.6	0.7	0.8	0.9	1.0	2.0	3.0	4.0	5.0
1	1	0.80	0.75	0.70	0.65	0.65	0.60	0.60	0.60	0.60	0.55	0.55	0.55	0.55	0.55
2	2	0.45	0.40	0.35	0.35	0.35	0.35	0.40	0.40	0.40	0.40	0.45	0.45	0.45	0.45
	1	0.95	0.80	0.75	0.70	0.65	0.65	0.65	0.60	0.60	0.60	0.55	0.55	0.55	0.50
3	3	0.15	0.20	0.20	0.25	0.30	0.30	0.30	0.35	0.35	0.35	0.40	0.45	0.45	0.45
	2	0.55	0.50	0.45	0.45	0.45	0.45	0.45	0.45	0.45	0.45	0.45	0.50	0.50	0.50
	1	1.00	0.85	0.80	0.75	0.70	0.70	0.65	0.65	0.65	0.60	0.55	0.55	0.55	0.55

续上表

m	n \ K	0.1	0.2	0.3	0.4	0.5	0.6	0.7	0.8	0.9	1.0	2.0	3.0	4.0	5.0
4	4	-0.05	0.05	0.15	0.20	0.25	0.30	0.30	0.35	0.35	0.35	0.40	0.45	0.45	0.45
	3	0.25	0.30	0.30	0.35	0.35	0.40	0.40	0.40	0.40	0.45	0.45	0.50	0.50	0.50
	2	0.65	0.55	0.50	0.50	0.45	0.45	0.45	0.45	0.45	0.45	0.50	0.50	0.50	0.50
	1	1.10	0.90	0.80	0.75	0.70	0.70	0.65	0.65	0.65	0.60	0.55	0.55	0.55	0.55
5	5	-0.20	0.00	0.15	0.20	0.25	0.30	0.30	0.30	0.35	0.35	0.40	0.45	0.45	0.45
	4	0.10	0.20	0.25	0.30	0.35	0.35	0.40	0.40	0.40	0.40	0.45	0.45	0.50	0.50
	3	0.40	0.40	0.40	0.40	0.40	0.45	0.45	0.45	0.45	0.45	0.50	0.50	0.50	0.50
	2	0.65	0.55	0.50	0.50	0.50	0.50	0.50	0.50	0.50	0.50	0.50	0.50	0.50	0.50
	1	1.20	0.95	0.80	0.75	0.75	0.70	0.70	0.65	0.65	0.65	0.55	0.55	0.55	0.50
6	6	-0.30	0.00	0.10	0.20	0.25	0.25	0.30	0.30	0.35	0.35	0.40	0.45	0.45	0.45
	5	0.00	0.20	0.25	0.30	0.35	0.35	0.40	0.40	0.40	0.40	0.45	0.45	0.50	0.50
	4	0.20	0.30	0.35	0.35	0.40	0.40	0.40	0.45	0.45	0.45	0.45	0.50	0.50	0.50
	3	0.40	0.40	0.40	0.45	0.45	0.45	0.45	0.45	0.45	0.45	0.50	0.50	0.50	0.50
	2	0.70	0.60	0.55	0.50	0.50	0.50	0.50	0.50	0.50	0.50	0.50	0.50	0.50	0.50
	1	1.20	0.95	0.85	0.80	0.75	0.70	0.70	0.65	0.65	0.65	0.55	0.55	0.55	0.55
7	7	-0.35	-0.05	0.10	0.20	0.20	0.25	0.30	0.30	0.35	0.35	0.40	0.45	0.45	0.45
	6	-0.10	0.15	0.25	0.30	0.35	0.35	0.35	0.40	0.40	0.40	0.45	0.45	0.50	0.50
	5	0.10	0.25	0.30	0.35	0.40	0.40	0.40	0.45	0.45	0.45	0.50	0.50	0.50	0.50
	4	0.30	0.35	0.40	0.40	0.40	0.45	0.45	0.45	0.45	0.45	0.50	0.50	0.50	0.50
	3	0.50	0.45	0.45	0.45	0.45	0.45	0.45	0.45	0.45	0.45	0.50	0.50	0.50	0.50
	2	0.75	0.60	0.55	0.50	0.50	0.50	0.50	0.50	0.50	0.50	0.50	0.50	0.50	0.50
	1	1.20	0.95	0.85	0.80	0.75	0.70	0.70	0.65	0.65	0.65	0.55	0.55	0.55	0.55
8	8	-0.35	-0.15	0.10	0.15	0.25	0.25	0.30	0.30	0.35	0.35	0.40	0.45	0.45	0.45
	7	-0.10	0.15	0.25	0.30	0.35	0.35	0.40	0.40	0.40	0.40	0.45	0.50	0.50	0.50
	6	0.05	0.25	0.30	0.35	0.40	0.40	0.40	0.45	0.45	0.45	0.45	0.50	0.50	0.50
	5	0.20	0.30	0.35	0.40	0.40	0.45	0.45	0.45	0.45	0.45	0.50	0.50	0.50	0.50
	4	0.35	0.40	0.40	0.45	0.45	0.45	0.45	0.45	0.45	0.45	0.50	0.50	0.50	0.50
	3	0.50	0.45	0.45	0.45	0.45	0.45	0.45	0.45	0.50	0.50	0.50	0.50	0.50	0.50
	2	0.75	0.60	0.55	0.55	0.50	0.50	0.50	0.50	0.50	0.50	0.50	0.50	0.50	0.50
	1	1.20	1.00	0.85	0.80	0.75	0.70	0.70	0.65	0.65	0.65	0.55	0.55	0.55	0.55
9	9	-0.40	-0.05	0.10	0.20	0.25	0.25	0.30	0.30	0.35	0.35	0.45	0.45	0.45	0.45
	8	-0.15	0.15	0.25	0.30	0.35	0.35	0.35	0.40	0.40	0.40	0.45	0.50	0.50	0.50
	7	0.05	0.25	0.30	0.35	0.40	0.40	0.40	0.45	0.45	0.45	0.45	0.50	0.50	0.50
	6	0.15	0.30	0.35	0.40	0.40	0.45	0.45	0.45	0.45	0.45	0.50	0.50	0.50	0.50
	5	0.25	0.35	0.40	0.40	0.45	0.45	0.45	0.45	0.45	0.45	0.50	0.50	0.50	0.50
	4	0.40	0.40	0.40	0.45	0.45	0.45	0.45	0.45	0.45	0.45	0.50	0.50	0.50	0.50
	3	0.55	0.45	0.45	0.45	0.45	0.45	0.45	0.45	0.50	0.50	0.50	0.50	0.50	0.50
	2	0.80	0.65	0.55	0.55	0.50	0.50	0.50	0.50	0.50	0.50	0.50	0.50	0.50	0.50
	1	1.20	1.00	0.85	0.80	0.75	0.70	0.70	0.65	0.65	0.65	0.55	0.55	0.55	0.55

续上表

m	n	K 0.1	0.2	0.3	0.4	0.5	0.6	0.7	0.8	0.9	1.0	2.0	3.0	4.0	5.0
10	10	−0.40	−0.05	0.10	0.20	0.25	0.30	0.30	0.30	0.35	0.35	0.45	0.45	0.45	0.45
	9	−0.15	0.15	0.25	0.30	0.35	0.35	0.40	0.40	0.40	0.40	0.45	0.45	0.50	0.50
	8	0.00	0.25	0.30	0.35	0.40	0.40	0.40	0.45	0.45	0.45	0.45	0.50	0.50	0.50
	7	0.10	0.30	0.35	0.40	0.40	0.45	0.45	0.45	0.45	0.45	0.50	0.50	0.50	0.50
	6	0.20	0.35	0.40	0.40	0.45	0.45	0.45	0.45	0.45	0.45	0.50	0.50	0.50	0.50
	5	0.30	0.40	0.40	0.45	0.45	0.45	0.45	0.45	0.45	0.50	0.50	0.50	0.50	0.50
	4	0.40	0.40	0.45	0.45	0.45	0.45	0.45	0.45	0.45	0.50	0.50	0.50	0.50	0.50
	3	0.55	0.50	0.45	0.45	0.45	0.50	0.50	0.50	0.50	0.50	0.50	0.50	0.50	0.50
	2	0.80	0.65	0.55	0.55	0.55	0.50	0.50	0.50	0.50	0.50	0.50	0.50	0.50	0.50
	1	1.30	1.00	0.85	0.80	0.75	0.70	0.70	0.65	0.65	0.65	0.55	0.55	0.55	0.55
11	11	−0.40	0.05	0.10	0.20	0.25	0.30	0.30	0.30	0.35	0.35	0.40	0.45	0.45	0.45
	10	−0.15	0.15	0.25	0.30	0.35	0.35	0.40	0.40	0.40	0.40	0.45	0.45	0.50	0.50
	9	0.00	0.25	0.30	0.35	0.40	0.40	0.40	0.45	0.45	0.45	0.45	0.50	0.50	0.50
	8	0.10	0.30	0.35	0.40	0.40	0.45	0.45	0.45	0.45	0.45	0.50	0.50	0.50	0.50
	7	0.20	0.35	0.40	0.45	0.45	0.45	0.45	0.45	0.45	0.45	0.50	0.50	0.50	0.50
	6	0.25	0.35	0.40	0.45	0.45	0.45	0.45	0.45	0.45	0.45	0.50	0.50	0.50	0.50
	5	0.35	0.40	0.40	0.45	0.45	0.45	0.45	0.45	0.45	0.50	0.50	0.50	0.50	0.50
	4	0.40	0.40	0.45	0.45	0.45	0.45	0.45	0.50	0.50	0.50	0.50	0.50	0.50	0.50
	3	0.55	0.50	0.50	0.50	0.50	0.50	0.50	0.50	0.50	0.50	0.50	0.50	0.50	0.50
	2	0.80	0.65	0.60	0.55	0.55	0.50	0.50	0.50	0.50	0.50	0.50	0.50	0.50	0.50
	1	1.30	1.00	0.85	0.80	0.75	0.70	0.70	0.65	0.65	0.65	0.55	0.55	0.55	0.55
12	↓1	−0.40	−0.05	0.10	0.20	0.25	0.30	0.30	0.30	0.35	0.35	0.40	0.45	0.45	0.45
	2	−0.15	0.15	0.25	0.30	0.35	0.35	0.40	0.40	0.40	0.40	0.45	0.45	0.50	0.50
	3	0.00	0.25	0.30	0.35	0.40	0.40	0.45	0.45	0.45	0.45	0.50	0.50	0.50	0.50
	4	0.10	0.30	0.35	0.40	0.40	0.45	0.45	0.45	0.45	0.45	0.50	0.50	0.50	0.50
	5	0.20	0.35	0.40	0.40	0.45	0.45	0.45	0.45	0.45	0.45	0.50	0.50	0.50	0.50
	6	0.25	0.35	0.40	0.45	0.45	0.45	0.45	0.45	0.50	0.50	0.50	0.50	0.50	0.50
	7	0.30	0.40	0.40	0.45	0.45	0.45	0.45	0.50	0.50	0.50	0.50	0.50	0.50	0.50
	8	0.35	0.40	0.45	0.45	0.45	0.45	0.50	0.50	0.50	0.50	0.50	0.50	0.50	0.50
	中间	0.40	0.40	0.45	0.45	0.45	0.50	0.50	0.50	0.50	0.50	0.50	0.50	0.50	0.50
	4	0.45	0.45	0.45	0.45	0.50	0.50	0.50	0.50	0.50	0.50	0.50	0.50	0.50	0.50
	3	0.60	0.50	0.50	0.50	0.50	0.50	0.50	0.50	0.50	0.50	0.50	0.50	0.50	0.50
	2	0.80	0.65	0.60	0.55	0.55	0.50	0.50	0.50	0.50	0.50	0.50	0.50	0.50	0.50
	↑1	1.30	1.00	0.85	0.80	0.75	0.70	0.70	0.55	0.55	0.55	0.55	0.55	0.55	0.55

注:

i_1	i_2
	i_c
i_3	i_4

$$K = \frac{i_1 + i_2 + i_3 + i_4}{2i_c}$$

规则框架承受倒三角形分布水平作用时标准反弯点的高度比 y_0 值　　　附表 5-2

m	n \ K	0.1	0.2	0.3	0.4	0.5	0.6	0.7	0.8	0.9	1.0	2.0	3.0	4.0	5.0
1	1	0.80	0.75	0.70	0.65	0.65	0.60	0.60	0.60	0.60	0.55	0.55	0.55	0.55	0.55
2	2	0.50	0.45	0.40	0.40	0.40	0.40	0.40	0.40	0.40	0.45	0.45	0.45	0.45	0.45
	1	1.00	0.85	0.75	0.70	0.70	0.65	0.65	0.65	0.60	0.60	0.55	0.55	0.55	0.55
3	3	0.25	0.25	0.25	0.30	0.30	0.35	0.35	0.35	0.40	0.40	0.45	0.45	0.45	0.45
	2	0.60	0.50	0.50	0.50	0.50	0.45	0.45	0.45	0.45	0.45	0.50	0.50	0.50	0.50
	1	1.15	0.90	0.80	0.75	0.75	0.70	0.70	0.65	0.65	0.65	0.55	0.55	0.55	0.55
4	4	0.10	0.15	0.20	0.25	0.30	0.35	0.35	0.35	0.35	0.40	0.45	0.45	0.45	0.45
	3	0.35	0.35	0.35	0.40	0.40	0.40	0.40	0.45	0.45	0.45	0.50	0.50	0.50	0.50
	2	0.70	0.60	0.55	0.50	0.50	0.50	0.50	0.50	0.50	0.50	0.50	0.50	0.50	0.50
	1	1.20	0.95	0.85	0.80	0.75	0.70	0.70	0.65	0.65	0.65	0.55	0.55	0.55	0.55
5	5	-0.05	0.10	0.20	0.25	0.30	0.30	0.35	0.35	0.35	0.35	0.40	0.45	0.45	0.45
	4	0.20	0.25	0.35	0.35	0.40	0.40	0.40	0.40	0.45	0.45	0.45	0.50	0.50	0.50
	3	0.45	0.40	0.45	0.45	0.45	0.45	0.45	0.45	0.45	0.50	0.50	0.50	0.50	0.50
	2	0.75	0.60	0.55	0.55	0.55	0.50	0.50	0.50	0.50	0.50	0.50	0.50	0.50	0.50
	1	1.30	1.00	0.85	0.80	0.75	0.70	0.70	0.65	0.65	0.65	0.60	0.55	0.55	0.55
6	6	-0.15	0.05	0.15	0.20	0.25	0.30	0.35	0.35	0.35	0.40	0.40	0.45	0.45	0.45
	5	0.10	0.25	0.30	0.35	0.35	0.40	0.40	0.40	0.45	0.45	0.45	0.50	0.50	0.50
	4	0.30	0.35	0.40	0.40	0.40	0.45	0.45	0.45	0.45	0.45	0.50	0.50	0.50	0.50
	3	0.50	0.45	0.45	0.45	0.45	0.45	0.45	0.45	0.50	0.50	0.50	0.50	0.50	0.50
	2	0.80	0.65	0.55	0.55	0.55	0.50	0.50	0.50	0.50	0.50	0.50	0.50	0.50	0.50
	1	1.30	1.00	0.85	0.80	0.75	0.70	0.70	0.65	0.65	0.65	0.60	0.55	0.55	0.55
7	7	-0.20	0.05	0.15	0.20	0.25	0.30	0.30	0.35	0.35	0.35	0.45	0.45	0.45	0.45
	6	0.05	0.20	0.30	0.35	0.35	0.40	0.40	0.40	0.40	0.45	0.45	0.50	0.50	0.50
	5	0.20	0.30	0.35	0.40	0.40	0.45	0.45	0.45	0.45	0.45	0.50	0.50	0.50	0.50
	4	0.35	0.40	0.40	0.45	0.45	0.45	0.45	0.45	0.45	0.45	0.50	0.50	0.50	0.50
	3	0.55	0.50	0.50	0.50	0.50	0.50	0.50	0.50	0.50	0.50	0.50	0.50	0.50	0.50
	2	0.80	0.65	0.60	0.55	0.55	0.55	0.50	0.50	0.50	0.50	0.50	0.50	0.50	0.50
	1	1.30	1.00	0.90	0.80	0.75	0.70	0.70	0.70	0.65	0.65	0.60	0.55	0.55	0.55
8	8	-0.20	0.05	0.15	0.20	0.25	0.30	0.30	0.35	0.35	0.35	0.45	0.45	0.45	0.45
	7	0.00	0.20	0.30	0.35	0.35	0.40	0.40	0.40	0.40	0.45	0.50	0.50	0.50	0.50
	6	0.15	0.30	0.35	0.40	0.40	0.45	0.45	0.45	0.45	0.45	0.50	0.50	0.50	0.50
	5	0.30	0.35	0.40	0.45	0.45	0.45	0.45	0.45	0.45	0.45	0.50	0.50	0.50	0.50
	4	0.40	0.45	0.45	0.45	0.45	0.45	0.45	0.50	0.50	0.50	0.50	0.50	0.50	0.50
	3	0.60	0.50	0.50	0.50	0.50	0.50	0.50	0.50	0.50	0.50	0.50	0.50	0.50	0.50
	2	0.85	0.65	0.60	0.55	0.55	0.55	0.50	0.50	0.50	0.50	0.50	0.50	0.50	0.50
	1	1.30	1.00	0.90	0.80	0.75	0.70	0.70	0.70	0.65	0.65	0.60	0.55	0.55	0.55

续上表

m	n	K 0.1	0.2	0.3	0.4	0.5	0.6	0.7	0.8	0.9	1.0	2.0	3.0	4.0	5.0
9	9	−0.25	0.00	0.15	0.20	0.25	0.30	0.30	0.35	0.35	0.40	0.45	0.45	0.45	0.45
	8	0.00	0.20	0.30	0.35	0.35	0.40	0.40	0.40	0.40	0.45	0.45	0.50	0.50	0.50
	7	0.15	0.30	0.35	0.40	0.40	0.45	0.45	0.45	0.45	0.45	0.50	0.50	0.50	0.50
	6	0.25	0.35	0.40	0.40	0.45	0.45	0.45	0.45	0.45	0.50	0.50	0.50	0.50	0.50
	5	0.35	0.40	0.45	0.45	0.45	0.45	0.45	0.45	0.50	0.50	0.50	0.50	0.50	0.50
	4	0.45	0.45	0.45	0.45	0.45	0.50	0.50	0.50	0.50	0.50	0.50	0.50	0.50	0.50
	3	0.60	0.50	0.50	0.50	0.50	0.50	0.50	0.50	0.50	0.50	0.50	0.50	0.50	0.50
	2	0.85	0.65	0.60	0.55	0.55	0.55	0.55	0.50	0.50	0.50	0.50	0.50	0.50	0.50
	1	1.35	1.00	0.90	0.80	0.75	0.75	0.70	0.70	0.65	0.65	0.60	0.55	0.55	0.55
10	10	−0.25	0.00	0.15	0.20	0.25	0.30	0.30	0.35	0.35	0.40	0.45	0.45	0.45	0.45
	9	−0.05	0.20	0.30	0.35	0.35	0.40	0.40	0.40	0.40	0.45	0.45	0.50	0.50	0.50
	8	−0.10	0.30	0.35	0.40	0.40	0.40	0.45	0.45	0.45	0.45	0.50	0.50	0.50	0.50
	7	0.20	0.35	0.40	0.40	0.45	0.45	0.45	0.45	0.45	0.50	0.50	0.50	0.50	0.50
	6	0.30	0.40	0.40	0.45	0.45	0.45	0.45	0.45	0.45	0.50	0.50	0.50	0.50	0.50
	5	0.40	0.45	0.45	0.45	0.45	0.45	0.50	0.50	0.50	0.50	0.50	0.50	0.50	0.50
	4	0.50	0.45	0.45	0.45	0.50	0.50	0.50	0.50	0.50	0.50	0.50	0.50	0.50	0.50
	3	0.60	0.55	0.50	0.50	0.50	0.50	0.50	0.50	0.50	0.50	0.50	0.50	0.50	0.50
	2	0.85	0.65	0.60	0.55	0.55	0.55	0.55	0.50	0.50	0.50	0.50	0.50	0.50	0.50
	1	1.35	1.00	0.90	0.80	0.75	0.75	0.70	0.70	0.65	0.65	0.60	0.55	0.55	0.55
11	11	−0.25	0.00	0.15	0.20	0.25	0.30	0.30	0.30	0.35	0.35	0.45	0.45	0.45	0.45
	10	0.05	0.20	0.25	0.30	0.35	0.40	0.40	0.40	0.40	0.45	0.45	0.50	0.50	0.50
	9	0.10	0.30	0.35	0.40	0.40	0.40	0.45	0.45	0.45	0.45	0.50	0.50	0.50	0.50
	8	0.20	0.35	0.40	0.40	0.45	0.45	0.45	0.45	0.45	0.50	0.50	0.50	0.50	0.50
	7	0.25	0.40	0.40	0.45	0.45	0.45	0.45	0.45	0.45	0.50	0.50	0.50	0.50	0.50
	6	0.35	0.40	0.45	0.45	0.45	0.45	0.45	0.50	0.50	0.50	0.50	0.50	0.50	0.50
	5	0.40	0.45	0.45	0.45	0.45	0.50	0.50	0.50	0.50	0.50	0.50	0.50	0.50	0.50
	4	0.50	0.50	0.50	0.50	0.50	0.50	0.50	0.50	0.50	0.50	0.50	0.50	0.50	0.50
	3	0.65	0.55	0.50	0.50	0.50	0.50	0.50	0.50	0.50	0.50	0.50	0.50	0.50	0.50
	2	0.85	0.65	0.60	0.55	0.55	0.55	0.55	0.50	0.50	0.50	0.50	0.50	0.50	0.50
	1	1.35	1.05	0.90	0.80	0.75	0.75	0.70	0.70	0.65	0.65	0.60	0.55	0.55	0.55
12	↓1	−0.30	0.00	0.15	0.20	0.25	0.30	0.30	0.30	0.35	0.35	0.40	0.45	0.45	0.45
	2	−0.10	0.20	0.25	0.30	0.35	0.40	0.40	0.40	0.40	0.40	0.45	0.45	0.45	0.50
	3	0.05	0.25	0.35	0.40	0.40	0.40	0.45	0.45	0.45	0.45	0.45	0.50	0.50	0.50
	4	0.15	0.30	0.40	0.40	0.45	0.45	0.45	0.45	0.45	0.45	0.45	0.50	0.50	0.50
	5	0.25	0.35	0.50	0.45	0.45	0.45	0.45	0.45	0.45	0.45	0.45	0.50	0.50	0.50
	6	0.30	0.40	0.40	0.45	0.45	0.45	0.45	0.50	0.50	0.50	0.50	0.50	0.50	0.50

续上表

m	n \ K	0.1	0.2	0.3	0.4	0.5	0.6	0.7	0.8	0.9	1.0	2.0	3.0	4.0	5.0
12	7	0.35	0.40	0.40	0.45	0.45	0.45	0.50	0.50	0.50	0.50	0.50	0.50	0.50	0.50
	8	0.35	0.45	0.45	0.50	0.50	0.50	0.50	0.50	0.50	0.50	0.50	0.50	0.50	0.50
	中间	0.45	0.45	0.45	0.50	0.50	0.50	0.50	0.50	0.50	0.50	0.50	0.50	0.50	0.50
	4	0.55	0.50	0.50	0.50	0.50	0.50	0.50	0.50	0.50	0.50	0.50	0.50	0.50	0.50
	3	0.65	0.55	0.50	0.50	0.50	0.50	0.50	0.50	0.50	0.50	0.50	0.50	0.50	0.50
	2	0.70	0.70	0.60	0.55	0.55	0.55	0.50	0.50	0.50	0.50	0.50	0.50	0.50	0.50
	↑1	1.35	1.05	0.90	0.80	0.75	0.70	0.70	0.70	0.65	0.65	0.60	0.55	0.55	0.55

上下层横梁线刚度比对 y_0 的修正值 y_1 附表 5-3

I \ K	0.1	0.2	0.3	0.4	0.5	0.6	0.7	0.8	0.9	1.0	2.0	3.0	4.0	5.0
0.4	0.55	0.40	0.30	0.25	0.20	0.20	0.20	0.15	0.15	0.15	0.05	0.05	0.05	0.05
0.5	0.45	0.30	0.20	0.20	0.15	0.15	0.15	0.10	0.10	0.10	0.05	0.05	0.05	0.05
0.6	0.30	0.20	0.15	0.15	0.10	0.10	0.10	0.10	0.05	0.05	0.05	0.00	0.00	0.00
0.7	0.20	0.15	0.10	0.10	0.10	0.05	0.05	0.05	0.05	0.05	0.00	0.00	0.00	0.00
0.8	0.15	0.10	0.05	0.05	0.05	0.05	0.05	0.05	0.00	0.00	0.00	0.00	0.00	0.00
0.9	0.05	0.05	0.05	0.05	0.00	0.00	0.00	0.00	0.00	0.00	0.00	0.00	0.00	0.00

注：$K = \dfrac{i_1+i_2+i_3+i_4}{2i_c}$，$I = \dfrac{i_1+i_2}{i_3+i_4}$，当 $i_1+i_2 > i_3+i_4$ 时，取 $I = \dfrac{i_3+i_4}{i_1+i_2}$，并且 y_1 值取负号。

上下层高变化对 y_0 的修正值 y_2 和 y_3 附表 5-4

α_2	α_3 \ K	0.1	0.2	0.3	0.4	0.5	0.6	0.7	0.8	0.9	1.0	2.0	3.0	4.0	5.0
2.0		0.25	0.15	0.15	0.10	0.10	0.10	0.10	0.10	0.05	0.05	0.05	0.05	0.00	0.00
1.8		0.20	0.15	0.10	0.10	0.10	0.05	0.05	0.05	0.05	0.05	0.00	0.00	0.00	0.00
1.6	0.4	0.15	0.10	0.10	0.05	0.05	0.05	0.05	0.05	0.05	0.05	0.00	0.00	0.00	0.00
1.4	0.6	0.10	0.05	0.05	0.05	0.05	0.05	0.05	0.05	0.05	0.00	0.00	0.00	0.00	0.00
1.2	0.8	0.05	0.05	0.05	0.05	0.05	0.05	0.05	0.00	0.00	0.00	0.00	0.00	0.00	0.00
1.0	1.0	0.00	0.00	0.00	0.00	0.00	0.00	0.00	0.00	0.00	0.00	0.00	0.00	0.00	0.00
0.8	1.2	−0.05	−0.05	−0.05	−0.05	−0.05	−0.05	−0.05	−0.05	0.00	0.00	0.00	0.00	0.00	0.00
0.6	1.4	−0.10	−0.05	−0.05	−0.05	−0.05	−0.05	−0.05	−0.05	−0.05	0.00	0.00	0.00	0.00	0.00
0.4	1.6	−0.15	−0.10	−0.10	−0.05	−0.05	−0.05	−0.05	−0.05	−0.05	−0.05	0.00	0.00	0.00	0.00
	1.8	−0.20	−0.15	−0.10	−0.10	−0.05	−0.05	−0.05	−0.05	−0.05	−0.05	0.00	0.00	0.00	0.00
	2.0	−0.25	−0.15	−0.15	−0.10	−0.10	−0.10	−0.10	−0.10	−0.05	−0.05	−0.05	−0.05	0.00	0.00

注：y_2——按照 K 及 α_2 求得，上层较高时为正值；y_3——按照 K 及 α_3 求得。

本章小结:本章主要介绍了钢筋混凝土结构房屋的抗震设计内容、步骤和基本要求。

(1)钢筋混凝土结构的主要震害形式有:柱铰机构破坏、节点破坏、填充墙布置引起震害、抗震墙震害等,抗震设计中应采取相应抗震措施予以避免。

(2)介绍了多层和高层钢筋混凝土房屋抗震设计的房屋适用高度、抗震等级、构件布置、地下室顶板作为嵌固端、抗剪最小截面尺寸要求等一般规定。

(3)框架水平地震剪力分配是根据该主轴方向柱的抗侧移刚度,按比例分配到各柱,内力计算方法可根据具体情况,采用反弯点法或者D值法。

(4)延性框架设计应遵守"强柱弱梁"、"强剪弱弯"、"强节点弱构件"的基本原则,并应通过相应抗震措施实现。

(5)框架—抗震墙结构综合了延性框架、抗侧移刚度较大并带有边框的抗震墙,具有多道抗震防线,是一种抗震性能很好的结构体系,在计算时可根据协同工作特点,按铰接或刚接体系进行计算。

思考题与习题

1. 钢筋混凝土结构房屋的抗震等级依据什么进行划分?对结构设计有何影响?
2. 为什么要限制框架柱的轴压比?
3. 如何理解抗震设计"强柱弱梁"、"强剪弱弯"、"强节点弱构件"的基本原则?设计中如何实现?
4. 框架结构抗震设计时,可以采取哪些措施达到延性要求?
5. 简述框架—抗震墙结构受力和变形特点。
6. 框架—抗震墙结构中抗震墙合理数量如何确定?
7. 为什么要保证框架—抗震墙结构中框架总剪力$V_f \geq 0.2V_0$?
8. 某工程为6层现浇钢筋混凝土框架结构,梁截面尺寸为250mm×600mm,柱截面尺寸为500mm×500mm,柱距为6m,底层柱高4m,其它层层高3m,结构平面布置如下图所示。混凝土强度等级为C30。抗震设防烈度为8度,Ⅱ类场地,设计地震分组为第二组。屋盖和楼盖的重力荷载代表值分别为:顶层4 000kN,2~5层每层为5 000kN,1层为5 500kN。

要求进行:(1)横向框架的抗震侧移验算;(2)计算横向地震作用下横向框架的设计内力。

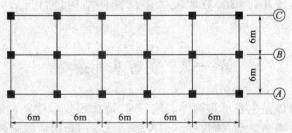

第六章 多层砌体及底部框架砌体房屋抗震设计

本章提要：砌体结构在我国有着悠久的历史和广泛的应用。在我国中西部地区，由于砌体结构材料便宜，施工简单，造价低廉，其应用尤其广泛。但由于砌体结构自重大，材料抗拉抗剪强度低，其抗震性能相对较差。大量震害调查表明，砌体结构若采取适当的抗震措施，在震后仍可保持完好或裂而不倒。本章着重介绍砌体结构的震害特征、破坏机理、抗震设计方法和相关的构造措施。

多层砌体结构指普通砖（包括烧结、蒸压、混凝土普通砖）、多孔砖（包括烧结、混凝土多孔砖）和混凝土小型空心砌块等砌体承重的多层房屋。混凝土小型空心砌块房屋也称为小砌块房屋。

由砖、石、砌块与砂浆砌筑成的墙，作为建筑物主要受力构件的结构，称为砌体结构。砌体结构由于构造简单、施工方便、造价较低，被广泛应用于房屋建筑中。但由于其所用材料的脆性性质、抗弯、抗剪能力低，而且整个结构由块体砌筑而成，整体性不好，因此砌体结构的抗震性能较差。特别是在抵御侧向水平地震作用时，在变形极小的情况下就会发生开裂，进而突然倒塌。未经抗震设计的多层砌体房屋，在地震中发生破坏更为严重。

历次震害及汶川地震调查结果表明，只要严格按抗震设计规范进行设计和施工的多层砌体房屋能够达到"小震不坏，中震可修，大震不倒"的总体抗震设防目标，有的甚至在震后经过维修或加固仍可继续使用，因此，对地震区多层砌体结构进行抗震设计具有十分重要的意义。

第一节 震害及其分析

在砌体结构中，墙体是主要承重构件。地震时，墙体不仅承受竖向重力荷载，而且还承受水平或竖向地震作用，受力复杂，建筑破坏情况随结构类型和构造措施的不同而有所不同。大体有如下震害现象。

（1）房屋倒塌。

这种震害最严重。地震时，当结构下部，特别是底层墙体的抗剪强度不足时，则易造成底层坍塌,导致整个房屋倒塌,如图 6-1 所示;当结构上部自重大或墙体的抗剪强度不足时,易造成上部坍塌,并将下部砸坏;当结构平、立面体型复杂,抗震构造措施又处置不当,或个别部位连接不好,则易造成局部坍塌。

(2)墙体开裂。

在地震作用下,受力复杂的墙体往往最容易产生裂缝。当墙体的方向与水平地震作用方向相同时,墙体受平面内的地震剪力及竖向的重力荷载共同作用,该墙体内的主拉应力超过砌体的强度时,就会产生斜裂缝,如图 6-2 所示;由于地震的反复作用,又可形成交叉裂缝,当地震作用方向与墙体垂直时,墙体受到平面外的水平地震剪力,而发生受弯受剪破坏时,会产生水平裂缝;因楼盖与墙体连接差,在墙体与楼板连接处有时也产生水平裂缝。

图 6-1 房屋倒塌

图 6-2 墙体上的交叉裂缝

(3)纵横墙连接处破坏。

在水平及竖向地震作用下,纵横墙连接处受力复杂,应力集中,若纵横墙交接处连接不好,易产生竖向裂缝,以致造成整片纵墙外闪,甚至倒塌,如图 6-3 所示。

(4)墙角破坏。

墙角位于房屋的尽端,房屋整体对其约束较差,在地震作用下房屋的角部易产生扭转效应,使其出现应力集中现象,而纵、横墙的裂缝又往往在此相遇,因此墙角易发生破坏。这种破坏形式在震害中较为常见,如图 6-4 所示。

图 6-3 整片外纵墙倒塌

图 6-4 墙角破坏

(5)楼梯间墙体破坏。

楼梯间的墙体在高度方向无支撑,空间刚度差,且墙高稳定性差,易造成墙体破坏,如图 6-5 所示。若楼梯设在房屋的尽端,其破坏更为严重,如图 6-5 所示。

(6)楼、屋盖破坏。

主要是由于楼板或梁在墙上支承长度不足,且缺乏可靠的拉结锚固措施,在地震时造成板或梁的塌落,如图 6-6 所示。

图 6-5 楼梯间墙体的破坏

图 6-6 楼、屋盖墙体塌落

(7)附属构件破坏。

突出屋面的烟囱、女儿墙、局部屋面等与建筑物相连的附属构件,由于连接较差,在地震中发生破坏更是屡见不鲜,如图 6-7 所示。

(8)底部框架砌体房屋的破坏。

底部框架砌体房屋一般为临街建筑,一层为商铺,2~4 层为住宅,楼房由于竖向刚度和强度常形成突变,震害容易发生在薄弱层,而且由于横墙设置比较少,底层的地震力基本由外纵墙承担,导致薄弱层和底层外纵墙先发生破坏,如图 6-8 所示。

图 6-7 突出屋面的局部屋面破坏

图 6-8 一层外纵墙墙体坍塌

第二节 多层砌体房屋抗震设计

砌体结构材料一般属脆性材料,砌筑而成的结构也是脆性结构,当然它的抗震性能很差,特别是在抵御侧向水平地震作用时,在变形极小的情况下就会发生开裂,进而突然倒塌。

研究和实践证明,用一定方式在砌体结构中配置适量的钢筋或钢筋混凝土构件,能够大大提高砌体结构的变形能力,增强其抗震性能。砌体结构可以划分为无筋砌体、约束砌体和配筋砌体三类。如果用墙体的体积配筋率来大致界定,配筋率在 0.2% 以上可称为配筋砌体;配筋率在 0.07%~0.2% 为约束砌体;而把仅配少量构造拉结钢筋的砌体结构,划分为无筋砌体。

一、多层砌体房屋的抗震概念设计

1. 多层房屋的层数和高度

震害调查表明,房屋随层数的增多,破坏程度随之加重,倒塌率与房屋的层数成正比。因而对房屋的高度及层数要给予一定的限值。

(1) 一般情况下,房屋的层数和总高度不应超过表 6-1 的规定。

(2) 横墙较少的多层砌体房屋,总高度应比表 6-1 的规定降低 3m,层数相应减少一层;各层横墙很少的多层砌体房屋,还应再减少一层数。

(3) 地震烈度 6、7 度时,横墙较少的丙类多层砖砌体房屋,当按规定采取加强措施并满足抗震承载力要求时,其高度和层数应允许仍按表 6-1 的规定采用。

房屋的层数和总高度限值(m)　　　　　　　　　　　　　　　　表 6-1

房屋类别	最小抗震墙厚度(mm)	地震烈度和设计基本地震加速度										
		6		7				8				9
		0.05g		0.10g		0.15g		0.20g		0.30g		0.40g
		高度	层数	高度	层数	高度	层数	高度	层数	高度	层数	高度	层数
普通砖	240	21	7	21	7	21	7	18	6	15	5	12	4
多孔砖	240	21	7	21	7	18	6	18	6	15	5	9	3
	190	21	7	18	6	15	5	15	5	12	4	—	—
小砌块	190	21	7	21	7	18	6	18	6	15	5	9	3

注:1. 房屋的总高度指室外地面到主要屋面板板顶或檐口的高度,半地下室从地下室室内地面算起,全地下室和嵌固条件好的半地下室应允许从室外地面算起;对带阁楼的坡屋面应算到山尖墙的 1/2 高度处;
2. 室内外高差大于 0.6m 时,房屋总高度应允许比表中数据适当增加,但不应多于 1m;
3. 横墙较少指同一楼层内开间大于 4.2m 的房间占该层总面积的 40% 以上;其中,开间不大于 4.2m 房间占该层总面积不到 20% 且开间大于 4.8m 的房间占该层总面积的 50% 以上为横墙很少;
4. 多层砌体承重房屋的层高,不应超过 3.6m;
5. 本表小砌块砌体房屋不包括配筋混凝土小型空心砌块砌体房屋。

2. 多层砌体房屋总高度与总宽度的最大比值

当房屋的高宽比增大时,砌体结构房屋都发生较明显的整体弯曲破坏。实际上,多层砌体房屋一般可以不作整体弯曲验算,但为了保证房屋的稳定性,须限制其高宽比。多层砌体房屋的最大高宽比,宜符合表 6-2 的要求。

房屋最大高宽比　　　　　　　　　　　表 6-2

基本烈度	6	7	8	9
最大高宽比	2.5	2.5	2.0	1.5

注:1. 单面走廊房屋的总宽度不包括走廊宽度;
2. 建筑平面接近正方形时,其高宽比宜适当减小。

3. 结构平面、立面布置方案的选择

(1) 应优先采用横墙承重或纵横墙承重的方案。纵墙承重的结构布置方案,不应采用砌体墙和混凝土墙混合承重的结构体系。

(2) 纵横砌体抗震墙的布置应符合下列要求：
①宜均匀对称，沿平面内宜对齐，沿竖向应上下连续，且纵横向墙体的数量不宜相差过大；
②平面轮廓凹凸尺寸，不应超过典型尺寸的50%，当超过典型尺寸的25%时，房屋转角处应采取加强措施；
③楼板局部大洞口的尺寸不宜超过楼板宽度30%，且不应在墙体两侧同时开洞；
④房屋错层的楼板高差超过500mm时，按两层计算；错层部位的墙体应采取加强措施；
⑤同一轴线上的窗间墙宽度宜均匀；地震烈度6、7度时墙面洞口的面积不宜大于墙面总面积的55%，8、9度时不宜大于50%；
⑥在房屋宽度方向的中部应设置内纵墙，其累计长度不宜小于房屋总长度的60%（高宽比大于4的墙段不计入）。

(3) 房屋的平面布置应尽可能简单、规矩，避免由于不规则使结构各部分的质量和刚度分布不均匀产生扭转效应而导致震害加重。房屋有下列情况之一时宜设置防震缝，缝两侧均匀设置墙体，缝宽应根据地震烈度和房屋高度确定，可采用70~100mm；
①房屋立面高差在6m以上；
②房屋有错层，且楼板高差大于层高的1/4；
③各部分结构刚度、质量截然不同。

(4) 楼梯间不宜设置在房屋的尽端或转角处。

(5) 横墙较少、跨度较大的房屋，宜采用现浇钢筋混凝土楼（屋）盖。

4. 房屋抗震横墙的间距

房屋空间刚度对抗震性能影响很大。横墙数量多、间距小房屋的空间刚度就大。多层砌体房屋的横向水平地震力是通过楼（屋）盖传到横墙上并由横墙承担，因此横墙须具有足够的承载力，且楼盖须具有传递水平地震力所需的刚度要求。楼盖的水平刚度大，横墙的间距就可以大；反之，横墙的间距就必须小。房屋抗震横墙的间距不应超过表6-3的要求。

房屋抗震横墙最大间距（m） 表6-3

房屋楼盖类别	基本烈度			
	6	7	8	9
现浇或装配整体式钢筋混凝土楼（屋）盖	15	15	11	7
装配式钢筋混凝土楼（屋）盖	11	11	9	4
木屋盖	9	9	4	—

注：1. 多层砌体房屋的顶层，除木屋盖外的最大横墙间距应允许适当放宽，但应采取相应的加强措施；
2. 多孔砖抗震横墙厚度为190mm时，最大横墙间距应比表中数值减小3m。

5. 房屋的局部尺寸限制

窗间墙、墙端到门窗洞口边的墙体属于砌体结构中的薄弱环节，地震时，破坏首先发生在薄弱环节处，因此须限制房屋中墙体的局部尺寸，如表6-4。

二、多层砌体房屋的抗震计算

多层砌体房屋的抗震计算，一般只需考虑水平地震作用的影响。因多层砌体结构房屋的质量和刚度沿高度分布比较均匀，且以剪切变形为主，故可采用底部剪力法进行结构的抗震计算。

房屋的局部尺寸限制(m)　　　　　表 6-4

部　位＼地震烈度	6 度	7 度	8 度	9 度
承重窗间墙最小宽度	1.0	1.0	1.2	1.5
承重外墙尽端至门窗洞边的最小距离	1.0	1.0	1.2	1.5
非承重外墙尽端至门窗洞边的最小距离	1.0	1.0	1.0	1.0
内墙阳角至门窗洞边的最小距离	1.0	1.0	1.5	2.0
无锚固女儿墙(非出入口处)的最大高度	0.5	0.5	0.5	0.0

注：1. 局部尺寸不足时应采取局部加强措施弥补，且最小宽度不宜小于 1/4 层高和表列数据的 80%；
　　2. 出入口处的女儿墙应有锚固。

1. 计算简图

进行水平地震作用计算时，假定各层的重力荷载代表值集中在各楼(屋)盖处。多层砌体房屋的计算简图如图 6-9 所示，底部简化为下端嵌固，当基础埋置较浅时，固定端取为基础顶面；当基础埋置较深时，取为室外地坪下 500mm 处；当设有整体刚度较大的全地下室时，取为地下室顶板处；当地下室整体刚度较小或为半地下室时，取为地下室室内地坪处。

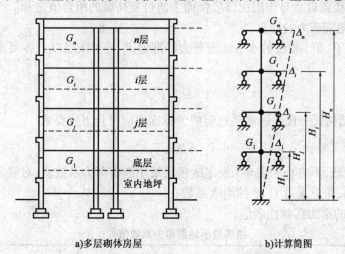

a) 多层砌体房屋　　　　b) 计算简图

图 6-9　多层砌体房屋的抗震计算简图

2. 水平地震作用和楼层水平地震剪力的计算

(1) 水平地震作用的计算。

采用底部剪力法时，各楼层可仅取一个自由度。考虑到多层砌体结构房屋墙体多，刚度大，其基本自振周期 T_1 较短，一般都处于我国《建筑抗震设计规范》(GB 50011—2010) 所规定的设计反应谱中 $0.1s \sim T_g$ 的范围内，因而水平地震影响系数 α_1 可取为最大值，且顶部附加地震作用系数 $\delta_n = 0$。因此，作用在结构底部的总水平地震作用标准值 F_{EK} 和各楼层水平地震作用标准值 F_i 如图 6-10 所示，按下列公式确定：

$$F_{EK} = \alpha_1 G_{eq} = \alpha_{\max} G_{eq} \tag{6-1}$$

$$F_i = \frac{G_i H_i}{\sum_{j=1}^{n} G_j H_j} F_{EK}(1-\delta_n) = \frac{G_i H_i}{\sum_{j=1}^{n} G_j H_j} F_{EK} \quad (i=1,2,\cdots,n) \tag{6-2}$$

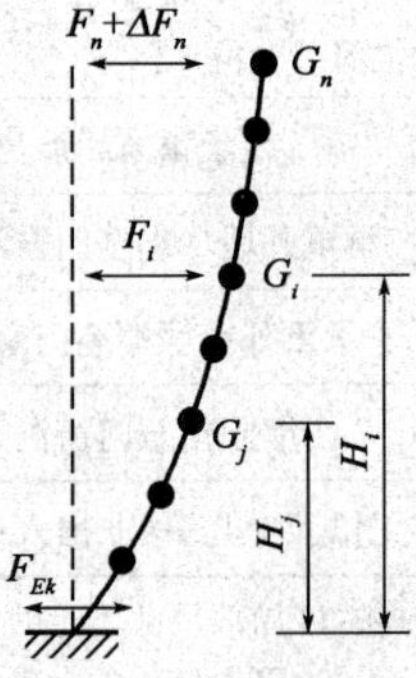

式中：F_{EK}——作用在结构底部的总水平地震作用标准值；

G_{eq}——结构等效总重力荷载代表值：

单质点体系，$G_{eq} = \sum_{i=1}^{n} G_i, (n=1)$；

多质点体系，$G_{eq} = 0.85 \sum_{i=1}^{n} G_i, (i=1,2,\cdots,n)$；

α_{max}——水平地震影响系数最大值；

α_1——相应于结构基本自振周期 T_1 的水平地震影响系；

F_i——第 i 楼层的水平地震作用标准值；

H_i、H_j——分别为第 i、j 楼层质点的计算高度；

G_i、G_j——分别为集中于第 i、j 楼层的重力荷载代表值。

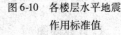

图 6-10 各楼层水平地震作用标准值

重力荷载代表值应取结构和构配件自重标准值与各可变荷载组合值之和。对一般民用建筑，当按等效均布荷载计算楼面活荷载时，组合系数为 0.5。

集中于 i 层楼盖处的重力荷载代表值可按下式计算：

$$G_i = G_{楼面} + \frac{1}{2}(G_{上层墙重} + G_{下层墙重})$$

式中：$G_{楼面}$——i 层楼盖自重与作用在该层楼面上的可变荷载的组合值之和。

(2) 楼层水平地震剪力的计算。

水平地震作用下，第 i 楼层的水平地震剪力标准值 V_i 等于该层以上各层水平地震作用标准值之和，即：

$$V_i = \sum_{j=i}^{n} F_j \tag{6-3}$$

抗震验算时，结构任一楼层的水平地震剪力标准值应符合下式要求：

$$V_i > \lambda \sum_{j=i}^{n} G_j \tag{6-4}$$

式中：λ——剪力系数，不应小于表 6-5 规定的楼层最小地震剪力系数值；对竖向不规则结构的薄弱层，尚应乘以 1.15 的增大系数；

G_j——第 j 层的重力荷载代表值。

楼层最小地震剪力系数值   表 6-5

项　目 地震烈度	6 度	7 度	8 度	9 度
扭转效应明显或基本周期小于 3.5s 的结构	0.008	0.016(0.024)	0.032(0.048)	0.064
基本周期大于 5.0s 的结构	0.006	0.012(0.018)	0.024(0.036)	0.048

注：1. 基本周期介于 3.5~5.0s 之间的结构，可插入取值。
　　2. 括号内数值分别用于设计基本地震加速度为 0.15g 和 0.30g 的地区。

采用底部剪力法时，突出屋面的屋顶间、女儿墙、烟囱等，由于质量和刚度与下部相比小许多而使顶部振幅急剧加大，考虑这种鞭梢效应其水平地震作用标准值宜乘以增大系数3，此增大部分不应往下传递，但与该突出部分相连的构件应予计入。

3. 楼层水平地震剪力在各墙体间的分配

在砌体房屋的各层中，主要抗侧移构件是墙体。当地震作用沿房屋横向作用时，由于横墙在其平面内刚度很大,而纵墙在其平面外的刚度很小,因此,横向水平地震剪力全部由横墙承担,不考虑纵墙的作用;反之,纵向水平地震剪力全部由纵墙承担,不考虑横墙的作用。

作用在某一楼层某一方向的水平地震剪力标准值 V_i,由该层与该方向平行的墙体共同承担,并通过屋盖或楼盖将其传给每一道墙体,进而再把每道墙上的水平地震剪力传给这道墙的各个墙段。

楼层水平地震剪力标准值在各墙体间的分配,主要取决于楼(屋)盖的水平刚度和各墙体的抗侧移刚度。

(1)墙体的抗侧移刚度 K。

如图 6-11 所示,某墙体下端固定,上端嵌固,墙体的高度、宽度和厚度分别为 h、b 和 t。当在墙体的顶端施加一单位水平力时,所产生的侧移 δ 称为墙体的侧移柔度。

墙体在侧向力作用下一般包括弯曲变形与剪切变形两部分。

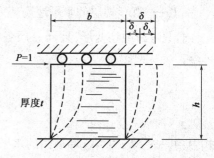

图 6-11 单位力作用下墙体的位移

如只考虑墙体的剪切变形,其侧移柔度为

$$\delta_s = \frac{\xi h}{AG} = \frac{\xi h}{b \cdot t \cdot G} \tag{6-5}$$

如只考虑墙体的弯曲变形,其侧移柔度为

$$\delta_b = \frac{h^3}{12EI} = \frac{1}{Et}\left(\frac{h}{b}\right)^3 = \frac{\rho^3}{Et} \tag{6-6}$$

式中:E、G——分别为砌体的弹性模量和剪变模量;

A、I——分别为墙体的水平截面面积和惯性矩;

ξ——截面剪应力不均匀系数,对矩形截面取 $\xi = 1.2$;

ρ——墙肢的高宽比,$\rho = \frac{h}{b}$。

侧移柔度的倒数即为墙体的抗侧移刚度 K。对于同时考虑剪切变形和弯曲变形的墙体,其抗侧移刚度为

$$K = \frac{1}{\delta} = \frac{1}{\delta_s + \delta_b} = \frac{AG}{\xi h} + \frac{12EI}{h^3} \tag{6-7}$$

由于砌体材料的剪变模量 $G = 0.4E$,矩形截面剪应力不均匀系数 $\xi = 1.2$,因此其抗侧移刚度可简化为

$$K = \frac{Et}{\rho(3 + \rho^2)} = \frac{Et}{3\rho + \rho^3} \tag{6-8}$$

如只考虑墙体的剪切变形,则其抗侧移刚度为

$$K = \frac{1}{\delta_b} = \frac{btG}{\xi h} = \frac{Et}{3\rho} \tag{6-9}$$

(2)横向水平地震剪力的分配。

根据楼盖水平刚度的不同,横向水平地震剪力采用不同的分配方法。

①刚性楼盖。对现浇和装配整体式楼(屋)盖的砌体结构房屋,当抗震横墙间距符合表6-3 的规定时,可看做刚性楼盖。即可以认为在横向水平地震作用下,楼盖在其平面内无变形,为绝对刚性的连续梁,各横墙可看做是该绝对刚性连续梁的弹性支座。当结构、荷载都对称时,楼盖仅产生刚体平移 Δ_i,如图 6-12 所示。各横墙的水平位移均为 Δ_i',由墙体的抗侧移

刚度定义可知,各墙体所承担的地震剪力是与各墙的抗侧移刚度成正比的,即同一层各横墙所分担的水平地震剪力按各横墙的抗侧移刚度比例进行比配。设第 i 楼层共有 m 道横墙,则其中第 j 墙所承担的水平地震剪力标准值 V_{ij} 为

$$V_{ij} = \frac{K_{ij}}{\sum_{j=1}^{m} K_{ij}} V_i \tag{6-10}$$

式中:K_{ij}——分别为第 i 层第 j 道墙体的抗侧移刚度;

V_i——第 i 楼层的水平地震剪力标准值,且 $V_i = \sum_{j=1}^{m} V_{ij}$。

若只考虑剪切变形,且同一层各墙体的材料、高度均相同时,将式(6-9)代入式(6-10),可得:

$$V_{ij} = \frac{A_{ij}}{\sum_{j=1}^{m} A_{ij}} V_i \tag{6-11}$$

式中:A_{ij}——第 i 层第 j 墙墙体的水平截面面积。

式(6-11)说明,对刚性楼盖,当各墙墙体的材料、高度相同时,楼层水平地震剪力可按各抗震横墙的水平截面面积比例进行分配。

②柔性楼盖。对木屋盖等柔性楼盖的砌体结构房屋,由于楼盖在其平面内水平刚度很小,因此在横向水平地震作用下,楼盖在其平面内不仅有平移,而且有弯曲变形,如图 6-13 所示,这时可将其视为铰接于各片横墙上的水平多跨简支梁。各抗震横墙所承担的水平地震作用为该墙从属面积上的重力荷载所产生的水平地震作用,因而各横墙承担的水平地震剪力可按该从属面积上的重力荷载比例进行分配。设第 i 楼层第 j 墙所承担的水平地震剪力标准值为 V_{ij},则

$$V_{ij} = \frac{G_{ij}}{G_i} V_i \tag{6-12}$$

式中:G_{ij}——第 i 层第 j 墙墙体从属面积所承担的重力荷载;

G_i——第 i 层楼盖所承担的总重力荷载。

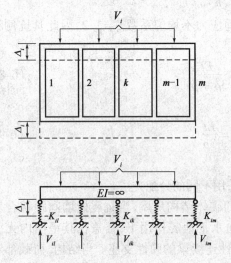

图 6-12　刚性楼盖计算简图

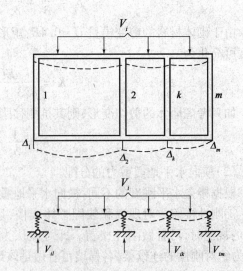

图 6-13　柔性楼盖计算简图

当楼层重力荷载均匀分布时,式(6-12)可简化为

$$V_{ij} = \frac{S_{ij}}{S_i} V_i \tag{6-13}$$

式中:S_{ij}——第 i 层楼盖上,第 j 道墙墙体的从属面积;

　　S_i——第 i 层楼盖的总面积。

从属面积是指墙体负担地震作用的面积,不完全与承担竖向重力荷载的面积相等。墙体承担地震作用的从属面积是依地震水平作用来划分的荷载面积。由于平面布置的多样性和结构布置的各异,因此在划分地震作用从属面积时,不要与竖向重力荷载的分配等同,如图 6-14 所示。

③中等刚性楼盖。对装配式钢筋混凝土楼(屋)盖其刚度介于刚性与柔性楼(屋)盖之间,各横墙所承担的地震剪力的计算方法可近似采用上述两种方法的平均值。即,第 i 楼层第 j 墙所承担的水平地震剪力标准值 V_{ij} 为

$$V_{ij} = \frac{1}{2}\left(\frac{K_{ij}}{\sum_{j=1}^{m} K_{ij}} + \frac{G_{ij}}{G_I}\right) V_i \tag{6-14}$$

当只考虑墙体的剪切变形,且同一层墙体材料、高度均相同,楼层重力荷载均匀分布时,第 i 楼层第 j 墙所承担的水平剪力标准值 V_{ij} 也可用下式计算:

$$V_{ij} = \frac{1}{2}\left(\frac{A_{ij}}{\sum_{j=1}^{m} A_{ij}} + \frac{S_{ij}}{S_i}\right) V_i \tag{6-15}$$

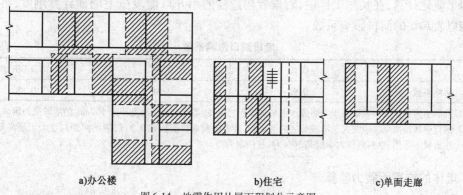

a)办公楼　　　　b)住宅　　　　c)单面走廊

图 6-14　地震作用从属面积划分示意图

(3)纵向水平地震剪力的分配。

建筑物的纵向尺寸一般比横向大很多,因此,在纵向水平地震作用下,可认为楼盖在其平面内刚度无穷大,各种楼盖均可按刚性楼盖考虑。

在纵向水平地震作用下,各纵墙所承担的水平地震剪力标准值可按纵墙的抗侧移刚度比例进行分配。

(4)同一道墙上各墙段间水平地震剪力的分配。

在同一道墙上,墙段宜按门窗洞口划分。每道墙上的水平地震剪力标准值 V_{ij} 可按各墙段的抗侧移刚度分配到各墙段。设第 i 楼层第 j 道墙共有 S 个墙段,则其中第 r 个墙段所承担的水平地震剪力标准值 V_{ijr} 为

$$V_{ijr} = \frac{K_{ijr}}{\sum_{r=1}^{s} K_{ijr}} V_{ij} \tag{6-16}$$

式中：K_{ijr}——为第 i 层第 j 墙第 r 墙段的抗侧移刚度。

墙段的抗侧移刚度计算应计及高宽比的影响。对一般墙段，高宽比指层高与墙长之比，对门窗洞口之间的墙段，指洞净高与洞侧墙宽之比，如图 6-15 所示。即，窗间墙取窗洞高；门间墙取门洞高；门窗之间的墙取窗洞高；端墙取紧靠尽端的门洞或窗洞高。高宽比不同则墙段总侧移中弯曲变形和剪切变形所占的比例也不同。

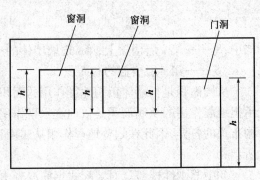

图 6-15 墙段高宽比的算法

① 当墙段的高宽比 $\frac{h}{b} \leq 1$ 时，墙段以剪切变形为主，墙段的抗侧移刚度按式(6-9)计算。当各墙段的材料、高度均相同时，各墙段所承担的水平地震剪力标准值可按各墙段的水平截面面积比例进行分配。

② 当墙段的高宽比 $1 < \frac{h}{b} \leq 4$ 时，弯曲变形与剪切变形均应考虑，墙段的抗侧移刚度按式(6-8)计算。

③ 当墙段的高宽比 $\frac{h}{b} > 4$ 时，主要以弯曲变形为主，墙段的抗侧移刚度很小，因此可忽略其刚度，不进行水平地震剪力的分配。

为了简化计算，在实际工作中，对设置构造柱的小开口墙段按毛墙面计算刚度，再根据开洞率乘以表 6-6 的洞口影响系数。

墙段洞口影响系数　　表 6-6

开 洞 率	0.10	0.20	0.30
影响系数	0.98	0.94	0.88

注：1. 开洞率为洞口水平截面面积与墙段水平毛截面面积之比，相邻洞口之间净宽小于 500mm 的墙段视为洞口；
2. 洞口中线偏离墙段中线大于墙段长度的 1/4 时，表中影响系数值折减 0.9；门洞的洞顶高度大于层高 80% 时，表中数据不适用；窗洞高度大于层高 50% 时，按门洞对待。

4. 墙体的抗震承载力验算

地震时砌体结构墙体墙段在竖向压应力和水平地震剪应力的共同作用下，会发生剪切破坏，因此需对纵、横墙的不利墙段进行截面抗震受剪承载力验算。

不利墙段一般为承担水平地震剪力较大、竖向压应力较小及墙体截面面积较小的墙段。我国《建筑抗震设计规范》(GB 50011—2010)规定，各类砌体沿阶梯形截面破坏的抗震抗剪强度设计值为

$$f_{vE} = \zeta_N f_v \tag{6-17}$$

式中：f_{vE}——砌体沿阶梯形截面破坏的抗震抗剪强度设计值；
　　　f_v——非抗震设计的砌体抗剪强度设计值；
　　　ζ_N——砌体抗震抗剪强度的正应力影响系数，按表 6-7 采用。

当满足下列要求时，则可认为墙体墙段不会发生剪切破坏，因此，墙体的截面抗震受剪承载力应按下列规定验算。

(1) 普通砖、多孔砖墙体。

砌体强度的正应力影响系数 ζ_N 表6-7

砌体类别	σ_0/f_v							
	0.0	1.0	3.0	5.0	7.0	10.0	12.0	≥16.0
普通砖、多孔砖	0.80	0.99	1.25	1.47	1.65	1.90	2.05	—
小砌块	—	1.23	1.69	2.15	2.57	3.02	3.32	3.92

注：σ_0 为对应于重力荷载代表值的砌体截面平均压应力。

①一般情况，应按下式验算

$$V \leqslant \frac{f_{vE}A}{\gamma_{RE}} \tag{6-18}$$

式中：V——墙体剪力设计值，为墙体的水平地震剪力标准值乘以水平地震作用分项系数1.3；
  A——墙体的横截面面积，多孔砖取毛截面面积；
  f_{vE}——砖砌体沿阶梯形截面破坏的抗震抗剪强度设计值；
  γ_{RE}——承载力抗震调整系数，一般墙体取为1.0，两端均有构造柱、芯柱的墙体取为0.9，自承重墙取为0.75。

②采用水平配筋的墙体，应按下式验算：

$$V \leqslant \frac{1}{\gamma_{RE}}(f_{vE}A + \zeta_s f_{yh} A_{sh}) \tag{6-19}$$

式中：f_{yh}——水平钢筋抗拉强度设计值；
  A_{sh}——层间墙体竖向截面的总水平钢筋面积，其配筋率应不小于0.07%且不大于0.17%；
  ζ_s——钢筋参与工作系数，可按表6-8采用。

钢筋参与工作系数 表6-8

墙体高宽比	0.4	0.6	0.8	1.0	1.2
ζ_s	0.10	0.12	0.14	0.15	0.12

③当按式(6-18)、式(6-19)验算不满足要求时，可计入均匀设置于墙段中部、截面不小于240mm×240mm（墙厚为190mm时为240mm×190mm）且间距不大于4m的构造柱对受剪承载力的提高作用，按下列简化方法验算：

$$V \leqslant \frac{1}{\gamma_{RE}}[\eta_c f_{vE}(A - A_c) + \zeta_c f_t A_c + 0.08 f_{yc} A_{sc} + \zeta_s f_{yh} A_{sh}] \tag{6-20}$$

式中：A_c——中部构造柱的横截面总面积，对横墙和内纵墙，$A_c > 0.15A$ 时，取 $0.15A$；对外纵墙，$A_c > 0.25A$ 时，取 $0.25A$；
  f_t——中部构造柱的混凝土轴心抗拉强度设计值；
  A_{sc}——中部构造柱的纵向钢筋截面总面积，配筋率不小于0.6%；配筋率大于1.4%时取1.4%；
  f_{yh}、f_{yc}——分别为墙体水平钢筋、构造柱钢筋抗拉强度设计值；
  ζ_c——中部构造柱参与工作系数，居中设一根时取0.5，多于一根时取0.4；
  η_c——墙体约束修正系数，一般情况取1.0，构造柱间距不大于3.0m时取1.1；
  A_{sh}——层间墙体竖向截面的总水平钢筋面积，无水平钢筋时取0.0。

(2)小砌块墙体。

小砌块墙体的截面抗震受剪承载力,应按下式验算:

$$V \leq \frac{1}{\gamma_{RE}}[f_{vE}A + (0.3f_tA_c + 0.05f_yA_s)\zeta_c] \quad (6-21)$$

式中:f_t——芯柱混凝土轴心抗拉强度设计值;

A_c——芯柱截面总面积;

A_s——芯柱钢筋截面总面积;

f_y——芯柱钢筋抗拉强度设计值;

ζ_c——芯柱参与工作系数,可按表6-9采用。

当同时设置芯柱和构造柱时,构造柱截面可作为芯柱截面,构造柱钢筋可作为芯柱钢筋。

芯柱参与工作系数　　　　　　表6-9

填孔率ρ	$\rho<0.15$	$0.15\leq\rho<0.25$	$0.25\leq\rho<0.5$	$\rho\geq0.5$
ζ_c	0.0	1.0	1.10	1.15

注:填孔率指芯柱根数(含构造柱和填实孔洞数量)与孔洞总数之比。

【例6-1】

某5层办公楼,采用装配式钢筋混凝土梁板结构,如图6-16所示,纵横墙承重;横向布梁,梁截面尺寸为200mm×500mm,梁端伸入墙内240mm,梁间距3.6m;底层墙厚为370mm,2~5层墙厚为240mm,均为双面粉刷,采用强度等级为MU10的烧结普通砖,M7.5的混合砂浆;抗震设防烈度为7度(设计基本地震加速度为0.1g),设计地震分组为第Ⅰ组,Ⅱ类场地;屋面均布荷载标准值为4.49kN/m²,楼面均布荷载标准值为4.64kN/m²(梁自重已折算为均布荷载);各层重力荷载代表值$G_1=10\,096$kN,$G_2=G_3=G_4=8\,044$kN,$G_5=5\,876$kN。试验算该办公楼墙体的抗震承载力。

【解】　(1)水平地震作用计算。

计算简图如图6-17所示。各层重力荷载代表值为

$$G_1 = 10\,096\text{kN}$$
$$G_2 = G_3 = G_4 = 8\,044\text{kN}$$
$$G_5 = 5\,876\text{kN}$$

总重力荷载代表值:

$$\sum G_i = 10\,096 + 3 \times 8\,044 + 5\,876 = 40\,104\text{kN}$$

结构底部总水平地震作用标准值为

$$F_{EK} = \alpha_1 G_{eq} = \alpha_{\max}0.85\sum G_i = 0.08 \times 0.85 \times 40\,104 = 2\,727\text{kN}$$

各层水平地震作用标准值及水平地震剪力标准值列于表6-10。

各层水平地震作用标准值及水平地震剪力标准值　　　　表6-10

层	G_i(kN)	H_i(m)	G_iH_i(kN·m)	$F_i=\dfrac{G_iH_i}{\sum G_iH_i}F_{EK}$(kN)	$V_{ik}=\sum F_i$(kN)
5	5 876	18.0	105 768	686	686
4	8 044	14.6	117 442	762	1 448
3	8 044	11.2	90 093	584	2 032
2	8 044	7.8	62 743	407	2 439
1	10 096	4.4	44 422	288	2 727
$\sum$			420 468	2 727	

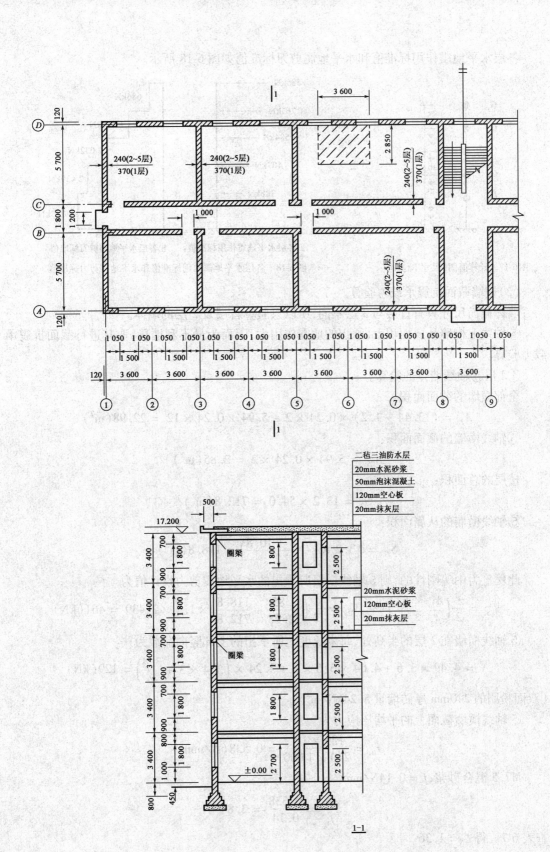

图 6-16 底层结构平面和剖面图(尺寸单位:mm)

各层水平地震作用标准值和水平地震剪刀标准值如图 6-18 所示。

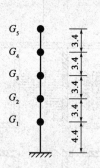
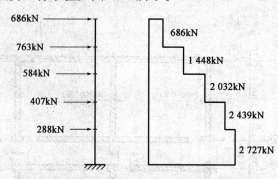

a)各层水平地震作用标准值; b)各层水平地震剪刀标准值

图 6-17 计算简图(尺寸单位:m) 　　图 6-18 各层水平地震作用标准值和水平地震剪力标准值

(2)横墙截面抗震承载力验算。

墙体截面尺寸只有首层与 2 层不同,所以只验算首层及 2 层的墙体。

⑤轴线上横墙从属面积大,承担的地震作用大,因而为最不利墙段,取其进行截面抗震承载力验算。

①2 层⑤轴线墙体的验算。

全部横墙的截面面积:

$$A_2 = (13.44 - 1.2) \times 0.24 \times 2 + 5.94 \times 0.24 \times 12 = 22.98(\text{m}^2)$$

⑤轴线横墙的截面面积:

$$A_{25} = 5.94 \times 0.24 \times 2 = 2.85(\text{m}^2)$$

楼层的总面积:

$$S_2 = 13.2 \times 54.0 = 712.8(\text{m}^2)$$

⑤轴线横墙的从属面积:

$$S_{25} = 13.2 \times \left(\frac{7.2 + 10.8}{2}\right) = 118.8(\text{m}^2)$$

此楼盖为中等刚性的,则⑤轴线横墙所承担的水平地震剪力设计值为

$$V_{25} = \frac{1}{2}\left(\frac{A_{25}}{A_2} + \frac{S_{25}}{S_2}\right) \cdot \gamma_{Eh} V_{2k} = \frac{1}{2}\left(\frac{2.85}{22.98} + \frac{118.8}{712.8}\right) \times 1.3 \times 2\,439 = 461(\text{kN})$$

⑤轴线横墙在 2 层的半高处,每米长度上所承担的上部竖向荷载为

$$N = 4.49 \times 3.6 + 4.64 \times 3.6 \times 3 + 5.24 \times \left(3.4 \times 3 + \frac{3.4}{2}\right) = 129(\text{kN})$$

(双面粉刷的 240mm 厚砖墙重 5.24kN/m²)

⑤轴线横墙截面上的平均压应力为

$$\sigma_0 = \frac{129 \times 10^3}{240 \times 1\,000} = 0.538(\text{N/mm}^2)$$

M7.5 混合砂浆, $f_v = 0.14\text{N/mm}^2$

$$\frac{\sigma_0}{f_v} = \frac{0.538}{0.14} = 3.84$$

查表 6-7 得 $\zeta_N = 1.36$

$$\frac{1}{\gamma_{RE}}\zeta_N f_v A_{25} = \frac{1}{1.0} \times 1.36 \times 0.14 \times 2.85 \times 10^6 = 542.6(\text{kN}) > V_{25} = 461(\text{kN})$$

故承载力满足要求。

②一层⑤轴线墙体的验算。

$$A_1 = (13.44 - 1.2) \times 0.37 \times 2 + 5.94 \times 0.37 \times 12 = 35.4(m^2)$$

$$A_{15} = 5.94 \times 0.37 \times 2 = 4.40(m^2)$$

$$S_1 = 13.2 \times 54 = 712.8(m^2)$$

$$S_{15} = 13.2 \times \frac{7.2 + 10.8}{2} = 118.8(m^2)$$

$$V_{15} = \frac{1}{2}\left(\frac{A_{15}}{A_1} + \frac{S_{15}}{S_1}\right) \cdot \gamma_{Eh} V_{1k} = \frac{1}{2}\left(\frac{4.40}{35.4} + \frac{118.8}{712.8}\right) \times 1.3 \times 2727 = 5106(kN)$$

⑤轴线横墙在一层的半高处,每米长度上所承担的上部竖向荷载为

$$N = 4.49 \times 3.6 + 4.64 \times 3.6 \times 4 + 5.24 \times 3.4 \times 4 + 7.71 \times \frac{4.4}{2} = 171.2(kN)$$

(双面粉刷的370mm厚砖墙重力7.71kN/m²)

$$\sigma_0 = \frac{171.2 \times 10^3}{370 \times 1000} = 0.463(N/mm^2)$$

$$\frac{\sigma_0}{f_v} = \frac{0.463}{0.14} = 3.307$$

查表6-7得 $\zeta_N = 1.287$

$$\frac{1}{\gamma_{RE}} \zeta_N f_v A_{15} = \frac{1}{1.0} \times 1.287 \times 0.14 \times 4.40 \times 10^6 = 792.8(kN) > V_{15} = 516(kN)$$

故承载力满足要求。

(3)纵墙截面抗震承载力验算。

外纵墙开洞较多,窗间墙截面面积较小,为最不利墙段,因此取Ⓐ轴线外墙墙段进行截面抗震承载力验算。

按刚性楼盖计算,则各轴线纵墙的刚度比近似用其墙截面面积比代替。

① Ⓐ轴纵墙所承担的水平地震剪力设计值。

全部纵墙截面面积:

2层 $A_2 = (54.24 - 15 \times 1.5) \times 0.24 \times 2 + (54.24 - 8 \times 1.0 - 3.6) \times 0.24 \times 2$
$= 35.7(m^2)$

1层 $A_1 = (54.24 - 15 \times 1.5) \times 0.37 \times 2 + (54.24 - 8 \times 1.0 - 3.6) \times 0.37 \times 2$
$= 55.0(m^2)$

Ⓐ轴线墙体截面面积:

2层 $A_{2A} = (54.24 - 15 \times 1.5) \times 0.24 = 7.62(m^2)$

1层 $A_{1A} = (54.24 - 15 \times 1.5) \times 0.37 = 11.74(m^2)$

Ⓐ轴线纵墙所承担的水平地震剪力设计值:

2层 $V_{2A} = \frac{A_{2A}}{A_2} \gamma_{Eh} \cdot V_{2k} = \frac{7.62}{35.7} \times 1.3 \times 2439 = 676.8(kN)$

1层 $V_{1A} = \frac{A_{1A}}{A_1} \gamma_{Eh} \cdot V_{1k} = \frac{11.74}{55} \times 1.3 \times 2727 = 756.7(kN)$

② Ⓐ轴纵墙各墙段所承担的水平地震剪力设计值。

各墙段所承担的水平地震剪力设计值按其抗侧移刚度比例分配。

尽端墙段：

高宽比 $$\frac{h}{b} = \frac{1\,800}{1\,050 + 120} = 1.538$$

$1 < \frac{h}{b} < 4$，应同时考虑弯曲和剪切变形，$k_j = \dfrac{Et}{3\dfrac{h}{b} + \left(\dfrac{h}{b}\right)^3}$

中间墙段：

高宽比 $$\frac{h}{b} = \frac{1\,800}{2\,100} = 0.857 < 1$$

可只考虑剪切变形，取 $k_j = \dfrac{Et}{3\dfrac{h}{b}}$

各墙段分配到的水平地震剪力设计值的计算结果见表 6-11。

Ⓐ轴纵墙各墙段水平地震剪力设计值　　　　表 6-11

墙段类别	$\frac{h}{b}$	个数	$\left(\frac{h}{b}\right)^3$	$3\frac{h}{b}$	$k_j = \dfrac{Et}{\left(\frac{h}{b}\right)^3 + 3\frac{h}{b}}$	$k_j = \dfrac{Et}{3\frac{h}{b}}$	$V_j = \dfrac{k_j}{\sum k_j} V_A$ (kN) 2层	1层
尽端墙段	1.538	2	3.638	4.614	0.121Et	—	14.4	16.1
中间墙段	0.857	14	—	2.571	—	0.389Et	46.3	51.6

③ Ⓐ轴线纵墙各墙段截面抗震承载力验算。

a. 二层纵墙各墙段的验算。

尽端墙段的截面面积：
$$A_{2尽} = 1.17 \times 0.24 = 0.281(\text{m}^2)$$

此墙段仅承受自重，$\gamma_{RE} = 0.75$，则此墙段在 2 层的半高处所承担的墙体自重为

$$N_{2尽} = 5.24 \times \left(3.4 \times 3 + \frac{3.4}{2}\right) \times 1.17 = 72.96(\text{kN})$$

$$\sigma_0 = \frac{72.96 \times 10^3}{240 \times 1\,170} = 0.26(\text{N/mm}^2)$$

$$\frac{\sigma_0}{f_v} = \frac{0.26}{0.14} = 1.86$$

查表 6-7 得 $\zeta_N = 1.102$

$$\frac{1}{\gamma_{RE}} \zeta_N f_v A_{尽} = \frac{1}{0.75} \times 1.102 \times 0.14 \times 0.281 \times 10^6 = 57.8(\text{kN}) > 14.4(\text{kN})$$

故承载力满足要求。

中间墙段的截面面积：
$$A_{2中} = 2.1 \times 0.24 = 0.504(\text{m}^2)$$

轴线③、⑤、⑧、⑨处的墙段仅承受墙体自重，

$$N_{2中} = 5.24 \times \left(3.4 \times 3 + \frac{3.4}{2}\right) \times 2.1 = 130.95(\text{kN})$$

$$\sigma_0 = \frac{130.95 \times 10^3}{240 \times 2\,100} = 0.26(\text{N/mm}^2)$$

知 $\zeta_N = 1.102$

$$\frac{1}{\gamma_{RE}}\zeta_N f_v A_{中} = \frac{1}{0.75} \times 1.102 \times 0.14 \times 0.504 \times 10^6 = 103.7(kN) > 46.3(kN)$$

故承载力满足要求。

其它中间墙段除承受墙体自重外还承受梁传来的屋面、楼面荷载为

$$N_{2其它} = 5.24 \times \left(3.4 \times 3 + \frac{3.4}{2}\right) \times 2.1 + 4.49 \times 3.6 \times \frac{5.7}{2} + 4.64 \times 3.6 \times \frac{5.7}{2} \times 3$$
$$= 319.8(kN)$$

$$\sigma_0 = \frac{319.8 \times 10^3}{240 \times 2100} = 0.635$$

$$\frac{\sigma_0}{f_v} = \frac{0.635}{0.14} = 4.54$$

查表 6.7 得 $\zeta_N = 1.42$

$$\frac{1}{\gamma_{RE}}\zeta_N f_v A_{中} = \frac{1}{1.0} \times 1.42 \times 0.14 \times 0.504 \times 10^6 = 100.2(kN) > 46.3(kN)$$

故承载力满足要求。

b. 1 层墙段的验算。

尽端墙段的截面面积:

$$A_{1尽} = 1.17 \times 0.37 = 0.433(m^2)$$

此墙段仅承受自重力

$$N_{1尽} = 5.24 \times 3.4 \times 4 \times 1.17 + 7.71 \times \frac{4.4}{2} \times 1.17 = 103.2(kN)$$

$$\sigma_0 = \frac{103.2 \times 10^3}{370 \times 1170} = 0.238$$

$$\frac{\sigma_0}{f_v} = \frac{0.238}{0.14} = 1.7$$

查表 6.7 得 $\zeta_N = 1.08$

$$\frac{1}{\gamma_{RE}}\zeta_N f_v A_{尽} = \frac{1}{0.75} \times 1.08 \times 0.14 \times 0.433 \times 10^6 = 87.3(kN) > 16.1(kN)$$

故承载力满足要求。

中间墙段的截面面积:

$$A_{1中} = 0.37 \times 2.1 = 0.777(m^2)$$

轴线③、⑤、⑧、⑨处的墙段仅承受墙体自重,

$$N_{1中} = \left(5.24 \times 3.4 \times 4 + 7.71 \times \frac{4.4}{2}\right) \times 2.1 = 185.3(kN)$$

$$\sigma_0 = \frac{185.3 \times 10^3}{370 \times 2100} = 0.238$$

$$\frac{\sigma_0}{f_v} = \frac{0.238}{0.14} = 1.7$$

查表 6-7 得 $\zeta_N = 1.08$

$$\frac{1}{\gamma_{RE}}\zeta_N f_v A_{中} = \frac{1}{0.75} \times 1.08 \times 0.14 \times 0.777 \times 10^6 = 156.6(kN) > 51.6(kN)$$

其它中间墙段除承受墙体自重外还承受梁传来的屋面、楼面荷载为

$$N_{1\text{其它}} = 5.24 \times 3.4 \times 4 \times 2.1 + 7.71 \times \frac{4.4}{2} \times 2.1 + 4.49 \times 3.6 \times \frac{5.7}{2} +$$

$$4.64 \times 3.6 \times \frac{5.7}{2} \times 4 = 422(\text{kN})$$

$$\sigma_0 = \frac{422 \times 10^3}{370 \times 2100} = 0.544$$

$$\frac{\sigma_0}{f_v} = \frac{0.544}{0.14} = 3.886$$

查表 6.7 得 $\zeta_N = 1.347$

$$\frac{1}{\gamma_{RE}}\zeta_N f_v A_{\text{中}} = \frac{1}{1.0} \times 1.347 \times 0.14 \times 0.777 \times 10^6 = 146.5(\text{kN}) > 51.6(\text{kN})$$

故承载力满足要求。

第三节 底部框架砌体房屋抗震设计

底部框架砌体房屋主要指结构底层或底部两层采用钢筋混凝土框架与钢筋混凝土抗震墙或砌体抗震墙组成的结构,上部为多层砌体结构的房屋。这类房屋主要用于底部需要大空间,如底层或底部两层设置商店、餐厅等,而上面各层可采用较多纵横墙,如为多层住宅、旅馆、办公楼等建筑。

一、底部框架砌体房屋的结构布置和侧移刚度

1. 结构布置

底部框架砌体房屋因底部刚度小、上部刚度大,竖向刚度急剧变化,抗震性能较差,地震时往往在底部出现变形集中,产生过大的侧移而严重破坏,甚至倒塌。为了防止底部因变形集中而发生严重的震害,在房屋的底部,应沿纵横两方向设置一定数量的抗震墙,不得采用纯框架布置。

(1)抗震墙的间距。

抗震墙应均匀对称布置,避免或减少扭转效应。地震烈度 6 度且总层数不超过 4 层的底层框架抗震墙砌体房屋,应允许采用嵌砌于框架之间的约束普通砖砌体或小砌块砌体的抗震墙,但应计入砌体墙对框架的附加轴力和附加剪力并进行底层的抗震验算,且同一方向不应同时采用钢筋混凝土抗震墙和约束砌体抗震墙;其余情况,8 度时应采用钢筋混凝土抗震墙,6 度、7 度时应采用钢筋混凝土抗震墙或配筋小砌块砌体抗震墙。抗震横墙的间距不应超过表 6-12 的要求。

底部框架砌体房屋抗震横墙的间距(m)　　　　表 6-12

地 震 烈 度	6 度	7 度	8 度	9 度
上部各层	同多层砌体房屋			—
底层或底部两层	18	15	11	—

(2)抗震墙的数量。

底部框架砌体房屋抗震墙的数量由底部框架—抗震墙和上部砌体结构的侧移刚度比确

定。底层框架—框架抗震墙砌体房屋纵横两个方向,第 2 层计入构造柱影响的侧移刚度与底层侧移刚度的比值 λ_1,地震烈度 6、7 度时不应大于 2.5,8 度时不应大于 2.0,且均不应小于 1.0;底部两层框架—抗震墙砌体房屋纵横两个方向,底层与底部第 2 层侧移刚度应接近,第 3 层计入构造柱影响的侧移刚度与底部第 2 层侧移刚度的比值 λ_2,6、7 度时不应大于 2.0,8 度时不应大于 1.5,且均不应小于 1.0。

$$\lambda_i = \frac{K_{i+1}}{K_i} = \frac{(\sum K_{bw})_{i+1}}{(\sum K_f + \sum K_w + \sum K_{bw})_i} \quad (i = 1,2) \quad (6\text{-}22)$$

式中:K_{i+1}、K_i——分别为砖砌体结构层与下一层框架—抗震墙的侧移刚度;

$(\sum K_{bw})_{i+1}$——砖砌体结构层纵向或横向承重砌体墙的侧移刚度;

K_f、K_w、K_{bw}——为框架—抗震墙层一榀框架、一片钢筋混凝土抗震墙和一片砖抗震墙的侧移刚度。

(3)底部框架砌体房屋的层数和总高度。

底部框架砌体房屋的层数和总高度,应符合表 6-13 的要求。

底部框架—抗震墙砌体房屋的底部,层高不应超过 4.5m;当底层采用约束砌体抗震墙时,底层的层高不应超过 4.2m,上部砌体承重房屋的高度不应超过 3.6m。

底部框架砌体房屋的层数和总高度限值(m) 表 6-13

房屋类别	最小抗震墙厚度 (mm)	地震烈度和设计基本地震加速度										
		6 度		7 度				8 度				9 度
		0.05g		0.10g		0.15g		0.20g		0.30g		0.40g
		高度	层数	高度	层数	高度	层数	高度	层数	高度	层数	高度	层数
普通砖 多孔砖	240	22	7	22	7	19	6	16	5	—	—	—	—
多孔砖	190	22	7	19	6	16	5	13	4	—	—	—	—
小砌块	190	22	7	22	7	19	6	16	5	—	—	—	—

注:1. 房屋的总高度指室外地面到主要屋面板板顶或檐口的高度,半地下室从地下室室内地面算起,全地下室和嵌固条件好的半地下室应允许从室外地面算起;对带阁楼的坡屋面应算到山尖墙的 1/2 高度处;
2. 室内外高差大于 0.6m 时,房屋总高度应允许比表中数据适当增加,但不应多于 1m;
3. 本表小砌块砌体房屋不包括配筋混凝土小型空心砌块砌体房屋。

(4)合理布置上、下楼层墙体。

一般情况下,承重砌体墙应该上下连续、纵横对齐,下设框架梁、柱支托。纵横两个方向的墙体沿两个方向应尽量做到均匀对称,避免在房屋的一端设置大房间,使房屋各层的刚度中心尽量靠近各层的质量中心,以减少房屋的地震扭转效应。

上部砌体的承重墙体与底部的框架梁或抗震墙,除楼梯间附近个别墙段外均应对齐。

2. 侧移刚度

(1)框架的侧移刚度。

一榀框架的侧移刚度:
$$K_f = \frac{12E_c \sum I_c}{h^3} \quad (6\text{-}23)$$

一根柱子的侧移刚度:
$$K_c = \frac{12E_c I_c}{h^3} \quad (6\text{-}24)$$

式中:E_c——混凝土的弹性模量;

I_c——柱的截面惯性矩；

h——柱的计算高度。

(2) 钢筋混凝土抗震墙的侧移刚度。

① 无洞口钢筋混凝土抗震墙(图6-19)：

$$K_w = \dfrac{1}{\dfrac{\xi h}{G_c A_w} + \dfrac{h^3}{3E_c I_w}} \tag{6-25}$$

式中：G_c——混凝土的剪变模量，$G_c = 0.4E_c$；

A_w——钢筋混凝土抗震墙截面面积，工字形截面取腹板水平截面面积，矩形截面取全部水平截面面积；

I_w——钢筋混凝土抗震墙的水平截面(包括抗震墙端柱)的惯性矩；

h——钢筋混凝土抗震墙的计算高度；

ξ——剪应变不均匀系数，矩形截面为1.2。

② 有洞口钢筋混凝土抗震墙(图6-20)：

当 $\alpha = \sqrt{\dfrac{bd}{lh}} \leqslant 0.4$ 时，可近似地采用无洞口抗震墙乘以开洞折减系数，即：

$$K_w = (1 - 1.2\alpha) \dfrac{1}{\dfrac{\xi h}{G_c A_w} + \dfrac{h^3}{3E_c I_w}} \tag{6-26}$$

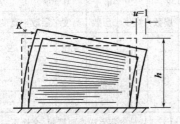 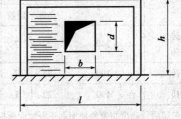

图6-19 抗震墙的侧移刚度　　　　　图6-20 有洞墙的尺寸

(3) 砖抗震墙的侧移刚度。

① 无洞口砖墙：

不考虑砖墙的弯曲变形，仅考虑其剪切变形，有

$$K_{bw} = \dfrac{1}{\dfrac{\xi h}{G_w A_w}} = \dfrac{E_w l t}{3h} \tag{6-27}$$

式中：A_w——砖墙水平截面面积，$A_w = lt$；

t——砖墙的厚度；

l——砖墙的长度，取框架柱内侧之间的距离；

G_w——砖砌体的剪变模量，$G_w = 0.4E_w$；

E_w——砖砌体的弹性模量；

h——砖墙的高度，取框架梁底至基础顶面高度。

② 小洞口砖墙(图6-20)：

当 $\alpha = \sqrt{\dfrac{bd}{lh}} \leqslant 0.4$ 时

$$K_{bw} = (1 - 1.2\alpha) \frac{E_w lt}{3h} \qquad (6\text{-}28)$$

③大洞口砖墙：

横向抗震墙有时需要开设门洞，兼作抗震墙的纵向砖墙往往开有较大的窗洞，当墙面的开洞率大于0.16，或 $\alpha = \sqrt{\frac{bd}{lh}} > 0.4$ 时，整个墙面按洞口高度划分为几条水平砖带，分别计算出各水平砖带在墙顶单位水平集中力作用下的侧移，如图6-21所示，然后求得整片砖墙的侧移刚度。

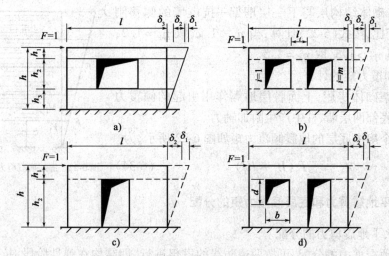

图6-21 大洞口砖墙的侧移

不计墙肢的弯曲变形、仅计算墙肢的剪切变形时，大洞口砖墙的侧移刚度为

$$K_{bw} = \frac{1}{\delta_1 + \delta_2 + \delta_3} = \frac{1}{\dfrac{3h_1}{E_w lt} + \dfrac{3h_2}{E_w t \sum l_i} + \dfrac{3h_3}{E_w lt}} \qquad (6\text{-}29)$$

或

$$K_{bw} = \frac{1}{\delta_1 + \delta_2} = \frac{1}{\dfrac{3h_1}{E_w lt} + \dfrac{3h_2}{E_w t \sum l_i}} \qquad (6\text{-}30)$$

式(6-29)适用于图6-21a)、b)，式(6-30)适用于图6-21c)、d)。

二、底部框架砌体房屋的抗震计算

1. 底部水平地震剪力和倾覆力矩的计算

底部框架砌体房屋底部的地震作用效应有水平地震剪力和底层的地震倾覆力矩两部分。

（1）底部水平地震剪力的计算。

底部框架砌体房屋的水平地震作用仍可采用底部剪力法，取水平地震影响系数为最大值，顶部附加地震影响系数为零。但由于此类房屋属于上刚下柔的竖向不规则结构，因此地震作用应作调整。

底层框架—抗震墙房屋，底层的纵、横向地震剪力设计值应取底部剪力法所得的地震剪力乘以增大系数，即：

$$V_1 = \eta_E \alpha_{max} G_{eq} \tag{6-31}$$

对于底部2层框架—抗震墙房屋,除了底层纵、横向地震剪力设计值需乘以地震剪力增大系数外,2层同样乘以地震剪力增大系数,即:

$$V_2 = \eta_E \sum_{i=2}^{n} F_i \tag{6-32}$$

式中:η_E——地震剪力增大系数,为砖砌体结构层与下一层框架—抗震墙的侧移刚度比有关,即:

$$\eta_E = \sqrt{\lambda} \tag{6-33}$$

λ——砖砌体结构层与下一层框架—抗震墙的侧移刚度比,按式(6-22)计算,当 $\eta_E < 1.2$,取 $\eta_E = 1.2$;当 $\eta_E > 1.5$,取 $\eta_E = 1.5$。

(2)底部倾覆力矩的计算。

对底部框架砌体房屋,上面各层地震作用引起的倾覆力矩会在底层或底部两层墙、柱中产生附加轴力。

作用于整个房屋底层的地震倾覆力矩如图6-22所示,为

$$M_1 = \sum_{i=2}^{n} F_i (H_i - H_1) \tag{6-34}$$

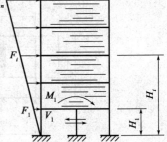

图6-22 底层地震剪力和倾覆力矩

2. 底部水平地震剪力和底层倾覆力矩的分配

(1)底部水平地震剪力的分配。

底部水平地震剪力的分配,可按两道防线的思想进行,即结构在弹性阶段,抗震墙具有很大的侧向刚度,因此不考虑框架柱的抗剪贡献,地震剪力全部由该方向的抗震墙承担。在结构进入弹塑性阶段后,抗震墙出现裂缝,刚度迅速降低,框架作为第二道防线开始发挥作用,因此地震剪力由抗震墙和框架柱共同承担。

①抗震墙地震剪力设计值,按各抗震墙弹性侧向刚度比例分配。

一片钢筋混凝土抗震墙承担的横向(或纵向)水平地震剪力为

$$V_w = \frac{K_w}{\sum K_w + \sum K_{bw}} V_i \tag{6-35}$$

一片砖抗震墙承担的横向(或纵向)水平地震剪力为

$$V_{bw} = \frac{K_{bw}}{\sum K_w + \sum K_{bw}} V_i \tag{6-36}$$

式中:V_i——房屋底层或底部两层的横向(或纵向)总水平地震剪力,$i=1$ 或 2;
K_w——一片钢筋混凝土抗震墙的弹性侧移刚度;
K_{bw}——一片砖抗震墙的弹性侧移刚度。

②框架承担的地震剪力设计值,按各抗侧力构件有效侧移刚度比例分配确定。有效侧移刚度的取值,框架不折减,钢筋混凝土抗震墙约为弹性刚度的30%,而砖抗震墙则约为20%左右。

一根钢筋混凝土柱承担的横向(或纵向)水平地震剪力为

$$V_c = \frac{K_c}{0.3\sum K_w + 0.2\sum K_{bw} + \sum K_c} V_1 \tag{6-37}$$

式中:K_c——一根钢筋混凝土柱的弹性侧移刚度。

(2)底部倾覆力矩分配。

①底部倾覆力矩分配。框架柱轴力应计入地震倾覆力矩引起的附加轴力,上部砖房可视为刚体,底部各轴线承受的地震倾覆力矩可按底部抗震墙和框架的转动刚度(整体弯曲刚度)比例分配确定。

一榀框架承担的倾力矩为

$$M_f = \frac{K'_f}{K} M_1 \tag{6-38}$$

一片抗震墙承担的倾覆力矩为

$$M_w = \frac{K'_w}{K} M_1 \tag{6-39}$$

一片砖抗震墙承担的倾覆力矩为

$$M_{bw} = \frac{K'_{bw}}{K} M_1 \tag{6-40}$$

一榀框架—抗震墙并联体承担的倾覆力矩为

$$M_{fw} = \frac{K'_{fw}}{K} M_1 \tag{6-41}$$

$$K = \sum K'_f + \sum K'_w + \sum K'_{bw} + \sum K'_{fw} \tag{6-42}$$

式中:M_1——作用于整个房屋底层的地震倾覆力矩;

K'_f、K'_w、K'_{bw}、K'_{fw}——底层一榀框架、一片钢筋混凝土抗震墙、一片砖抗震墙、一榀框架—抗震墙并联体的转动刚度。

②各构件的转动刚度。倾覆力矩作用下底层或底部两层框架、抗震墙的转动刚度(即构件的整体抗弯刚度)取决于框架、抗震墙自身的整体弯曲变形及其基础底面地基变形。如略去基础地基变形,各构件的转动刚度按下列公式计算:

a. 一榀框架的转动刚度(整体抗弯刚度),如图6-23所示,为

$$K'_f = \frac{E_c \sum A_i x_i^2}{h} \tag{6-43}$$

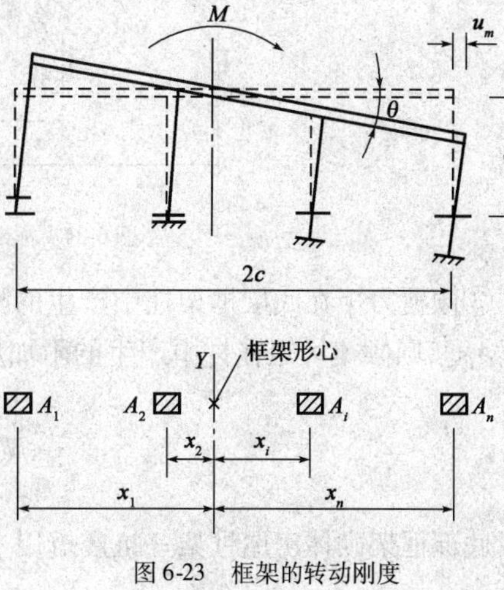

b. 一片钢筋混凝土抗震墙的转动刚度:

无洞口钢筋混凝土抗震墙

$$K'_w = \frac{E_c I_w}{h} \tag{6-44}$$

图6-23 框架的转动刚度

有洞口钢筋混凝土抗震墙

$$K'_w = \frac{E_c \bar{I}_w}{h} \tag{6-45}$$

式中:$\bar{I}_w$——有洞口钢筋混凝土抗震墙各水平截面的平均惯性矩。

c. 一片砖抗震墙的转动刚度:

无洞口砖墙

$$K'_{bw} = \frac{E_w I}{h} = \frac{E_w t l^3}{12h} \tag{6-46}$$

式中：I——无洞口砖墙的水平截面惯性矩。

有洞口砖墙

$$K'_{bw} = \frac{E_w \bar{I}}{h} \tag{6-47}$$

式中：$\bar{I}$——有洞口砖墙各水平截面的平均惯性矩。

一榀框架—抗震墙并联体的转动刚度如图 6-24 所示，为

$$K'_{fw} = \frac{E_c(\sum A_i x_i^2 + I_w + A'_w x^2)}{h} \tag{6-48}$$

式中：A_i——第 i 根柱的截面面积；

x_i——第 i 根柱到框架形心的距离；

h——底层框架的计算高度，当为底部两层框架—抗震墙时，h 为底层和 2 层的框架柱或抗震墙的计算高度之和；

A'_w——抗震墙及与之相联柱的总水平截面面积。

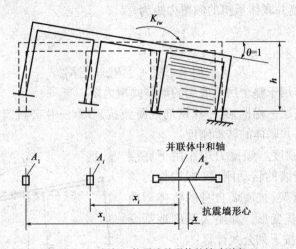

图 6-24　框架—抗震墙并联体的转动刚度

③倾覆力矩在底层框架柱中产生的附加轴力。假定各柱对框架中轴的惯性矩之和近似地为 $\sum A_i x_i^2$，则倾覆力矩在柱中产生的附加压（拉）轴力为

$$N_i = \pm \frac{A_i x_i}{\sum A_i x_i^2} M_f \tag{6-49}$$

底部框架砌体房屋框架—抗震墙以上结构的抗震计算与多层砌体结构房屋相同。

第四节　抗震构造措施

一、多层砌体房屋的抗震构造措施

为了保证砌体结构房屋的抗震性能，在抗震设计中，除了房屋的结构布置满足一定的要求，并且进行必要的抗震验算外，还必须采取合理可靠的抗震构造措施。抗震构造措施可以加强砌体结构的整体性，提高变形能力。

1. 多层砖砌体房屋现浇钢筋混凝土构造柱

在多层砖砌体结构中设置钢筋混凝土构造柱可以提高砌体的受剪承载力,尤其是能够提高其变形能力,改善房屋的抗震性能。

(1)构造柱应按下列要求设置:

①钢筋混凝土构造柱的设置部位,一般情况下应符合表6-14的要求;

②外廊式和单面走廊式的多层房屋,应根据房屋增加一层后的层数,按表6-14的要求设置构造柱,且单面走廊两侧的纵墙均应按外墙处理;

③横墙较少的房屋,应根据房屋增加一层后的层数,按表6-14的要求设置构造柱;当横墙较少的房屋为外廊式或单面走廊式时,应按第二条要求设置构造柱;但地震烈度6度不超过4层、7度不超过3层和8度不超过2层时,应按增加2层后的层数对待;

④各层横墙很少的房屋,应按增加2层的层数设置构造柱。

多层砖砌体房屋构造柱设置要求　　　　　　　　　　　　　表6-14

房屋层数				设 置 部 位	
6度	7度	8度	9度		
四、五	三、四	二、三		楼、电梯间的四角,楼梯斜梯段上下端对应的墙体处; 外墙四角和对应转角; 错层部位横墙与外纵墙交接处; 大房间内外墙交接处; 较大洞口两侧	隔12m或单元横墙与外纵墙交接处; 楼梯间对应的另一侧内横墙与外纵墙交接处
六	五	四	二		隔开间横墙(轴线)与外纵墙交接处; 山墙与内纵墙交接处
七	≥六	≥五	≥三		内墙(轴线)与外墙交接处; 内墙的局部较小墙垛处; 内纵墙与横墙(轴线)交接处

注:较大洞口,内墙指不小于2.1m的洞口;外墙在内外墙交接处已设置构造柱时应允许适当放宽,但洞侧墙体应加强。

(2)构造柱应符合下列要求:

①构造柱最小截面可采用180mm×240mm(墙厚190mm时为180mm×190mm),纵向钢筋宜采用4ϕ12,箍筋间距不宜大于250mm,且在柱上、下端宜适当加密;地震烈度6、7度时超过6层、8度时超过5层和9度时,构造柱纵向钢筋宜采用4ϕ14,箍筋间距不宜大于200mm;房屋四角的构造柱可适当加大截面及配筋。

②构造柱与墙连接处应砌成马牙槎,并应沿墙高每隔500mm设2ϕ6水平钢筋和ϕ4分布短筋、平面内点焊组成的拉结网片或ϕ4点焊钢筋网片,每边伸入墙内不宜小于1m。地震烈度6、7度时底部1/3楼层,8度时底部1/2楼层,9度时全部楼层,上述钢筋网片沿墙体通长设置。

③构造柱与圈梁连接处,构造柱的纵筋应在圈梁纵筋内侧穿过,保证构造柱纵筋上下贯通。

④构造柱可不单独设置基础,但应伸入室外地面下500mm,或与埋深小于500mm的基础圈梁相连。

⑤房屋高度和层数接近表6-1的限值时,纵、横墙内构造柱间距尚应符合下列要求:

横墙内的构造柱间距不宜大于层高的2倍;下部1/3楼层的构造柱间距适当减小;当外纵

墙开间大于 3.9m 时,应另设加强措施。内纵墙的构造柱间距不宜大于 4.2m。

2. 多层砖砌体房屋的现浇钢筋混凝土圈梁

钢筋混凝土圈梁能增强砌体房屋的整体性,增加墙体的稳定性,可以有效地约束墙体裂缝的开展,从而提高房屋的抗震能力。它还可以有效地抵抗由于地震或其它原因所引起的地基不均匀沉降对房屋的破坏作用,是抗震的有效措施。

(1)圈梁设置应符合下列要求:

①装配式钢筋混凝土楼(屋)盖或木楼屋盖的砖房,应按表 6-15 的要求设置圈梁;纵墙承重时,抗震横墙上的圈梁间距应比表内要求适当加密。

②现浇或装配整体式钢筋混凝土楼(屋)盖与墙体有可靠连接的房屋,应允许不另设圈梁,但楼板沿抗震墙体周边均应加强配筋并应与相应的构造柱钢筋可靠连接。

多层砖砌体房屋现浇钢筋混凝土圈梁设置要求　　　　　表 6-15

墙 类	地 震 烈 度		
	6、7 度	8 度	9 度
外墙和内纵墙	屋盖处及每层楼盖处	屋盖处及每层楼盖处	屋盖处及每层楼盖处
内横墙	同上; 屋盖处间距不应大于 4.5m; 楼盖处间距不应大于 7.2m; 构造柱对应部位	同上; 各层所有横墙,且间距不应大于 4.5m; 构造柱对应部位	同上; 各层所有横墙

(2)圈梁构造应符合下列要求:

①圈梁应闭合,遇有洞口圈梁应上下搭接。圈梁宜与预制板设在同一高程处或紧靠板底;

②圈梁在表 6-15 要求的间距内无横墙时,应利用梁或板缝中配筋替代圈梁;

③圈梁的截面高度不应小于 120mm,配筋应符合表 6-16 的要求;为加强基础整体性和刚性而增设的基础圈梁,截面高度不应小于 180mm,配筋不应少于 4φ12。

多层砖砌体房屋圈梁配筋要求　　　　　表 6-16

配 筋	地 震 烈 度		
	6、7 度	8 度	9 度
最小纵筋	4φ10	4φ12	4φ14
最大箍筋间距(mm)	250	200	150

3. 多层砖砌体房屋的楼(屋)盖

(1)现浇钢筋混凝土楼板或屋面板伸进纵、横墙内的长度均不应小于 120mm。

(2)装配式钢筋混凝土楼板或屋面板,当圈梁未设在板的同一高程时,板端伸进外墙的长度不应小于 120mm,伸进内墙的长度不应小于 100mm 或采用硬架支模连接,在梁上不应小于 80mm 或采用硬架支模连接。

(3)当板的跨度大于 4.8m 并与外墙平行时,靠外墙的预制板侧边应与墙或圈梁拉结。

(4)房屋端部大房间的楼盖,地震烈度 6 度时房屋的屋盖和 7~9 度时房屋的楼(屋)盖,当圈梁设在板底时,钢筋混凝土预制板应相互拉结,并应与梁、墙或圈梁拉结。

(5)楼(屋)盖的钢筋混凝土梁或屋架应与墙、柱(包括构造柱)或圈梁可靠连接;不得采用独立砖柱。跨度不小于6m的大梁的支承构件应采用组合砌体等加强措施,并满足承载力要求。

4. 楼梯间

历次地震震害表明,楼梯间由于比较空旷常常破坏严重,是抗震较为薄弱的部位,必须符合下列要求:

(1)顶层楼梯间墙体应沿墙高每隔500mm设2ϕ6通长钢筋和ϕ4分布短筋平面内点焊组成的拉结网片或ϕ4点焊网片;地震烈度7~9度时其它各层楼梯间的墙体应在休息平台或楼层半高处设置60mm厚、纵向钢筋不应少于2ϕ10的钢筋混凝土带或配筋砖带,配筋砖带不少于3皮,每皮的配筋不少于2ϕ6,砂浆强度等级不应低于M7.5且不低于同层墙体的砂浆强度等级。

(2)楼梯间及门厅内墙阳角处的大梁支承长度不应小于500mm,并应与圈梁连接。

(3)装配式楼梯段应与平台板的梁可靠连接;地震烈度8、9度时不应采用装配式楼梯段;不应采用墙中悬挑式踏步或踏步竖肋插入墙体的楼梯,不应采用无筋砖砌栏板。

(4)突出屋顶的楼、电梯间,构造柱应伸到顶部,并与顶部圈梁连接,所有墙体应沿墙高每隔500mm设2ϕ6通长钢筋和ϕ4分布短筋平面内点焊组成的拉结网片或ϕ4点焊网片。

5. 其它措施

(1)地震烈度6、7度时长度大于7.2m的大房间,以及8、9度时外墙转角及内外墙交接处,应沿墙高每隔500mm配置2ϕ6通长钢筋和ϕ4分布短筋平面内点焊组成的拉结网片或ϕ4点焊网片。

(2)丙类多层砖砌体房屋,当横墙较少且总高度和层数接近或达到表6-1规定时,应采取下列加强措施:

①房屋的最大开间尺寸不宜大于6.6m;

②同一结构单元内横墙错位数量不宜超过横墙总数的1/3,且连续错位不宜多于两道;错位墙体交接处均应增设构造柱,且楼(屋)面板应采用现浇钢筋混凝土板;

③横墙和内纵墙上洞口的宽度不宜大于1.5m;外纵墙上洞口宽度不宜大于2.1m或开间尺寸的一半;且内外墙上洞口位置不应影响内外纵墙与横墙的整体连接;

④所有纵横墙均应在楼(屋)盖高程处设置加强的现浇钢筋混凝土圈梁;圈梁的截面高度不宜小于150mm,上下纵筋各不应少于3ϕ10,箍筋不小于ϕ6,间距不大于300mm;

⑤所有纵横墙交接处及横墙中部,均应增设满足下列要求的构造柱:在纵、横墙内柱距不宜大于3.0m,最小截面尺寸不宜小于240mm×240mm(墙厚190mm时为240mm×190mm),配筋宜符合表6-17的要求;

增设构造柱的纵筋和箍筋配筋要求　　　　表6-17

位　置	纵向钢筋			箍　筋		
	最大配筋率(%)	最小配筋率(%)	最小直径(mm)	加密区范围(mm)	加密区间距(mm)	最小直径(mm)
角柱	1.8	0.8	14	全高	100	6
边柱			14	上端700 下端500		
中柱	1.4	0.6	12			

⑥同一结构单元的楼、屋面板应设置在同一高程处;

⑦房屋底层和顶层窗台高程处,宜设置沿纵横墙通长的水平现浇钢筋混凝土带,其截面高

度不小于60mm,宽度不小于墙厚,纵向钢筋不少于2ϕ10,横向分布钢筋不小于ϕ6,且其间距不大于200mm。

二、多层砌块砌体房屋的抗震构造措施

1. 多层小砌块房屋现钢筋混凝土芯柱

(1)芯柱的设置要求。

多层小砌块房屋应按表6-18的要求设置钢筋混凝土芯柱;对外廊式和单面走廊的多层房屋、横墙较少的房屋、各层横墙很少的房屋,应根据有关增加层数的要求,按表6-18的要求设置芯柱。

多层小砌块房屋芯柱设置要求 表6-18

房屋层数				设置部位	设置数量
6度	7度	8度	9度		
四、五	三、四	二、三		外墙转角,楼、电梯间四角,楼梯斜梯段上下端对应的墙体处;大房间内外墙交接处;错层部位横墙与外纵墙交接处;间隔12m或单元横墙与外纵墙交接处	外墙转角,灌实3个孔;内外墙交接处灌实4个孔;楼梯斜梯段上下端对应墙体处,灌实2个孔
六	五	四		同上;隔开间横墙(轴线)与外纵墙交接处	
七	六	五	二	同上;各内墙(轴线)与外纵墙交接处;内纵墙与横墙(轴线)交接处和洞口两侧	外墙转角,灌实5个孔;内外墙交接处,灌实4个孔;内墙交接处,灌实4～5个孔;洞口两侧各灌实1个孔
	七	≥六	≥三	同上;横墙内芯柱间距不宜大于2m	外墙转角,灌实7个孔;内外墙交接处,灌实5个孔;内墙交接处,灌实4～5个孔;洞口两侧各灌实1个孔

注:外墙转角、内外墙交接处、楼电梯间四角等部位,应允许采用钢筋混凝土构造柱替代部分芯柱。

(2)芯柱应符合下列构造要求:

①小砌块房屋芯柱截面不宜小于120mm×120mm;

②芯柱的混凝土强度等级,不应低于Cb20;

③芯柱的竖向插筋应贯通墙身且与圈梁连接;插筋不应小于1ϕ12,地震烈度7度时超过5层、8度时超过4层和9度时,插筋不应小于1ϕ14;

④芯柱应伸入室外地面下500mm或与埋深小于500mm的基础圈梁相连;

⑤为提高墙体抗震受剪承载力而设置的芯柱,宜在墙体内均匀布置,最大净距不宜大于2.0m;

⑥多层小砌块房屋墙体交接处或芯柱与墙体连接处应设置拉结钢筋网片,网片可采用直径4mm的钢筋点焊而成,沿墙高间距不大于600mm,并应沿墙体水平通长设置。地震烈度6、7度时底部1/3楼层,8度时底部1/2楼层,9度时全部楼层,上述拉结钢筋网片沿墙高间距不大于400mm。

(3)替代芯柱的钢筋混凝土构造柱应符合下列构造要求：

①构造柱截面不宜小于 190mm×190mm，纵向钢筋宜采用 4ϕ12，箍筋间距不宜大于 250mm，且在柱上、下端宜适当加密；6、7 度时超过 5 层、8 度时超过 4 层和 9 度时，构造柱纵向钢筋宜采用 4ϕ14，箍筋间距不宜大于 200mm；房屋四角的构造柱可适当加大截面及配筋；

②构造柱与砌块墙连接处应砌成马牙槎，与构造柱相邻的砌块孔洞，6 度时宜填实，7 度时应填实，8、9 度时应填实并插筋。构造柱与砌块墙之间沿墙高每隔 600mm 设 ϕ4 点焊拉结钢筋网片，并应沿墙体水平通长设置。6、7 度时底部 1/3 楼层，8 度时底部 1/2 楼层，9 度时全部楼层，上述拉结钢筋网片沿墙高不大于 400mm；

③构造柱与圈梁连接处，构造柱的纵筋应在圈梁纵筋内侧穿过，保证构造柱纵筋上下贯通；

④构造柱可不单独设置基础，但应伸入室外地面下 500mm，或与埋深小于 500mm 的基础圈梁相连。

2. 多层小砌块房屋钢筋混凝土圈梁的设置和构造

小砌块房屋的圈梁的设置位置同多层砌体房屋，见表 6-15。圈梁宽度不应小于 190mm，配筋不应少于 4ϕ12，箍筋间距不应大于 200mm。

多层小砌块房屋楼屋盖、楼梯间及其它构造措施同多层砌体房屋。

三、底部框架砌体房屋抗震构造措施

1. 过渡层墙体

过渡层指底部的钢筋混凝土结构与上部砌体结构之间的过渡楼层。其构造措施应符合下列要求：

(1)上部砌体墙的中心线宜与底部的框架梁、抗震墙的中心线相重合，构造柱或芯柱宜与框架柱上下贯通。

(2)过渡层应在底部框架柱、混凝土墙或约束砌体墙的构造柱所对应处设置构造柱或芯柱；墙体内的构造柱间距不宜大于层高，芯柱除按表 6-18 设置外，最大间距不宜大于 1m。

(3)过渡层构造柱的纵向钢筋，地震烈度 6、7 度时不宜少于 4ϕ16，8 度时不宜少于 4ϕ18；过渡层芯柱的纵向钢筋，地震烈度 6、7 度时不宜少于每孔 1ϕ16，8 度时不宜少于每孔 1ϕ18。一般情况下，纵向钢筋应锚入下部的框架柱或混凝土墙内；当纵向钢筋锚固在托墙梁内时，托墙梁内的相应位置应加强。

(4)过渡层的砌体墙在窗台标高处，应设置沿纵横墙通长的水平钢筋混凝土现浇带，其截面高度不小于 60mm，宽度不小于墙厚，纵向钢筋不下少于 2ϕ10，横向分布钢筋直径不小于 6mm 且其间距不大于 200mm。此外，砖砌体墙在构造柱间的墙体，应沿墙高每隔 360mm 设置 2ϕ6 的通长水平钢筋和 ϕ4 分布短筋平面内点焊组成的拉结网片或 ϕ4 点焊钢筋网片，并锚入构造柱内；小砌块砌体墙体芯柱之间沿墙高每隔 400mm 设置 ϕ4 通长水平点焊钢筋网片。

(5)过渡层的砌体墙，凡宽度不小于 1.2m 的门洞和 2.1m 窗洞，洞口两侧宜增设截面不小于 120mm×240mm（墙厚 190mm 时为 120mm×190mm）的构造柱或单孔芯柱。

(6)当过渡层的砌体抗震墙与底部的框架梁、墙体不对齐时，应在底部框架内设置托墙转换梁，并且过渡层砖墙或砌块墙应采取比第 4 条更高的加强措施。

2. 过渡层底板

过渡层的底板应采用现浇钢筋混凝土板,板厚不应小于120mm,并应少开洞、开小洞;当洞口尺寸大于800mm时,洞口周边应设置边梁。

3. 托墙梁

底部框架—抗震墙砌体房屋的钢筋混凝土托墙梁,其截面和构造应符合下列要求:

(1)梁的截面宽度不应小于300mm,梁的截面高度不应小于跨度的1/10。

(2)箍筋的直径不应小于8mm,间距不应大于200mm;梁端在1.5倍梁高且不小于1/5梁净跨范围内,以及上部墙体的洞口处和洞口两侧各500mm且不小于梁高的范围内,箍筋间距不应大于100mm(图6-25)。

(3)沿梁高应设腰筋,数量不应少于2φ14,距不应大于200mm。

(4)梁的纵向受力钢筋和腰筋应按受拉钢筋的要求锚固在柱内,且支座上部的纵向钢筋在柱内的锚固长度应符合钢筋混凝土框支梁的有关要求。

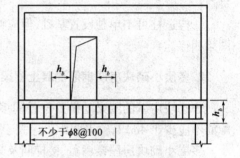

图6-25 托墙梁箍筋的加密范围

4. 底部的钢筋混凝土抗震墙

底部框架—抗震墙砌体房屋的底部采用钢筋混凝土墙时,其截面和构造应符合下列要求:

(1)墙体周边应设置梁(或暗梁)和边框柱(或框架柱)组成的边框,边框架梁的截面宽度不宜小于墙体厚度的1.5倍,截面高度不宜小于墙体厚度的2.5倍;边框架柱的截面高度不宜小于墙体厚度的2倍。

(2)墙体的厚度不宜小于160mm,且不应小于墙体净高的1/20;墙体宜开设洞口形成若干墙段,各墙段的高宽比不宜小于2。

(3)墙体的竖向和横向分布钢筋配筋率不应小于0.3%,并应采用双排布置;双排分布钢筋间拉筋的间距不应大于600mm,直径不应下于6mm。

(4)墙体边缘构件可按抗震墙一般部位的规定设置。

5. 底层的约束砖砌体墙

当按地震烈度6度设防的底层框架—抗震砖房底层采用约束砖砌体墙时,其构造应符合下列要求:

(1)砖墙厚不小于240mm,砌筑砂浆强度等级不应低于M10,应先砌墙后浇框架。

(2)沿框架柱每隔300mm配置2φ8水平钢筋和φ4分布短筋平面内点焊组成拉结网片,并沿砖墙水平通长设置;在墙体半高处尚应设置与框架柱相连的钢筋混凝土水平系梁。

(3)当墙长大于4m时和洞口两侧,应在墙内增设钢筋混凝土构造柱。

6. 底部的框架柱

底部框架—抗震墙砌体房屋的框架柱应符合下列要求:

(1)柱的截面不应小于400mm×400mm,圆柱的直径不应小于450mm。

(2)柱的轴压比,地震烈度6度时不宜大于0.85,7度时不宜大于0.75,8度时不宜大于0.65。

(3)柱的纵向钢筋最小总配筋率,当钢筋的强度标准值低于400MPa时,中柱在地震烈度6、7度时不应小于0.9%,8度时不应小于1.1%;边柱、角柱和混凝土抗震墙端柱6、7度时不应小于1.0%,8度时不应小于1.2%。

(4)柱的箍筋直径,地震烈度6、7度时不应小于8mm,8度时不应小于10mm,并应全高加密箍筋,间距不大于100mm。

(5)柱的最上端和最下端组合的弯矩设计值应乘以增大系数,抗震一级、二级、三级的增大系数应分别按1.5、1.25和1.15采用。

7. 构造柱和芯柱

底部框架—抗震墙砌体房屋的上部墙体应设置钢筋混凝土构造柱或芯柱。

(1)构造柱、芯柱的设置部位同多层砌体房屋。

(2)构造柱、芯柱的构造除符合多层砌体房屋外,还应符合下列要求:

①砖砌体墙中构造柱截面不宜小于240mm×240mm(墙厚190mm时为240mm×190mm);

②构造柱的纵向钢筋不宜少于$4\phi14$,箍筋间距不宜大于200mm,芯柱每孔插筋不应小于$1\phi14$,芯柱之间沿墙高每隔400mm设$\phi4$焊接钢筋网片。

(3)构造柱、芯柱应与每层圈梁连接,或与现浇楼板可靠拉接。

8. 材料强度

底部框架—抗震墙砌体房屋的材料强度等级,应符合下列要求:

(1)框架柱、混凝土墙和托墙梁的混凝土强度等级,不应低于C30。

(2)过渡层砌体块材的强度等级不应低于MU10,砖砌体砌筑砂浆强度等级不应低于M10,砌块砌体砌筑砂浆强度等级不应低于Mb10。

9. 其它

(1)底部框架砌体房屋的上部结构的构造措施与一般多层砌体房屋相同。

(2)底部框架—抗震墙砌体房屋的钢筋混凝土部分除符合以上要求外,混凝土框架的其它抗震构造措施,地震烈度6、7、8度应分别按抗震三、二、一级采用;混凝土墙体的其它抗震构造措施,6、7、8度应分别按三、三、二级采用。

本章小结:本章介绍了砌体结构的震害特征,要求掌握多层砌体结构抗震设计与计算方法,了解底层框架结构抗震设计;重点掌握和理解砌体结构抗震措施。

思考题与习题

1. 多层砌体结构房屋的震害现象有哪些规律?砌体结构有哪些抗震薄弱环节?
2. 抗震设计对于砌体结构的结构方案与布置有哪些主要要求?为什么要这样要求?
3. 简述多层砌体结构房屋抗震设计计算步骤。

4. 多层砌体结构房屋的计算简图如何选取？地震作用如何确定？

5. 楼层水平地震剪力的分配主要与哪些因素有关？水平地震剪力怎样分配到各片墙和墙肢上？

6. 在进行墙体抗震验算时，怎样选择和判断最不利墙段？

7. 在多层砌体结构中设置圈梁的作用是什么？

8. 怎样理解底部框架砌体房屋底部框架的设计原则？

9. 某 4 层砌体结构办公楼，平面及剖面尺寸如图 6-26 所示，墙体轴线居中，底层层高为 4.4m。抗震设防烈度为 7 度（设计基本地震加速度为 0.1g），设计地震分组为第一组，Ⅱ类场地。楼盖及屋盖采用现浇钢筋混凝土板（板厚 100mm）。横墙承重，墙体采用 MU10 烧结普通砖和 M5 混合砂浆砌筑，计算重力荷载代表值时，楼（屋）面均布荷载均取为 $4.64 kN/m^2$，各层重力荷载代表值，$G_1 = 5070 kN$，$G_2 = G_3 = 4850 kN$，$G_4 = 4180 kN$。试进行墙体的抗震承载力验算。

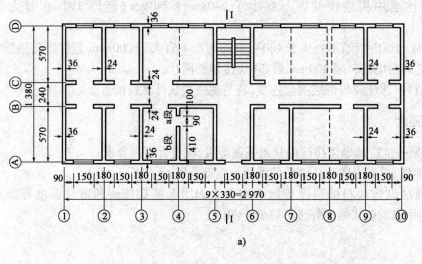

a)

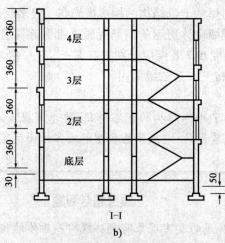

I—I

b)

图 6-26 习题图（尺寸单位：cm）

第七章 单层钢筋混凝土厂房抗震设计

本章提要：本章主要介绍单层钢筋混凝土厂房地震震害特征、结构布置及抗震构造要求，以及厂房的横向、纵向抗震设计的理论和方法。

单层钢筋混凝土厂房通常是由钢筋混凝土柱、钢筋混凝土屋架或钢屋架的屋盖系统及围护墙等组成的装配式排架结构。这种结构的屋盖较重，整体性较差；由于用途的不同，在厂房的跨度、跨数、柱距以及轨顶高程等方面的变化都较大；此外，围护墙可以采用不同的材料和做法，与排架柱也可以有不同的相对位置和连接方法。如此种种，使单层厂房在地震时的结构反应复杂多变，其抗震设计也有着不同于其它结构的特点和要求。

第一节 震害及其分析

已有的震害调查表明，未经抗震设计的单层钢筋混凝土柱厂房，在地震烈度为6、7度时，主体结构完好，但出现了围护墙开裂或外闪，突出屋面的天窗架局部损坏；地震烈度8度时，主体结构发生排架柱开裂等不同程度的破坏，围护墙体严重破坏、局部倒塌，支撑系统出现杆件压曲和节点拉脱；地震烈度为9度以上时，柱身折断主体结构严重破坏甚至倒塌，围护墙结构大量倒塌，屋面塌落。厂房纵向的震害一般较横向严重，这主要是由于厂房纵向构件连接构造薄弱、支撑不完备等原因造成的。

一、钢筋混凝土柱的震害

1. 柱头及其与屋架连接的破坏

柱与屋架的连接节点是个重要部位，屋盖的竖向重力荷载及水平地震作用首先通过柱头向下传递。当屋架与柱头连接焊缝或者预埋件锚固筋的锚固强度不足时，会产生焊缝切断或锚固筋被拔出的连接破坏；当节点连接强度足够时，柱头混凝土因处于剪压复合受力状态，会出现斜裂缝，甚至压酥剥落，导致锚筋拔出，使柱头失去承载力，屋架坠落，如图7-1a) 所示。

2. 上柱根部和吊车梁顶面处柱的破坏

上柱截面较弱,在屋盖及吊车的横向水平地震作用,使上柱根部和吊车梁顶面处的弯矩和剪力较大,且这些部位应力集中,因而易产生斜裂缝与水平裂缝,甚至折断。如图 7-1b)所示。

3. 高低跨厂房中柱拉裂

高低跨厂房的中柱,常用牛腿(或柱肩)支承低跨屋架,地震时由于高振型影响,高低跨两层屋盖产生相反方向运动时,使牛腿(或柱肩)受到较大的水平拉力,导致该处产生裂缝。

4. 下柱的破坏

下柱最常见的破坏发生在靠近地面处,此处弯矩值较大,因而会出现水平裂缝,严重时可使混凝土剥落,纵筋压曲。地震烈度在 9 度以上地区也曾发生过柱根折断而使厂房整片倒塌的例子。

5. 柱间支撑的破坏

柱间支撑是厂房纵向的主要抗侧力构件。支撑一般按构造设置,在数量、刚度、承载力及节点连接构造方面与抗震要求相比显得薄弱,在 8 度及其以上地震时,会发生支撑杆件压屈或支撑与柱的连接节点拉脱,如图 7-2 所示。有时因柱间支撑间距过大,且支撑的刚度较弱,使纵向地震作用过度集中于设置柱间支撑的柱子,致使柱身切断。

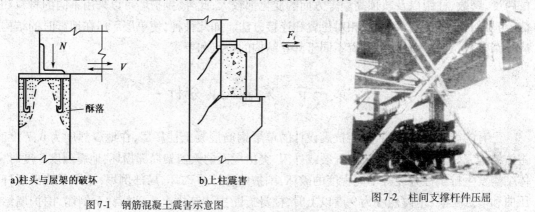

a)柱头与屋架的破坏　　b)上柱震害

图 7-1　钢筋混凝土震害示意图

图 7-2　柱间支撑杆件压屈

二、屋盖系统的震害

1. 大型屋面板错动坠落

大型屋面板与屋架或天窗架焊接不牢,或者屋面板大肋上预埋件锚固强度不足都会引起屋面板与屋架的错动坠落,从而导致砸坏设备,或使屋架失去上弦支撑发生平面外失稳倾斜,甚至倒塌。

2. 屋架破坏

屋架常出现的震害是端部支承大型屋面板的支墩被切断,端节点上弦杆被剪断。这是由于屋架两端的剪力最大,而屋架端节间经常是零杆,截面尺寸较小及配筋较弱,在受到较大的纵向地震作用下,因承载力不足而破坏;另外,当屋盖支撑较弱时,一旦压曲易造成屋架倾斜。

3. 突出屋面的天窗破坏

∏形天窗架突出于屋面,重心高,刚度突变,此处地震作用明显增大,造成天窗架立柱折断(或平面外折断),或使天窗架与屋架的连接焊缝或螺栓被切断,天窗架倒塌。

三、围护墙的震害

纵墙易开裂外闪、局部或大面积倒塌。当部分纵墙采用嵌砌墙时,会造成柱列刚度的不均匀,嵌砌墙的柱列刚度大,吸引大量的纵向地震作用,导致屋架与柱头节点的连接焊缝或螺栓被切断。

山墙易发生山尖外闪或局部塌落。山墙面积大,与主体结构连接少,在地震中往往破坏较早、较重。

女儿墙、高悬墙由于受"鞭端效应"的影响破坏严重。变形缝两侧的墙体,如果缝宽过小,地震时还会造成墙体互相碰撞而损坏。

四、其它震害

由于厂房平面布置不利于抗震或因车间内部设备、平台支架等影响,使厂房沿纵向或横向的刚度中心与质量中心不一致而产生扭转,导致厂房的角柱震害加重。

与厂房贴建的砌体结构房屋,由于与厂房的侧移刚度相差较大,地震时变形不协调,产生相应的一些震害。

第二节　单层厂房结构布置及抗震构造要求

单层厂房的结构布置和抗震构造要求,都是为了提高厂房的整体性,增强抗震性能,减轻震害。

一、单层厂房的结构布置

单层厂房结构布置的一般要求是:应尽量使厂房体型简单、规则、均匀、对称,使刚度与质量中心尽可能重合,各部分结构变形协调,避免局部刚度突变和应力集中,并使地震作用时传力途径简捷。

1. 结构体系

厂房的同一结构单元内,不应采用不同的结构形式;厂房端部应设屋架,不应采用山墙承重;厂房单元内不应采用横墙和排架混合承重,避免在地震作用下由于振动特性、材料强度和侧移刚度的不同,造成荷载、位移、强度不均衡,而使结构破坏。

2. 平面和竖向布置

(1)多跨厂房宜等高和等长。因为不等高厂房有高振型反应,不等长多跨厂房有扭转效应,均对抗震不利。高低跨厂房不宜采用一端开口的结构布置。

（2）厂房的贴建房屋和构筑物，不宜布置在厂房角部和紧邻防震缝处。因为在地震作用下，防震缝处排架柱的侧移量大，当有毗邻建筑时，相互碰撞或变位受约束等，会加重震害。

（3）厂房内的工作平台、刚性工作间宜与厂房主体结构脱开。因为工作平台与主体结构连接时，改变了主体结构的工作性状，造成短柱效应，导致应力集中，加大地震反应。

（4）厂房内上吊车的铁梯不应靠近防震缝附近设置；多跨厂房各跨上吊车的铁梯不宜设置在同一横向轴线附近。因为上吊车的铁梯停放吊车时，增大该处排架侧移刚度，加大地震反应，会导致震害破坏，应避免。

3. 防震缝的设置

（1）厂房体形复杂或有贴建的房屋和构筑物时，宜设防震缝。

（2）两个主厂房之间的过渡跨至少应有一侧采用防震缝与主厂房脱开。因为地震作用下，相邻两个独立的主厂房的振动变形可能不同步，与之相连接的过渡跨的屋盖常易倒塌。

（3）一般情况下防震缝的宽度为 50～90mm，在厂房纵横跨交接处、大柱网厂房或不设柱间支承的厂房，在地震作用下侧移量较大，因此防震缝宽度可采用 100～150mm。

4. 柱的设置

（1）厂房柱距宜相等，各柱列的侧移刚度宜均匀，当有抽柱时，应采取抗震加强措施。

（2）基本烈度为 8 度和 9 度时，宜采用矩形、工字形截面柱或斜腹杆双肢柱；不开孔的薄壁工字形柱、腹板开孔工字形柱、预制腹板的工字形柱和管柱，均存在抗震薄弱环节，故不宜采用。

（3）柱底至室内地坪以上 500mm 范围内和阶形柱的上柱宜采用矩形截面。

5. 屋架的设置

（1）厂房宜采用钢屋架或重心较低的预应力混凝土、钢筋混凝土屋架。因下沉式屋架屋盖无震坏的先例，为此厂房宜采用重心较低的屋盖承重结构。

（2）跨度不大于 15m 时，可采用钢筋混凝土屋面梁；跨度大于 24m，或地震烈度 8 度 III、IV 类场地和 9 度时，应优先采用钢屋架。

（3）柱距为 12m 时，可采用预应力混凝土托架（梁）；当采用钢屋架时，亦可采用钢托架（梁）。

（4）有突出屋面天窗架的屋盖，不宜采用预应力混凝土或钢筋混凝土空腹屋架。因为预应力混凝土和钢筋混凝土空腹桁架的腹杆及其上弦节点均较薄弱，在天窗两侧竖向支撑的附加地震作同下容易产生节点破坏、腹杆折断的严重破坏。

（5）地震烈度 8 度（0.3g）和 9 度时，跨度大于 24m 的厂房不宜采用大型屋面板。

6. 天窗架的设置

（1）突出屋面的天窗架对厂房的抗震很不利，因此宜采用突出屋面较小的避风型天窗，有条件或 9 度时宜采用抗震性能较好的下沉式天窗。

(2)为了保证天窗和整个厂房的安全,必须减轻天窗屋盖的重量及地震反应,因此,突出屋面的天窗宜采用钢天窗架;地震烈度6~8度时,可采用矩形截面杆件的钢筋混凝土天窗架。

(3)地震烈度8度和9度时,天窗架宜从厂房单元端部第3柱间开始设置。若从第2开间起开设天窗,将使端开间每块屋面板与屋架无法焊接或焊接的可靠性大大降低而导致地震时掉落,同时也降低屋面纵向水平刚度。所以,山墙能够开窗,或者采光要求不太高时,天窗从第3间起设置,6度和7度区地震作用效应小,可不做此要求。

(4)天窗屋盖、端壁板和侧板,宜采用轻型板材,不应采用端壁板代替天窗架。

二、单层厂房的抗震构造要求

1. 屋盖

(1)有檩屋盖。有檩屋盖主要是波形瓦(包括石棉瓦及槽瓦)屋盖。这类屋盖只要设置保证整体刚度的支撑体系,屋面瓦与檩条间以及檩条与屋架间有牢固的拉结,就具有一定的抗震能力。因此,有檩屋盖构件的连接应符合下列要求:

①檩条应与混凝土屋架(屋面梁)焊牢,并应有足够的支承长度;

②双脊檩应在跨度1/3处相互拉结,如图7-3所示;

③压型钢板应与檩条可靠连接,瓦楞铁、石棉瓦等应与檩条拉结。

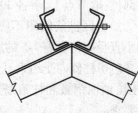

图7-3 双脊檩的拉结

(2)无檩屋盖。无檩屋盖指的是各类不用檩条的钢筋混凝土屋面板与屋架(梁)组成的屋盖。屋盖各构件相互间联成整体是厂房抗震的重要保证,因此,无檩屋盖构件的连接应符合下列要求:

①大型屋面板应与屋架(屋面梁)焊牢,靠柱列的屋面板与屋架(屋面梁)的连接焊缝长度不宜小于80mm;

②地震烈度6度和7度时,有天窗厂房单元的端开间,或8度和9度时各开间,宜将垂直屋架方向两侧相邻的大型屋面板的顶面彼此焊牢;

③地震烈度8、9度时,大型屋面板端头底面的预埋件宜采用角钢并与主筋焊牢;

④非标准屋面板宜采用装配整体式接头,或将板四角切掉后与屋架(屋面梁)焊牢。

(3)混凝土屋架的截面和配筋,应符合下列要求:

①屋架上弦第一节间和梯形屋架端竖杆的配筋,地震烈度6度和7度时不宜少于$4\phi12$,8度和9度时不宜少于$4\phi14$;

②梯形屋架的端竖杆截面宽度宜与上弦宽度相同;

③拱形和折线形屋架上弦端部支撑屋面板的小立柱,截面不宜小于200×200mm,高度不宜大于500mm,主筋宜采用Π形布置,地震烈度6度和7度时不宜少于$4\phi12$,8度和9度时不宜少于$4\phi14$,箍筋可采用$\phi6$,间距不宜大于100mm。

2. 柱子

(1)排架柱。震害调查表明,柱子在变位受约束的部位容易出现剪切破坏。变位受约束的部位包括:设有柱间支撑的部位、嵌砌内隔墙、侧边贴建房屋、靠山墙的角柱、平台连接处等。

排架柱的柱头由于构造上的原因,不是完全的铰接,而是处于压弯剪的复杂受力状态;厂房角柱的柱头处于双向地震作用,震害就更多,严重的柱头折断,端屋架塌落。因此,为了保证柱的延性和抗剪强度,厂房柱子的箍筋,应符合下列要求:

①下列范围内柱的箍筋应加密,如图7-4所示。

a. 柱头:取柱顶以下500mm并不小于柱截面长边尺寸;

b. 上柱:取阶形柱自牛腿顶面至吊车梁顶面以上300mm高度范围内;

c. 牛腿(柱肩):取全高;

d. 柱根:取下柱柱底至室内地坪以上500mm;

e. 柱间支撑与柱连接节点和柱变位受平台等约束的部位:取节点上、下各300mm。

②加密区箍筋间距不应大于100mm,箍筋肢距和最小直径应符合表7-1的规定。

③厂房柱侧向受约束且剪跨比不大于2的排架柱,柱顶预埋钢板和柱箍筋加密区的构造尚应符合下列要求:

a. 柱顶预埋钢板沿排架平面方向的长度,宜取柱顶的截面高度,且不得小于截面高度的1/2及300mm;

b. 屋架的安装位置宜减小在柱顶的偏心,其柱顶的轴向力的偏心距不应大于截面高度的1/4;

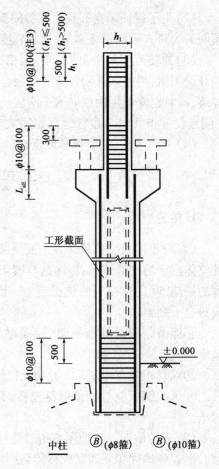

图7-4 柱箍筋加密区示意图(尺寸单位:mm)

c. 柱顶轴向力排架平面内的偏心距在截面高度的1/6~1/4范围内时,柱顶箍筋加密区的体积配箍率:地震烈度9度不宜小于1.2%;8度不宜小于1.0%;6、7度不宜小于0.8%;

d. 加密区箍筋宜配置四肢箍,肢距不大于200mm。

(2)大柱网柱。大柱网厂房柱在地震中破坏较严重,因此大柱网柱的截面和配筋应符合下列要求:

①柱截面宜采用正方形或接近正方形的矩形,边长不宜小于柱全高的1/18~1/16;

②重屋盖厂房地震组合的柱轴压比,地震烈度6、7度时不宜大于0.8,8度时不宜大于0.7,9度时不宜大于0.6;

③纵向钢筋宜沿柱截面周边对称配置,间距不宜大于200mm,角部宜配置直径较大的钢筋;

④柱头和柱根的箍筋应加密,并应符合下列要求:

a. 加密范围,柱根取基础顶面至室内地坪以上1m,且不小于柱全高的1/6;柱头取柱顶以下500mm,且不小于柱截面长边尺寸;

b. 箍筋直径、间距和肢距应符合表7-1要求。

(3)山墙抗风柱。

①抗风柱柱顶以下300mm和牛腿(柱肩)面以上300mm范围内的箍筋,直径不宜小于

6mm,间距不应大于100mm,肢距不宜大于250mm;

②抗风柱的变截面(柱肩)处,宜设置纵向受拉钢筋。

柱加密区最大肢距和最小直径 表7-1

地震烈度和场地类别		6度和7度 I、II类场地	7度 III、IV类场地和 8度 I、II类场地	8度 III、IV类场地 和9度
箍筋最大肢距(mm)		300	250	200
箍筋最小直径(mm)	一般柱头和柱根	6	8	8(10)
	角柱柱头	8	10	10
	上柱牛腿和有支撑的柱根	8	8	10
	有支撑的柱头和柱变位受约束部位	8	10	12

注:括号内数值用于柱根。

3. 支撑的设置

(1)屋盖的支撑布置。屋盖支撑是保证屋盖整体性的重要抗震措施。按照屋盖的结构形式,合理设置屋架支撑、天窗架支撑,可增强屋盖整体性,发挥厂房空间工作作用。

①有檩屋盖的支撑布置,宜符合表7-2的要求。

有檩屋盖的支撑布置 表7-2

支撑名称		地震烈度		
		6、7度	8度	9度
屋架支撑	上弦横向支撑	单元端开间各设一道	单元端开间及厂房单元长度大于66m的柱间支撑开间各设一道;天窗开洞范围的两端各增设局部的支撑一道	单元端开间及厂房单元长度大于42m的柱间支撑开间各设一道;天窗开洞范围的两端各增设局部的上弦横向支撑一道
	下弦横向支撑	同非抗震设计		
	跨中竖向支撑			
	端部竖向支撑	屋架端高度大于900mm时,单元端开间及柱间支撑开间各设一道		
天窗架支撑	上弦横向支撑	单元天窗端开间各设一道	单元天窗端开间及每隔30m各设一道	单元天窗端开间及每隔18m各设一道
	两侧竖向支撑	单元天窗端开间及每隔36m各设一道		

②无檩屋盖的支撑布置宜符合表7-3的要求,有中间井式天窗时宜符合表7-4的要求;地震烈度8度和9度时跨度不大于15m的屋面梁屋盖,可仅在厂房各单元两端各设竖向支撑一道;单坡屋面梁的屋盖支撑布置,宜按屋架端部高度大于900mm的屋盖支撑布置。

③屋盖支撑尚应符合下列要求:

a. 天窗开洞范围内,在屋架脊点处应设上弦通长水平压杆;地震烈度8度III、IV类场地和9度时,梯形屋架端部上节点应沿厂房纵向设置通长水平压杆;

b. 屋架跨中竖向支撑在跨度方向的间距,地震烈度6~8度时不大于15m,9度时不大于12m;当仅在跨中设一道时,应设在跨中屋架屋脊处;当设二道时,应在跨度方向均匀布置;

c. 屋架上、下弦通长水平系杆与竖向支撑宜配合设置;

d. 柱距不小于12m且屋架间距6m的厂房,托架(梁)区段及其相邻开间应设下弦纵向水平支撑；

无檩屋盖的支撑布置 表 7-3

支撑名称			地震烈度		
			6、7度	8度	9度
屋架支撑	上弦横向支撑		屋架跨度小于18m时同非抗震设计，跨度不小于18m时在厂房单元端开间各设一道	单元端开间及柱间支撑开间各设一道，天窗开洞范围的两端各增设局部的支撑一道	
	上弦通长水平系杆		同非抗震设计	沿屋架跨度不大于15m设一道，但装配整体式屋面可仅在天窗开洞范围内设置；围护墙在屋架上弦高度有现浇圈梁时，其端部处可不另设	沿屋架跨度不大于12m设一道，但装配整体式屋面仅在天窗开洞范围内设置；围护墙在屋架上弦高度有现浇圈梁时，其端部处可不另设
	下弦横向支撑			同非抗震设计	同上弦横向支撑
	跨中竖向支撑				
	两端竖向支撑	屋架端部高度≤900mm		单元端开间各设一道	单元端开间及每隔48m各设一道
		屋架端部高度>900mm	单元端开间各设一道	单元端开间及柱间支撑开间各设一道	单元端开间、柱间支撑开间及每隔30m各设一道
天窗架支撑	天窗两侧竖向支撑		单元天窗端开间及每隔30m各设一道	单元天窗端开间及每隔24m各设一道	单元天窗端开间及每隔18m各设一道
	上弦横向支撑		同非抗震设计	天窗跨度≥9m时，单元天窗端开间及柱间支撑开间各设一道	单元天窗端开间及柱间支撑开间各设一道

中间井式天窗无檩屋盖的支撑布置 表 7-4

支撑名称		地震烈度		
		6、7度	8度	9度
上弦横向支撑下弦横向支撑		单元端开间各设一道	厂房单元端开间及柱间支撑开间各设一道	
上弦通长水平系杆		天窗范围内屋架跨中上弦节点处设置		
下弦通长水平系杆		天窗两侧及天窗范围内屋架下弦节点处设置		
跨中竖向支撑		有上弦横向支撑开间设置，位置与下弦通长系杆相对应		
两端竖向支撑	屋架端部高度≤900mm	同非抗震设计		有上弦横向支撑开间，且间距不大于48m
	屋架端部高度>900mm	厂房单元端开间各设一道	有上弦横向支撑开间，且间距不大于48m	有上弦横向支撑开间，且间距不大于30m

e. 屋盖支撑杆件宜用型钢。

(2)柱间支撑。柱间支撑是保证厂房纵向刚度和抵抗纵向地震作用的重要抗侧力构件。

厂房柱间支撑的设置和构造,应符合下列要求:

①厂房柱间支撑的布置,如图 7-5 所示。

a. 一般情况下,应在厂房单元中部设置上、下柱间支撑,且下柱支撑应与上柱支撑配套设置;

b. 有起重机或地震烈度 8 度和 9 度时,宜在厂房单元两端增设上柱支撑,这样可以较好的将屋盖传来的纵向地震作用分散到三道上柱支撑,并传到下柱支撑上,避免应力集中造成上柱柱间支撑连接节点和屋架与柱顶的连接破坏;

c. 厂房单元较长或者是地震烈度 8 度Ⅲ、Ⅳ类场地和 9 度时,纵向地震作用效应较大,设置一道柱间支撑不能满足要求,可在厂房单元中部 1/3 区段内设置两道柱间支撑。

②柱间支撑应采用型钢,支撑形式宜采用交叉式,其斜杆与水平面的交角不宜大 55°。交叉式柱间支撑的侧移刚度大,对保证厂房在纵向地震作用下的稳定有良好的效果。

③为避免柱间支撑杆件因截面过小,刚度失稳,因此支撑杆件的长细比,不宜超过表 7-5 的规定。

④为了使地震时支撑传递的水平地震作用不致在柱内引起过大的弯矩和剪力,下柱支撑的下节点应设置在靠近基础顶面处,并使支撑受力的作用线与柱轴线交于基础顶面,以保证地震作用直接传给基础,如图 7-6 所示。当地震烈度 6 度和 7 度(0.1g)不能直接传给基础时,应计及支撑对柱和基础的不利影响采取加强措施。

⑤交叉支撑在交叉点应设置节点板,其厚度不应小于 10mm,斜杆与交叉节点板应焊接,与端节点板宜焊接。

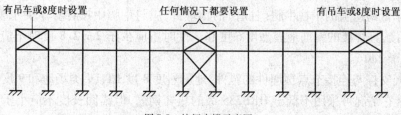

图 7-5 柱间支撑示意图

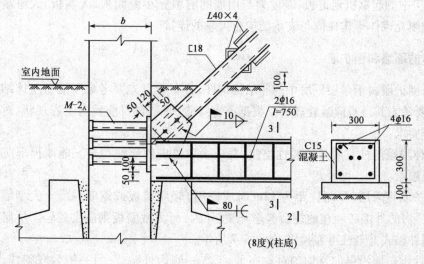

图 7-6 下柱支撑下节点(尺寸单位:mm)

交叉支撑斜杆的最大长细比　　　　　　表7-5

位　置	地　震　烈　度			
	6度和7度 I、II类场地	7度III、IV类场地和 8度I、II类场地	8度III、IV类场地和 9度I、II类场地	9度III、IV类场地
上柱支撑	250	250	200	150
下柱支撑	200	200	120	120

4. 结构构件的连接节点

构件节点的破坏，不应先于其连接的构件；预埋件的锚固破坏，不应先于连接件；装配式结构构件的连接，应能保证结构的整体性。因此，厂房结构构件的连接节点，应符合下列要求：

(1) 屋架(屋面梁)与柱顶的连接有焊接、螺栓连接和钢板铰连接三种形式。焊接连接的构造接近刚性，变形能力差，故地震烈度8度时宜采用螺栓，9度时宜采用钢板铰，亦可采用螺栓；屋架(屋面梁)端部支承垫板的厚度不宜小于16mm。

(2) 柱顶预埋件的锚筋，地震烈度8度时不宜少于$4\phi14$，9度时不宜少于$4\phi16$；有柱间支撑的柱子，柱顶预埋件尚应增设抗剪钢板。

(3) 山墙抗风柱的柱顶应设置预埋板，使柱顶与端屋架的上弦(屋面梁上翼缘)可靠连接。这样不仅可保证抗风柱的强度和稳定，同时也可保证山墙产生的纵向地震作用的可靠传递。但连接部位应位于上弦横向支撑与屋架的连接点处，否则将使屋架上弦产生附加的节间平面外弯矩。不符合时，可在支撑中增设次腹杆或设置型钢横梁，将水平地震作用传至节点部位。

(4) 支承低跨屋盖的中柱牛腿(柱肩)的预埋件，应与牛腿中按计算承受水平拉力部分的纵向钢筋焊接，且焊接的钢筋地震烈度6度和7度时不应少于$2\phi12$，8度时不应少于$2\phi14$，9度时不应少于$2\phi16$。

(5) 柱间支撑与连接节点预埋件的锚件，地震烈度8度III、IV类场地和9度时，宜采用角钢加端板，其它情况可采用不低于HRB335级的热轧钢筋，但锚固长度不应小于30倍锚筋直径或增设端板。

(6) 厂房中的起重机走道板、端屋架与山墙间的填充小屋面板、天沟板、天窗端壁板和天窗侧板下的填充砌体等构件应与支承结构有可靠的连接。

5. 砌体的隔墙和围护墙

隔墙与围护墙属于单层厂房中的非结构构件，其布置首先要考虑不能对主体结构产生不利影响，还要考虑其自身应减轻震害。根据震害经验，并结合目前我国工程现状，对隔墙和围护墙有以下要求：

(1) 砌体隔墙与柱宜脱开或柔性连接，并应采取措施使墙体稳定。隔墙顶部应设现浇钢筋混凝土压顶梁。

(2) 围护墙宜采用(外侧柱距为12m时应采用)轻质墙板或钢筋混凝土大型墙板。因为震害表明，厂房的外围砖墙在地震后普遍开裂、外闪，而大型墙板则震害较轻。厂房的砌体围护墙宜采用外贴式并与柱可靠拉结，如图7-7所示。

(3) 刚性围护墙沿纵向宜均匀对称布置，不宜一侧为外贴式，另一侧为嵌砌式或开敞式；不宜一侧采用砌体墙一侧采用轻质墙板。

(4)不等高厂房的高跨封墙和纵横向厂房交接处的悬墙宜采用轻质墙板,地震烈度6、7度时采用砌体时不应直接砌在低跨屋面上。

(5)闭合圈梁能增加厂房的整体性,限制墙体的开裂破坏,因此,砌体围护墙在下列部位应设置现浇钢筋混凝土圈梁:

①梯形屋架端部上弦和柱顶的高程处应各设一道,但屋架端部高度不大于900mm时可合并设置;

②应按上密下疏的原则每隔4m左右在窗顶增设一道圈梁,不等高厂房的高低跨封墙和纵墙跨交接处的悬墙,圈梁竖向间距不应大于3m;

③山墙沿屋面应设钢筋混凝土卧梁,并应与屋架端部上弦高程处的圈梁连接。

(6)砌体女儿墙高度不宜大于1m,且应采取措施防止地震时倾倒。

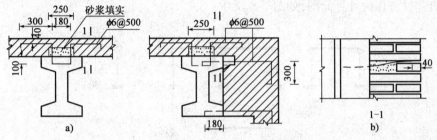

图7-7 贴砌墙与柱的拉结(尺寸单位:mm)

第三节 单层厂房的横向抗震设计

单层厂房的抗震计算,分别按横向排架方向与纵向柱列方向两个主轴方向进行。

对于地震烈度7度Ⅰ、Ⅱ类场地,柱高不超10m且结构单元两端均有山墙的单跨及等高多跨厂房(锯齿形厂房除外);7度时和8度(0.2g)Ⅰ、Ⅱ类场地的露天吊车栈桥,当按《建筑抗震设计规范》(GB50011—2010)的规定,采取相应的抗震构造措施时,可不进行纵、横向的地震作用计算及截面抗震验算。

一、横向抗震计算的方法

厂房的横向抗震计算应采用下列方法:

(1)混凝土无檩和有檩屋盖厂房,一般情况下,宜计及屋盖平面的横向弹性变形,按多质点空间的结构分析。

(2)对于布局规则的厂房,可采用简化的计算方法,按平面排架计算,但需考虑空间工作、扭转及吊车桥架的影响,对计算的地震作用效应进行调整。按平面排架计算的条件如下:

①地震烈度7度和8度;

②厂房单元屋盖长度与总跨度之比小于8或厂房总跨度大于12m;此处屋盖长度指山墙到山墙的间距,仅一端有山墙时,应取所考虑排架至山墙的距离;高低跨相差较大的不等高厂房,总跨度可不包括低跨;

③山墙的厚度不小于240mm,开洞所占的水平截面面积不超过总面积的50%,并与屋盖系统有良好的连接;

④柱顶高度不大于15m。

(3)屋面为压型钢板、瓦楞铁、石棉瓦等轻型有檩屋盖厂房,当柱距相等时,可按平面排架计算。

以下主要介绍按平面排架计算的方法。

二、计 算 简 图

取单榀平面排架作为计算单元,假定屋架无轴向变形,水平刚度无穷大,柱顶与屋架铰接,柱下端固结于基础顶面。

1. 计算厂房基本自振周期的简图

根据厂房类型和质量分布的不同,取质量集中在各自屋盖柱顶高程处且下端固定于基础顶面的竖直弹性杆作为计算简图,如图7-8 所示。

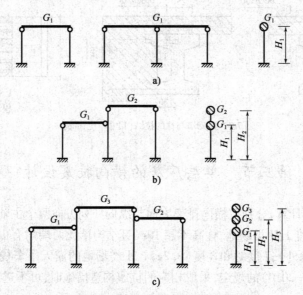

图7-8 横向结构自振周期计算简图

图7-8a)为单跨和等高多跨厂房排架,可简化为单质点体系;图7-8b)为两跨不等高厂房排架,可简化为二质点体系;图7-8c)为三跨不对称不等高厂房排架,可简化为三质点体系。注意的是当 $H_1 = H_2$ 时,仍按三质点系计算。

集中于 i 屋盖处的重力荷载代表值 G_i,包括计算单元内屋盖结构构件的自重标准值和可变荷载组合值,以及计算单元内柱子、吊车梁、纵墙等构件的等效重力。等效重力为构件自重标准值乘以求自振周期时质点等效集中系数。质点等效集中系数及可变荷载组合值系数分别见表7-6、表7-7,G_i 可按下列公式计算:

单跨与等高多跨厂房

$G_1 = 1.0G_{屋盖+檐墙} + 0.5G_{雪} + 0.5G_{积灰} + 0.25G_{柱} + 0.25G_{纵墙} + 0.5G_{吊车梁}$

两跨不等高厂房

$G_1 = 1.0G_{低跨(屋盖+檐墙)} + 0.5G_{低跨雪} + 0.5G_{低积灰} + 0.25G_{低跨柱} + 0.25G_{低外纵墙} + 0.5G_{低跨吊车梁} +$
$\quad 0.25G_{中下柱} + 0.5G_{中柱上柱} + 0.5G_{高跨封墙} + 0.5G_{中柱高跨吊车梁}(或1.0G_{中柱高跨吊车梁},或0)$

$G_2 = 1.0G_{高跨(屋盖+檐墙)} + 0.5G_{高跨雪} + 0.5G_{高跨积灰} + 0.25G_{高跨边柱} + 0.25G_{高跨外纵墙} +$
$\quad 0.5G_{高跨边柱吊车梁} + 0.5G_{中柱上柱} + 0.5G_{高跨封墙} + 0.5G_{中柱高跨吊车梁}(或0,或1.0G_{中柱高跨吊车梁})$

在计算简图中,一般忽略吊车桥架及吊物重量对自振周期的影响。因为吊车桥架增加了排架的横向刚度,使结构自振周期变短,而桥架和吊物的重量又使结构自振周期变长,两者综合影响的结果是有吊车桥架排架的自振周期等于或略小于无吊车桥架排架的自振周期,因此可忽略其影响。

若厂房屋盖有突出屋面的天窗或悬挂荷载,可将它们的质量近似集中到厂房屋盖质点即可。

质点等效集中系数　　　　　　　　　　　　　　　　　　　　　　表 7-6

折算集中到柱顶的各部分结构重量	等效集中系数	
	自振周期	地震作用
位于柱顶以上的结构(屋盖、檐墙等)	1.0	1.0
柱及与柱等高的纵墙墙体	0.25	0.5
单跨与等高多跨厂房的吊车梁以及不等高厂房边柱吊车梁	0.5	0.75
不等高厂房高低跨交接处的中柱: (1)中柱的下柱,集中到低跨柱顶; (2)中柱的上柱,分别集中到高跨与低跨柱顶	0.25 0.5	0.5 0.5
不等高厂房高低跨交接处中柱的吊车梁: (1)靠近低跨(或高跨)房屋,集中到低跨(或高跨)柱顶; (2)位于高跨及低跨柱顶之间,分别集中到高跨或低跨柱顶	1.0 0.5	1.0 0.75
不等高厂房高低跨交接处位于高跨和低跨之间的封墙,分别集中到高跨和低跨柱顶	0.5	0.5

可变荷载组合值系数　　　　　　　　　　　　　　　　　　　　表 7-7

可变荷载种类		组合值系数
雪荷载		0.5
屋面积灰荷载		0.5
屋面活荷载		不计入
按实际情况计算的楼面活荷载		1.0
按等效均布荷载计算的楼面荷载	藏书库、档案馆	0.8
	其它民用建筑	0.5
吊车悬吊物重力	硬钩吊车	0.3
	软钩吊车	不计入

注:硬钩吊车的吊重较大时,组合值系数应按实际情况采用。

2. 计算厂房地震作用的简图

计算厂房地震作用的简图与计算自振周期的计算简图有所不同,除了把厂房质量集中于屋盖柱顶标高处外,对有桥式吊车的厂房还要考虑吊车桥架及悬吊重物作用在吊车梁顶面时对柱子产生的最不利内力。如图 7-9 所示为两跨均有桥式吊车的不等高厂房计算地震作用时的简图,其中 H_3、H_4 为低、高跨吊车梁顶面的高度。

集中于 i 屋盖处的重力荷载代表值 G_i,包括计算单元内屋盖结构构件自重标准值和可变荷载组合值,以及计算单元内柱子、吊车梁、纵墙等构件的等效重力。等效重力为构件自重标准值乘

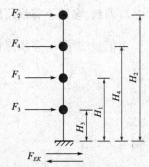

图 7-9　有桥式吊车厂房地震作用的计算简图

以求地震作用时质点等效集中系数,等效重量是根据柱底截面弯矩等效的原则而得出的。质点等效集中系数及可变荷载组合值系数分别见表7-6、表7-7,G_i 可按下式计算:

单跨与多跨等高厂房

$G_1 = 1.0G_{屋盖+檐墙} + 0.5G_{雪} + 0.5G_{积灰} + 0.5G_{柱} + 0.5G_{纵墙} + 0.75G_{吊车梁}$

两跨不等高厂房

$G_1 = 1.0G_{低跨(屋盖+檐墙)} + 0.5G_{低跨雪} + 0.5G_{低跨积灰} + 0.5G_{低跨边柱} + 0.5G_{低跨外纵墙} + 0.75G_{低跨吊车梁} + 0.5G_{中柱下柱} + 0.5G_{中柱上柱} + 0.5G_{高跨封墙} + 0.75G_{中柱高跨吊车梁}$(或 $1.0G_{中柱高跨吊车梁}$,或 0)

$G_2 = 1.0G_{高跨(屋盖+檐墙)} + 0.5G_{高跨雪} + 0.5G_{高跨积灰} + 0.5G_{高跨边柱} + 0.5G_{高跨外纵墙} + 0.75G_{高跨边柱吊车梁} + 0.5G_{中柱上柱} + 0.5G_{高跨封墙} + 0.75G_{中柱高跨吊车梁}$(或 0,或 $1.0G_{中柱高跨吊车梁}$)

当有突出屋面的天窗时,将天窗的重力荷载作为一个质点集中到天窗屋盖处。

集中于吊车梁顶面的重力荷载代表值为吊车桥架自重标准值与悬吊重物的组合值之和,软钩吊车不包括吊重,硬钩吊车要考虑吊重的30%,对单跨厂房取一台吊车的重力,对于多跨厂房最多取两台吊车。计算时可取跨内一台最大吊车重力。

三、厂房排架基本自振周期的计算与调整

1. 单跨与等高多跨厂房的基本自振周期

如图7-8a)所示为单质点体系,基本自振周期 T_1 可按式(7-1)计算:

$$T_1 = 2\pi\sqrt{\frac{G_1\delta_{11}}{g}} \approx 2\sqrt{G_1\delta_{11}} \tag{7-1}$$

式中:δ_{11}——在集中质点上作用一单位水平力时,该处所产生的侧移(m/kN);

g——重力加速度($g=9.8\text{m/s}^2$)。

考虑到计算简图假定屋架与柱子顶端为铰接,实际上屋架与柱为预埋件焊接有一定嵌固作用,另外纵墙对排架的横向刚度也有一定的影响,这些都会使实际自振周期比计算值偏小。因此对按上述方法计算出的周期进行调整,则:

$$T_1 = 2\psi_T\sqrt{G_1\delta_{11}} \tag{7-2}$$

式中:ψ_T——排架基本自振周期折减系数,由钢筋混凝土屋架或钢屋架与钢筋混凝土柱组成的排架,有纵墙时 $\psi_T=0.8$;无纵墙时 $\psi_T=0.9$。

2. 两跨、多跨不等高厂房的基本自振周期

由能量法可知,多质点体系基本自振周期,并考虑周期折减后可按式(7-3)计算:

$$T_1 = 2\psi_T\sqrt{\frac{\sum_{i=1}^{n}G_i\Delta_i^2}{\sum_{i=1}^{n}G_i\Delta_i}} \tag{7-3}$$

$$\Delta_i = \sum_{j=1}^{n}G_j\delta_{ji} \tag{7-4}$$

式中:Δ_i——将各质点的重力荷载代表值 G_i 当成水平力作用于各质点时,质点 i 的水平侧移(m),如图7-10a)所示;

δ_{ji}——在质点 i 处作用单位力时,在质点 j 处产生的侧移,如图7-10b)所示。

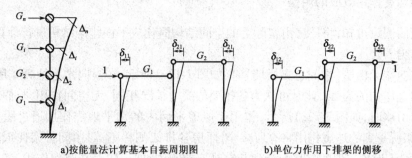

a)按能量法计算基本自振周期图　　　　b)单位力作用下排架的侧移

图7-10　自振周期计算简图

四、排架地震作用的计算

单层厂房排架地震作用的计算一般可采用底部剪力法。作用于排架底部的总水平地震作用标准值为

$$F_{EK} = \alpha_1 G_{eq} \tag{7-5}$$

质点 i 的水平地震作用标准值为

$$F_i = \frac{G_i H_i}{\sum_{j=1}^{n} G_j H_j} F_{EK} \tag{7-6}$$

式中：α_1——相应于结构基本自振周期的水平地震影响系数；

G_{eq}——结构等效总重力荷载代表值,单质点：$G_{eq} = \sum_{i=1}^{n} G_i$；多质点：$G_{eq} = 0.85 \sum_{i=1}^{n} G_i$；

G_i、G_j——分别为集中于质点 i、j 的重力荷载代表值；

H_i、H_j——分别为质点 i、j 的计算高度。

对于构造复杂、高低跨相差较大的厂房,高振型的影响会有所增加,可以考虑使用振型分解反应谱法计算地震作用。

五、排架地震作用效应的计算、调整与组合

1. 排架地震作用效应的计算

在求得地震作用后,便可将质点 i 的地震作用标准值 F_i 视为静力荷载作用于排架相应的 i 点,如图7-11所示,然后按结构力学的方法(如剪力分配法)计算排架的内力,求出各柱控制截面的地震作用效应(如剪力、弯矩)。

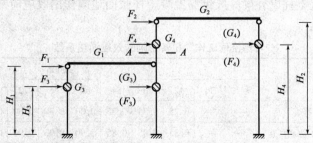

图7-11　排架地震作用效应计算简图

2. 排架地震作用效应的调整

由前面的假设可知,将厂房由实际上的空间结构简化成平面排架结构进行计算,这往往与实际情况有出入。

当厂房两端无山墙(中间也无横墙)时,如图7-12a)所示,在横向水平地震作用下,各排架柱顶的侧移是均匀的为 Δ_a,此时可认为各排架的受力情况相同,无空间作用,与假设相符。当厂房两端有山墙时,如图7-12c)所示,作用于屋盖平面内的水平地震作用通过屋盖传至山墙一部分,排架所受到的地震作用将有所减小,厂房各排架侧移不等,中间排架柱顶的侧移最大为 Δ_c,此时可认为各排架的位移会受到其它排架的制约,即厂房存在空间作用,各排架实际承受的地震作用将比按平面排架计算结果小。如果厂房一端有山墙,则除了有空间作用影响外,还会出现较大的平面扭转效应,使得各排架的柱顶侧移均不相同,如图7-12b)所示,各排架柱实际承受的地震作用也不同于平面排架的计算结果。

因此,对钢筋混凝土屋盖的单层钢筋混凝土柱厂房,横向地震作用按平面排架计算的各柱控制截面的地震作用效应需进行调整,以考虑厂房的空间工作和扭转的影响。

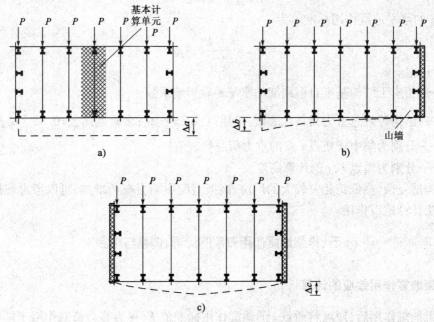

图7-12 单层工业厂房的空间作用

(1) 一般钢筋混凝土排架。

除高低跨交接处上柱以外的一般钢筋混凝土柱截面地震作用效应应乘以表7-8相应的调整系数。

考虑空间工作和扭转影响的效应调整系数　　　　表7-8

屋盖	山墙		屋盖长度(m)										
			≤30	36	42	48	54	60	66	72	78	84	90	96
钢筋混凝土无檩屋盖	两端山墙	等高厂房	—	—	0.75	0.75	0.75	0.80	0.80	0.80	0.85	0.85	0.85	0.90
		不等高厂房	—	—	0.85	0.85	0.85	0.90	0.90	0.90	0.95	0.95	0.95	1.00
	一端山墙		1.05	1.15	1.20	1.25	1.30	1.30	1.30	1.30	1.35	1.35	1.35	1.35

续上表

屋盖	山墙		屋盖长度(m)										
			≤30	36	42	48	54	60	66	72	78	84	90	96
钢筋混凝土有檩屋盖	两端山墙	等高厂房	—	—	0.80	0.85	0.90	0.95	0.95	1.00	1.00	1.05	1.05	1.10
		不等高厂房	—	—	0.85	0.90	0.95	1.00	1.00	1.05	1.05	1.10	1.10	1.15
	一端山墙		1.00	1.05	1.10	1.10	1.15	1.15	1.15	1.20	1.20	1.20	1.25	1.25

注：表中的调整系数是利用空间协同工作计算模型，考虑屋盖平面内剪切刚度、结构扭转及砖墙开裂后刚度下降对排架内力的影响，用振型分解反应谱法计算出地震作用效应，并将其与平面排架计算结果进行比较后得出的。

(2) 高低跨交接处上柱。

高低跨交接处的钢筋混凝土柱的支承低跨屋盖牛腿以上各截面，按底部剪力法求得的地震作用效应应乘以增大系数，其值可按式(7-7)采用：

$$\eta = \zeta \left(1 + 1.7 \frac{n_h}{n_0} \cdot \frac{G_{EL}}{G_{Eh}}\right) \tag{7-7}$$

式中：η——地震作用效应增大系数；

ζ——不等高厂房低跨交接处的空间工作影响系数，可按表7-9采用；

n_h——高跨的跨数；

n_0——计算跨数，仅一侧有低跨时应取总跨数，两侧均有低跨时应取总跨数与高跨跨数之和；

G_{EL}——集中于交接处一侧各低跨屋盖高程处的总重力荷载代表值；

G_{Eh}——集中于高跨柱顶高程处的总重力荷载代表值。

高低跨交接处钢筋混凝土上柱空间工作影响系数 ζ   表7-9

屋盖	山墙	屋盖长度(m)										
		≤36	42	48	54	60	66	72	78	84	90	96
钢筋混凝土无檩屋盖	两端山墙	—	0.70	0.76	0.82	0.88	0.94	1.00	1.06	1.06	1.06	1.06
	一端山墙	1.25										
钢筋混凝土有檩屋盖	两端山墙	—	0.90	1.00	1.05	1.10	1.10	1.15	1.15	1.15	1.20	1.20
	一端山墙	1.05										

(3) 吊车梁顶高程处的上柱截面。

由吊车桥架引起的吊车梁顶高程处上柱截面的地震作用效应应乘以增大系数，当按底部剪力法等简化计算方法计算时，其值可按表7-10采用。

吊车桥架引起的地震地震剪力和弯矩增大系数   表7-10

屋盖类型	山墙	边柱	高低跨柱	其他中柱
钢筋混凝土无檩屋盖	两端山墙	2.0	2.5	3.0
	一端山墙	1.5	2.0	2.5
钢筋混凝土有檩屋盖	两端山墙	1.5	2.0	2.5
	一端山墙	1.5	2.0	2.0

注：此增大系数只用于吊车梁顶面标高处的上柱截面，而且增大的只是吊车桥架产生的地震作用所引起的那部分地震作用效应，而不是该上柱截面的全部组合地震作用效应。

3. 排架内力的组合

排架的内力组合是指调整后的地震作用效应与其它竖向荷载效应的组合。地震作用效应包括吊车桥架引起的吊车梁顶高程处上柱截面的弯矩、剪力;其它竖向荷载效应指屋盖结构自重、屋面积雪、屋面积灰及吊车的竖向荷载引起的弯矩、剪力、轴力。

单层厂房排架的内力组合,一般可不考虑风荷载、竖向地震作用及吊车横向水平制动力引起的内力。因此地震作用效应与一般荷载效应的组合表达式:

$$S = \gamma_G S_{GE} + \gamma_{Eh} S_{Ehk} \tag{7-8}$$

式中:S——荷载效应和地震作用效应组合的设计值;

γ_G——重力荷载分项系数,一般取 1.2;当重力荷载效应对构件承载力有利时,不应大于 1.0;

S_{GE}——重力荷载代表值的效应;

γ_{Eh}——水平地震作用分项系数,一般取 1.3;

S_{Ehk}——水平地震作用标准值的效应,尚应乘以相应的增大系数或调整系数。

排架内力组合时应注意:

(1)组合吊车桥架引起的地震作用效应时,应同时组合吊车的重力荷载效应。

(2)吊车桥架引起的水平地震作用效应,只考虑吊车桥架(包括小跑车)自重产生的地震作用效应;若为硬钩吊车,则另加 30% 吊重产生的水平地震作用效应;不考虑吊车的横向水平制动力。

(3)组合时,单跨厂房考虑一台吨位最大的吊车;多跨厂房如各跨均有吊车,可任意选两跨,一跨一台,不超过两台。

(4)地震作用效应的方向有正有负,组合时,吊车桥架引起的地震作用效应应与结构产生的水平地震作用效应方向一致,以取得最不利的效应组合。

六、截面的抗震验算

1. 柱截面的抗震验算

对单层厂房钢筋混凝土柱截面的抗震验算,应满足下列要求:

$$S \leqslant \frac{R}{\gamma_{RE}} \tag{7-9}$$

式中:R——柱截面承载力设计值,按《混凝土结构设计规范》的偏心受压构件承载力公式计算;

γ_{RE}——承载力抗震调整系数,对钢筋混凝土偏压柱,轴压比小于 0.15 时,取 0.75,轴压比不小于 0.15 时,取 0.8。

对于排架侧向受约束,如有嵌砌内隔墙、有侧边贴建坡屋、靠山墙的端排架角柱等,且约束点至柱顶的长度 l 不大于柱截面在该方向边长的两倍(排架平面:$l \leqslant 2h$;垂直排架平面:$l \leqslant 2b$)时,处于短柱工作状态的钢筋混凝土柱除满足地震作用下受弯、受剪承载力要求外,柱顶预埋钢板和柱顶箍筋加密区的构造尚应符合《混凝土结构设计规范》"铰接排架柱"一节中的有关要求。

2. 支承不等高厂房低跨屋盖的柱牛腿的抗震验算

不等高厂房中,为了防止高低跨交接处支承低跨屋盖的柱牛腿(柱肩)在地震作用中竖向

拉裂,应按式(7-10)确定牛腿的纵向水平受拉钢筋截面面积:

$$A_s \geqslant \left(\frac{N_G \cdot a}{0.85 h_0 f_y} + 1.2 \frac{N_E}{f_y} \right) \gamma_{RE} \tag{7-10}$$

式中:A_s——纵向水平受拉钢筋的截面面积;

N_G——柱牛腿面上重力荷载代表值产生的压力设计值;

a——重力作用点至下柱近侧边缘的距离,当 $a<0.3h_0$ 时,取 $a=0.3h_0$;

h_0——牛腿最大竖向截面的有效高度;

N_E——柱牛腿面上地震组合的水平拉力设计值;

f_y——受拉钢筋的抗拉强度设计值;

γ_{RE}——承载力抗震调整系数,可采用1.0。

支承不等高厂房低跨屋盖的柱牛腿,见图7-13,除满足上述计算和配筋外,尚应符合《混凝土结构设计规范》"铰接排架柱"一节中有关构造要求。

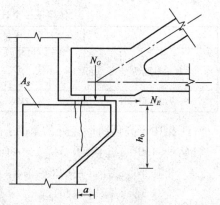

图7-13 支撑低跨屋盖的柱牛腿

【例7-1】如图7-14所示,某两跨不等高钢筋混凝土柱单层厂房,柱距6m,总长60m,低跨和高跨各有5t和10t中级工作制桥式吊车一台;采用6m后张法预应力混凝土吊车梁,梁高1 200mm;屋盖为大型钢筋混凝土屋面板,18m钢筋混凝土折线形屋架,屋盖重力荷载为 3.5kN/m^2,雪荷载为 0.2kN/m^2;柱子混凝土强度等级为C20;围护墙采用240mm厚MU10普通砖;抗震设防烈度为8度,Ⅱ类场地,设计基本地震加速度值为0.20g,设计地震分组为第二组,结构阻尼比为0.05。试用底部剪力法计算此不等高排架的横向水平地震作用、地震作用效应并对地震作用效应进行相应的调整。

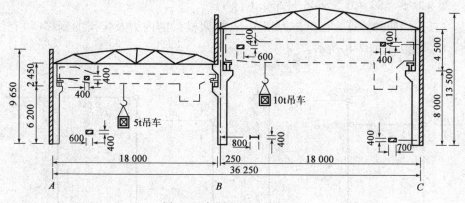

图7-14 例题图(尺寸单位:mm)

【解】

(1)荷载的计算。

重力计算取厂房6m柱距为一个计算单元,作用于一个计算单元上的重力荷载值见表7-11、表7-12。

(2)横向基本自振周期的计算。

计算简图如图7-15所示。

作用于一个计算单元上屋盖及吊车的重力荷载值　　　　表 7-11

荷载类别 \ 跨别	AB 跨	BC 跨
屋盖结构自重(kN)	18×6×3.5=378	378
雪荷载(kN)	18×6×0.2=21.6	21.6
吊车梁重(1根)(kN)	45	45
吊车桥架重(1台)(kN)	153	186

作用于一个计算单元上柱子及纵墙的重力荷载值　　　　表 7-12

	A 柱列	B 柱列	C 柱列
柱子自重(kN)	49	上柱 25	77
		下柱 50	
外纵墙自重(kN)	196	高跨封墙 89	286

① 集中于高低跨屋盖处的重力：

$G_1 = 1.0G_{低跨屋盖} + 0.5G_{低跨雪} + 0.25G_{低跨边柱} + 0.25G_{低跨外纵墙} +$
$\quad 0.5G_{低跨吊车梁} + 0.25G_{中柱下柱} +$
$\quad 0.5G_{中柱上柱} + 0.5G_{高跨封墙} + 1.0G_{中柱高跨吊车梁}$
$= 1.0 \times 378 + 0.5 \times 21.6 + 0.25 \times 49 + 0.25 \times 196 + 0.5 \times$
$\quad 2 \times 45 + 0.25 \times 50 + 0.5 \times 25 + 0.5 \times 89 + 1.0 \times 45$
$= 609.6 \text{ (kN)}$

$G_2 = 1.0G_{高跨屋盖} + 0.5G_{高跨雪} + 0.25G_{高跨边柱} + 0.25G_{高跨外纵墙} +$
$\quad 0.5G_{中柱上柱} + 0.5G_{高跨封墙} + 0.5G_{高跨边柱吊车梁}$
$= 1.0 \times 378 + 0.5 \times 21.6 + 0.25 \times 77 + 0.25 \times 286 + 0.5 \times$
$\quad 25 + 0.5 \times 89 + 0.5 \times 45 = 559.1 \text{ (kN)}$

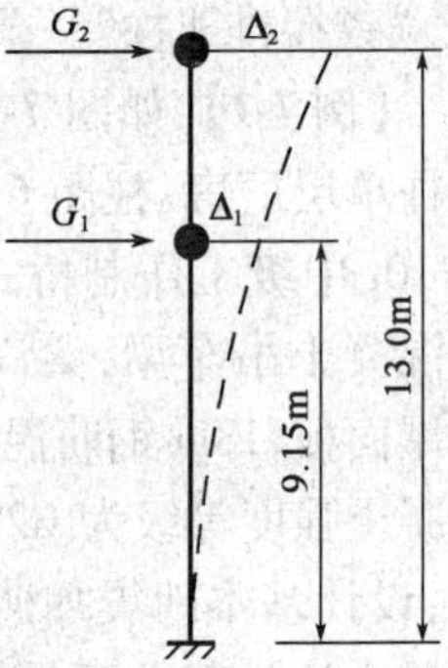

图 7-15　周期计算简图

② 基本自振周期的计算。在单位力作用下，排架横梁的内力及排架的侧移（可查阅相关教材，计算结果略），如图 7-16 所示。

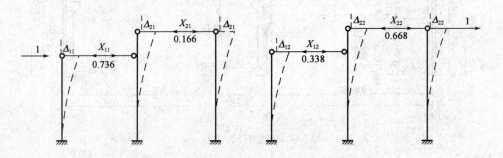

图 7-16　在单位力作用下排架的侧移及横梁的内力

$X_{11} = 0.736$，$X_{21} = 0.166$，$X_{22} = 0.663$，$X_{12} = 0.338$

$\delta_{11} = 0.383 \times 10^{-3} \text{ m/kN}$

$\delta_{12} = \delta_{21} = 0.491 \times 10^{-3} \text{ m/kN}$

$\delta_{22} = 0.997 \times 10^{-3} \text{ m/kN}$

在重力荷载作用下,排架的侧移:
$$\Delta_1 = G_1\delta_{11} + G_2\delta_{12} = 609.6 \times 0.383 \times 10^{-3} + 559.1 \times 0.491 \times 10^{-3} = 0.51 \text{ (m)}$$
$$\Delta_2 = G_1\delta_{21} + G_2\delta_{22} = 609.6 \times 0.497 \times 10^{-3} + 559.1 \times 0.997 \times 10^{-3} = 0.86 \text{ (m)}$$
$$T_1 = 2\psi_T \sqrt{\frac{\sum_{i=1}^{n} G_i \Delta_i^2}{\sum_{i=1}^{n} G_i \Delta_i}} = 2 \times 0.8 \times \sqrt{\frac{609.6 \times 0.51^2 + 559.1 \times 0.86^2}{609.6 \times 0.51 + 559.1 \times 0.86}} = 1.36 \text{ (s)}$$

(3)排架横向水平地震作用的计算

①质点重力荷载代表值

a. 集中于屋盖处的重力荷载代表值:

$G_1 = 1.0G_{低跨屋盖} + 0.5G_{低跨雪} + 0.5G_{低跨边柱} + 0.5G_{低跨外纵墙} + 0.75G_{低跨吊车梁} + 0.5G_{中柱下柱} +$

$\quad 0.5G_{中柱上柱} + 0.5G_{高跨封墙} + 1.0G_{中柱高跨吊车梁}$

$\quad = 1.0 \times 378 + 0.5 \times 21.6 + 0.5 \times 49 + 0.5 \times 196 + 0.75 \times 2 \times 45 + 0.5 \times 50 +$

$\quad 0.5 \times 25 + 0.5 \times 89 + 1.0 \times 45$

$\quad = 705.8 \text{ (kN)}$

$G_2 = 1.0G_{高跨屋盖} + 0.5G_{高跨雪} + 0.5G_{高跨边柱} + 0.5G_{高跨外纵墙} + 0.75G_{高跨边柱吊车梁} +$

$\quad 0.5G_{中柱上柱} + 0.5G_{高跨封墙}$

$\quad = 1.0 \times 378 + 0.5 \times 21.6 + 0.5 \times 77 + 0.5 \times 286 + 0.75 \times 45 +$

$\quad 0.5 \times 25 + 0.5 \times 89 = 661.1 \text{ (kN)}$

b. 集中于吊车梁顶面的重力荷载代表值:

$G_3 = 153 \text{ (kN)}$

$G_4 = 186 \text{ (kN)}$

②水平地震作用标准值。用底部剪力法计算水平地震作用标准值。查《建筑抗震设计规范》(GB 50011—2010)知,抗震设防烈度为8度,设计基本地震加速度值为0.2g时,水平地震影响系数最大值$\alpha_{max} = 0.16$;Ⅱ类场地,设计地震分组为第二组,特征周期为
$$T_g = 0.40\text{s}$$
地震影响系数为
$$\alpha_1 = \left(\frac{T_g}{T_1}\right)^{0.9} \eta_2 \cdot \alpha_{max} = \left(\frac{0.40}{1.36}\right)^{0.9} \times 1 \times 0.16 = 0.053$$
(建筑结构的阻尼比为0.05时,阻尼调整系数$\eta_2 = 1.0$)

等效重力荷载代表值为
$$G_{eq} = 0.85\sum G_i = 0.85 \times (705.8 + 661.1 + 153 + 186) = 1450 \text{ (kN)}$$
排架底部剪力标准值:
$$F_{EK} = \alpha_1 \cdot G_{eq} = 0.053 \times 1450 = 76.9 \text{ (kN)}$$

③作用于高低跨屋盖处和吊车梁顶面的地震作用标准值,如图7-17所示。
$$F_i = \frac{G_i H_i}{\sum_{j=1}^{n} G_j H_j} F_{EK}$$

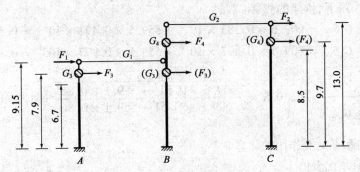

图 7-17　地震作用标准值(尺寸单位:m)

具体计算见表7-13。

各质点地震作用标准值　　　　表 7-13

质点	G_i(kN)	H_i(m)	$G_i H_i$	$\dfrac{G_i H_i}{\sum_{j=1}^{4} G_j H_j}$	$F_i = \dfrac{G_i H_i}{\sum_{j=1}^{4} G_j H_j} F_{EK}$
1	705.8	9.15	6 458.1	0.360 1	27.7
2	661.1	13.0	8 459.3	0.471 8	36.3
3	153	7.9	1 208.7	0.067 4	5.2
4	186	9.7	1 804.2	0.100 6	7.7
∑			17 930.3		76.9

(4) 地震作用效应的计算和调整

①高、低跨屋盖处地震作用标准值产生的地震效应。

排架地震作用效应如图 7-18 所示进行计算;在地震作用标准值 F_1 和 F_2 同时作用下,排架柱的地震作用效应如图 7-19 所示。

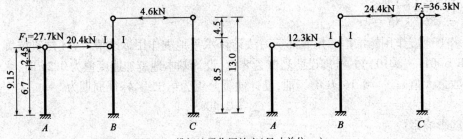

图 7-18　排架地震作用效应(尺寸单位:m)

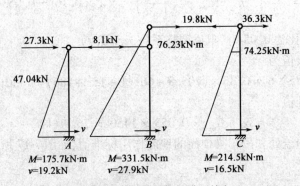

图 7-19　排架柱的地震作用效应

排架柱地震作用效应的调整：

a. 考虑空间作用及扭转影响的调整。本厂房两端有 240mm 厚山墙，并与屋盖有良好的连接；厂房总长与总跨度之比为 60/36 = 1.67 < 8，且柱顶高度小于 15m，故应对 B 柱 I-I 截面（如图 7-18 所示）处上柱以外的钢筋混凝土排架柱的地震作用效应（弯矩、剪力）乘以调整系数。

此为钢筋混凝土无檩屋盖、两端有山墙、不等高厂房，屋盖长度 60m，查表 7-8，调整系数为 0.9。

b. 高低跨交接处 B 柱支承低跨屋盖牛腿（I-I 截面处）以上各截面的地震作用效应应乘以增大系数 η：

$$\eta = \zeta\left(1 + 1.7 \cdot \frac{n_h}{n_0} \cdot \frac{G_{EL}}{G_{Eh}}\right) = 0.88 \times \left(1 + 1.7 \times \frac{1}{2} \times \frac{705.8}{661.1}\right) = 1.68$$

则 B 柱上柱 I-I 截面增大后地震作用效应为

$$M_{I-I} = 1.68 \times 76.23 = 128.1 \text{kN} \cdot \text{m}$$
$$V_{I-I} = 1.68 \times 27.9 = 46.9 \text{kN}$$

②吊车桥架处地震作用标准值产生的地震效应。

地震作用标准值 F_3、F_4 产生的地震作用效应，可按柱顶为不动铰简图（图 7-20）进行计算（此处略）。

③吊车梁顶高程处的上柱截面地震作用效应的调整。由吊车桥架引起的吊车梁顶高程处上柱截面的地震作用效应（弯矩、剪力）应乘以增大系数。如图 7-20a)、d) 所示的 M_{II-II}、V_{II-II} 应乘以增大系数 2.0；图 7-20c) 所示的 M_{II-II}、V_{II-II} 应乘以增大系数 2.5。

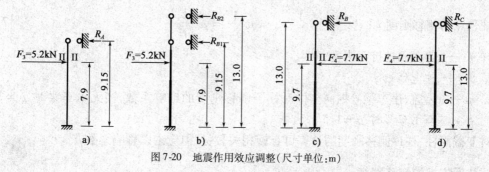

图 7-20 地震作用效应调整（尺寸单位：m）

第四节 单层厂房的纵向抗震设计

在纵向地震作用下，单层厂房受力状态十分复杂。对于质量和刚度分布均匀的等高厂房，可认为结构以纵向平移振动为主；而对于质量与刚度中心不重合的不等高厂房，不仅产生平移振动而且会产生扭转耦联振动，因此，选择合理的计算模型与分析方法是十分必要的。

一、厂房纵向抗震计算方法选择

在计算分析和震害总结的基础上，我国《建筑抗震设计规范》（GB 50011—2010）提出了厂房纵向抗震计算方法如下：

(1) 纵墙对称布置的单跨厂房和轻型屋盖的多跨厂房，可按柱列法计算。

对于屋面为压型钢板、瓦楞铁、石棉瓦等轻型屋盖，由于其水平刚度很小，协调各柱列的变形能力较弱，在纵向地震作用下，各柱列振动的相互影响小，因而可采用柱列法计算。

(2) 混凝土无檩和有檩屋盖及有较完整支撑系统的轻型屋盖厂房，可采用下列方法：

①一般情况下,宜计及屋盖的纵向弹性变形,以及围护墙与隔墙的有效刚度,不对称时尚宜计及扭转的影响,按多质点进行空间结构分析;

②柱顶高程不大于15m且平均跨度不大于30m的单跨或等高多跨的钢筋混凝土柱厂房,宜采用修正刚度法计算。

二、纵向柱列的刚度

纵向柱列的刚度为柱列中所有柱子、所有上下柱间支撑及折减后的贴砌的砖围护纵墙侧移刚度之和。即

$$K_i = \sum K_c + \sum K_b + \psi_w \sum K_w \tag{7-11}$$

式中:K_i——i 柱列柱顶的总侧移刚度;

K_c、K_b、K_w——分别为一根柱、一片支撑、一片砖墙的侧移刚度;

ψ_w——贴砌的砖围护墙侧移刚度的折减系数,在地震基本烈度为 7、8、9 度时,可近似取为 0.6、0.4 和 0.2。

1. 柱子的侧移刚度

对等截面柱:

柱顶点柔度为

$$\delta_{11} = \frac{H^3}{3E_c I_c} \tag{7-12}$$

柱顶点的侧移刚度为

$$K_c = \mu \frac{1}{\delta_{11}} = \mu \frac{3E_c I_c}{H^3} \tag{7-13}$$

式中:$E_c I_c$——等截面柱抗弯刚度;

H——柱全高;

μ——屋盖、吊车梁等纵向构件对柱子侧移刚度的影响系数,当无吊车梁时,$\mu = 1.1$;有吊车梁时,$\mu = 1.5$。

对变截面柱,柱顶侧移刚度的计算可查阅相关教材,但应乘以影响系数 μ。

2. 柱间支撑的侧移刚度

柱间支撑是由钢筋混凝土柱、吊车梁与型钢杆件共同组成的超静定抗侧结构。为简化计算,假定各杆件在连接处为铰接,按静定桁架结构计算,如图 7-21 所示;忽略水平杆和柱子的轴向变形,只计及斜向钢杆的变形。因此,柱间支撑侧移刚度根据压杆长细比 λ 的不同按下列三种情况考虑。

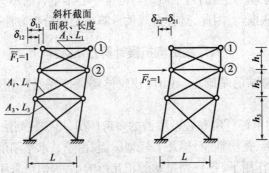

图 7-21 柱间支撑柔度系数

(1)当 $\lambda > 150$ 时,属于柔性支撑。一般可认为斜压杆不起作用,只计及斜向拉杆的作用,用结构力学方法可得到支撑的柔度系数为

$$\delta_{11} = \frac{1}{EL^2}\sum_{i=1}^{s}\frac{L_i^3}{A_i} \tag{7-14}$$

$$\delta_{22} = \delta_{12} = \delta_{21} = \frac{1}{EL^2}\sum_{i=2}^{s}\frac{L_i^3}{A_i} \tag{7-15}$$

式中:A_i、L_i——分别为支撑第 i 节间内斜杆的截面面积和长度;
　　　s——支撑节间总数;
　　　E——支撑材料弹性模量;
　　　L——支撑跨度。

$$K_b = \begin{bmatrix} K_{11} & K_{12} \\ K_{21} & K_{22} \end{bmatrix} \tag{7-16}$$

其中: $K_{11} = \frac{\delta_{22}}{|\delta|}$, $K_{22} = \frac{\delta_{11}}{|\delta|}$, $K_{12} = K_{21} = \frac{\delta_{12}}{|\delta|}$

$$|\delta| = \delta_{11}\delta_{22} - \delta_{12}^2$$

将式(7-14)、式(7-15)代入式(7-16)便可得到柔性柱间支撑的刚度矩阵 K_b。

(2)当 $40 \leq \lambda \leq 150$ 时,属于半刚性支撑。试验表明,在水平力作用下,支撑拉杆屈服之前,压杆虽然已达到临界状态,但一般并未丧失稳定性,拉杆与压杆仍然可以协调工作。因此,认为支撑屈服时支撑拉杆的轴向力与压杆的轴向力的比值为 $1/\varphi$(φ 为压杆稳定系数)。柔度系数为

$$\delta_{11} = \frac{1}{EL^2}\sum_{i=1}^{s}\frac{L_i^3}{(1+\varphi_i)A_i} \tag{7-17}$$

$$\delta_{22} = \delta_{12} = \delta_{21} = \frac{1}{EL^2}\sum_{i=2}^{s}\frac{L_i^3}{(1+\varphi_i)A_i} \tag{7-18}$$

将式(7-17)、式(7-18)代入式(7-16)便可得到半刚性柱间支撑的刚度矩阵 K_b。

(3)当 $\lambda < 40$ 时,为刚性支撑,受压杆件不会失稳。压杆的工作状态与拉杆一样,可以充分发挥其全截面的强度。此时压杆稳定系数 $\varphi = 1$,柔度系数为

$$\delta_{11} = \frac{1}{2EL^2}\sum_{i=1}^{s}\frac{L_i^3}{A_i} \tag{7-19}$$

$$\delta_{22} = \delta_{12} = \delta_{21} = \frac{1}{2EL^2}\sum_{i=2}^{s}\frac{L_i^3}{A_i} \tag{7-20}$$

将式(7-19)、式(7-20)代入式(7-16)便可得到刚性柱间支撑的刚度矩阵 K_b。

3. 砌体纵墙的侧移刚度

对于贴砌于钢筋混凝土柱边的砖墙,其侧移刚度:

$$K_w = \sum_{i=1}^{n}K_{wi} \tag{7-21}$$

式中:K_{wi}——各墙段的侧移刚度,对于窗洞上下的墙段,可以只考虑剪切变形;对于窗间墙段,可同时考虑剪切变形和弯曲变形,具体见第六章式(6-8)、式(6-9)。

三、计 算 方 法

1. 修正刚度法

此法就是把厂房纵向视为一个单自由度体系,如图 7-22 所示,求出总地震作用后,再按各柱列的修正刚度,把总地震作用分配到各柱列。此法适用于单跨或等高多跨钢筋混凝土无檩和有檩屋盖厂房。

(1) 纵向基本自振周期。计算单跨或等高多跨的钢筋混凝土柱厂房纵向地震作用时,在柱顶高程不大于 15m 且平均跨度不大于 30m 时,纵向基本自振周期可按下列公式确定:

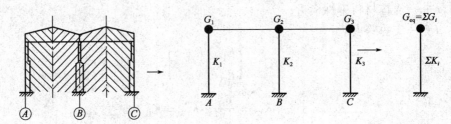

图 7-22 纵向周期的计算简图

①砖围护墙厂房

$$T_1 = 0.23 + 0.00025\psi_1 l\sqrt{H^3} \tag{7-22}$$

式中:ψ_1——屋盖类型系数,大型屋面板钢筋混凝土屋架为 1.0,钢屋架为 0.85;

l——厂房跨度(m),多跨厂房可取各跨的平均值;

H——基础顶面至柱顶的高度(m)。

②敞开、半敞开或墙板与柱柔性连接的厂房

纵向基本自振周期可按式(7-22)进行计算并乘以下列围护墙的影响系数:

$$\psi_2 = 2.6 - 0.002l\sqrt{H^3} \tag{7-23}$$

式中:ψ_2——围护墙影响系数,当 ψ_2 小于 1.0 时应采用 1.0。

(2) 柱列地震作用的计算

①柱列柱顶地震作用标准值。等高多跨钢筋混凝土屋盖的厂房,各纵向柱列的柱顶标高处的地震作用标准值(图 7-23)可按下列公式确定:

$$F_i = \alpha_1 G_{eq} \frac{k_{ai}}{\sum k_{ai}} \tag{7-24}$$

$$k_{ai} = \psi_3 \psi_4 k_i \tag{7-25}$$

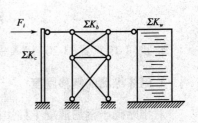

图 7-23 无吊车厂房柱列地震作用

式中:F_i——i 柱列在柱顶标高处的纵向地震作用标准值;

α_1——厂房纵向基本自振周期的水平地震影响系数;

G_{eq}——厂房单元柱列总等效重力荷载代表值;

k_i——i 柱列柱顶的总侧移刚度,计算见式(7-11);

k_{ai}——i 柱列柱顶的调整侧移刚度;

ψ_3——柱列侧移刚度的围护墙影响系数,可按表 7-14 采用;有纵向砖围护墙的 4 跨或 5

跨厂房,由边柱列数起的第三柱列,可按表 7-14 内相应数值的 1.15 倍采用;

ψ_4——柱列侧移刚度的柱间支撑影响系数,纵向为砖围护墙时,边柱列可采用 1.0,中柱列可按表 7-15 采用。

对无吊车厂房:

$$G_{eq} = 1.0G_{屋盖} + 0.5G_{雪} + 0.5G_{积灰} + 0.7G_{纵墙} + 0.5G_{横墙和山墙} + 0.5G_{柱}$$

对于有吊车厂房:

采用 10% 柱自重,则

$$G_{eq} = 1.0G_{屋盖} + 0.5G_{雪} + 0.5G_{积灰} + 0.7G_{纵墙} + 0.5G_{横墙和山墙} + 0.1G_{柱}$$

围护墙影响系数　　　　　　　　　表 7-14

围护墙类别和烈度		柱列和屋盖类别				
240 砖墙	370 砖墙	边柱列	中柱列			
			无檩屋盖		有檩屋盖	
			边跨无天窗	边跨有天窗	边跨无天窗	边跨有天窗
	7 度	0.85	1.7	1.8	1.8	1.9
7 度	8 度	0.85	1.5	1.6	1.6	1.7
8 度	9 度	0.85	1.3	1.4	1.4	1.5
9 度		0.85	1.2	1.3	1.3	1.4
无墙、石棉瓦或挂板		0.90	1.1	1.1	1.2	1.2

纵向采用砖围护墙的中柱列柱间支撑影响系数　　　　表 7-15

厂房单元内设置下柱支撑的柱间数	中柱列下柱支撑斜杆的长细比					中柱列无支撑
	≤40	41~80	81~120	121~150	>150	
一柱间	0.9	0.95	1.0	1.1	1.25	1.4
二柱间	—	—	0.9	0.95	1.0	—

②吊车梁顶高程处纵向地震作用标准值。等高多跨钢筋混凝土屋盖厂房,柱列各吊车梁顶处的纵向地震作用标准值(图 7-24),可按式(7-26)确定:

$$F_{ci} = \alpha_1 G_{ci} \frac{H_{ci}}{H_i} \qquad (7-26)$$

式中:F_{ci}——i 柱列在吊车梁顶标高处的纵向地震作用标准值;

G_{ci}——集中于 i 柱列吊车梁顶标高处的等效重力荷载代表值,

$$G_{ci} = 1.0G_{吊车梁} + 1.0G_{吊车} + 0.4G_{柱}$$

$G_{吊车}$——为第 i 柱列左右跨各一台吊车桥架自重之和的一半,硬钩吊车尚应包括其吊重的 30%,软钩时不包括吊重;

H_{ci}——i 柱列吊车梁顶高度;

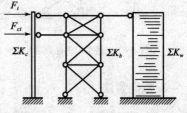

图 7-24　有吊车厂房柱列地震作用

H_i——i 柱列柱顶高度。

(3) 柱列内各抗侧构件地震作用的计算

① 无吊车厂房。第 i 柱列中,一根柱子、一片支撑、一片砖墙所分担的柱顶处纵向水平地震作用标准值如图 7-25 所示,分别为

$$F_c = \frac{K_c}{K_i} F_i \tag{7-27}$$

$$F_b = \frac{K_b}{K_i} F_i \tag{7-28}$$

$$F_w = \frac{\psi_w K_w}{K_i} F_i \tag{7-29}$$

式中:F_c、F_b、F_w——分别为一根柱、一片支撑、一片砖墙在柱顶处的纵向水平地震作用标准值;

K_c、K_b、K_w——分别为一根柱、一片支撑、一片砖墙的侧移刚度;

K_i——i 柱列柱顶的总侧移刚度,$K_i = \sum K_c + \sum K_b + \psi_w \sum K_w$

② 有吊车厂房。考虑简化计算,对中小型厂房,可近似地取整个柱列所有柱的总刚度为该柱列柱间支撑刚度的 10%,即取 $\sum K_c = 0.1 \sum K_b$。采用此简化方法所带来的误差,对于柱底地震弯矩和柱间支撑地震内力,分别大致为 20% 和 10%。

① 柱顶处水平地震作用:第 i 柱列一根柱子、一片支撑、一片砖墙所分担的柱顶处纵向水平地震作用仍按式(7-27)~式(7-29)计算;

② 吊车梁顶处水平地震作用:作用于吊车梁顶处的水平地震作用标准值,因偏离砖墙较远,故近似认为仅由柱和柱间支撑分担,一根柱、一片支撑所分担的纵向水平地震作用标准值(图 7-26):

$$F'_c = \frac{1}{11n} F_{ci} \tag{7-30}$$

$$F'_b = \frac{K_b}{1.1 \sum K_b} F_{ci} \tag{7-31}$$

式中:F'_c、F'_b——分别为一根柱、一片支撑在吊车梁顶标高处的纵向水平地震作用标准值;

n——柱列中柱子的根数(近似认为每根柱子的侧移刚度相同)。

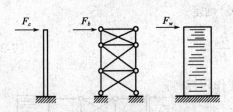

图 7-25 无吊车厂房柱列各构件地震作用

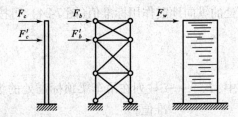

图 7-26 有吊车厂房柱列各构件的地震作用

2. 拟能量法

此法一般适用于两跨不等高的钢筋混凝土弹性屋盖厂房。将厂房质量按跨度中心线划分开,以剪扭振动空间分析结果为标准,运用能量法的原理进行试算对比,找出各柱列按跨度中心线划分质量的调整系数,从而得出各柱列作为分离体时的等效集中质量,然后按能量法公式确定整个厂房的自振周期,并按单独柱列分别计算出各柱列的水平地震作用。

(1)质量的集中。将厂房质量按中心线划分开,并将各构件的质量换算为等效重力荷载代表值集中到各柱列的柱顶高程处。各构件集中到相应高程处的换算系数是按底部剪力相等的原则确定。计算周期时,对于无吊车或较小吨位吊车的厂房,一般将质量全部集中到柱顶;对有较大吨位吊车的厂房,则应在支承吊车梁的牛腿面处增设一个质点,如图 7-27 所示。

① 集中于柱列柱顶处的重力荷载代表值。

a. 边柱列:

无吊车或有较小吨位吊车时

$$G_s = 1.0G_{屋盖} + 0.5G_{雪} + 0.5G_{灰} + 0.5G_{柱} + 0.5G_{横墙} + 0.7G_{纵墙} + 0.75(G_{吊车梁} + G_{吊车})$$

有较大吨位吊车时

$$G_s = 1.0G_{屋盖} + 0.5G_{雪} + 0.5G_{灰} + 0.1G_{柱} + 0.5G_{横墙} + 0.7G_{纵墙}$$

b. 高低跨柱列:

当无吊车或有较小吨位吊车,

高跨柱顶处质点:

$$G_s = 1.0G_{屋盖} + 0.5G_{雪} + 0.5G_{灰} + 0.5G_{柱} + 0.5G_{横墙} + 0.7G_{纵墙} + 1.0(G_{吊车梁} + G_{吊车})_{高跨} + 0.75(G_{吊车梁} + G_{吊车桥})_{低跨} + 0.5G_{悬墙}$$

低跨柱顶处质点:

$$G_s = 1.0G_{屋盖} + 0.5G_{雪} + 0.5G_{灰} + 0.5G_{横墙} + 0.5G_{悬墙}$$

有较大吨位吊车时,

高跨柱顶处质点:

$$G_s = 1.0G_{屋盖} + 0.5G_{雪} + 0.5G_{灰} + 0.1G_{柱} + 0.5G_{横墙} + 0.5G_{悬墙} + 1.0(G_{吊车梁} + G_{吊车})$$

低跨柱顶处质点:

$$G_s = 1.0G_{屋盖} + 0.5G_{雪} + 0.5G_{灰} + 0.5G_{横墙} + 0.5G_{悬墙}$$

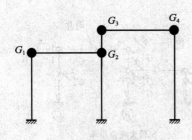 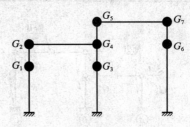

a) 无吊车或较小吨位吊车　　　　　　b) 较大吨位吊车

图 7-27　厂房纵向各质点

② 集中到牛腿面处的重力荷载代表值。

仅对有较大吨位吊车的厂房才需设此质点,

$$G_{cs} = 0.4G_{柱} + 1.0(G_{吊车梁} + G_{吊车})$$

式中:G_{cs}——集中于第 s 柱列吊梁顶处的等效重力荷载代表值;

　　　$G_{吊车}$——为第 i 柱列左右跨各一台吊车桥架自重之和的一半,硬钩吊车尚应包括其吊重的 30%,软钩时不包括吊重。

(2)纵向基本自振周期。

为了考虑厂房纵向的空间作用影响,对质点的重力荷载代表值进行调整,然后将调整过的各柱列质点的重力荷载代表值视为水平力作用于相应位置,并求出各柱列各质点位置处的水平侧移,按能量法确定厂房的纵向基本自振周期。即

$$T_1 = 2\psi_T \sqrt{\frac{\sum_{s=1}^{n} G'_s u_s^2}{\sum_{s=1}^{n} G'_s u_s}} \tag{7-32}$$

式中:ψ_T——拟能量法周期修正系数,无围护墙时取 0.9,有围护墙时取 0.8;

G'_s——按厂房空间作用进行调整后,质点 s 的重力荷载代表值,

高低跨柱列柱顶处　　$G'_s = \zeta_s G_{s高底跨柱列}$;

边柱列柱顶处　　　　$G'_s = G_s + (1 - \zeta_s) G_{s高底跨柱列}$;

牛腿顶面处　　　　　$G'_s = 1.0 G_{cs}$;

ζ_s——中柱列(高低跨柱列)重力荷载代表值调整系数,按表 7-16 采用;

u_s——各柱列作为分离体,在本柱列各质点重力荷载代表值 G'_s 作为水平力共同作用下,质点 s 处的水平侧移(m),如图 7-28 所示。

中柱列重力荷载调整系数 ζ_s　　　　表 7-16

240 砖墙	370 砖墙	钢筋混凝土无檩屋盖		钢筋混凝土有檩屋盖	
		边跨无天窗	边跨有天窗	边跨无天窗	边跨有天窗
	7 度	0.50	0.55	0.60	0.65
7 度	8 度	0.60	0.65	0.70	0.75
8 度	9 度	0.70	0.75	0.80	0.85
9 度		0.75	0.80	0.85	0.90
无墙、石棉瓦、瓦楞铁、挂板		0.90	0.90	1.00	1.00

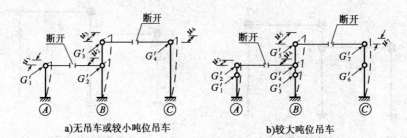

a)无吊车或较小吨位吊车　　　　b)较大吨位吊车

图 7-28　厂房各质点的纵向水平侧移

(3)各柱列纵向水平地震作用标准值

①作用于第 i 柱列(分离体)柱顶处的纵向水平地震作用标准值:

一般柱列　　　　　　　$F_i = \alpha_1 G'_{si}$　　　　　　　　(7-33)

高低跨柱列

高跨质点处:　　$F_{i高} = \alpha_1 (G'_{si高} + G'_{si低}) \dfrac{G'_{si高} H_{i高}}{G'_{si高} H_{i高} + G'_{si低} H_{i低}}$　　(7-34)

低跨质点处:　　$F_{i低} = \alpha_1 (G'_{si高} + G'_{si低}) \dfrac{G'_{si低} H_{i低}}{G'_{si高} H_{i高} + G'_{si低} H_{i低}}$　　(7-35)

②作用于第i柱列牛腿顶面处的纵向水平地震作用标准值。对于有较大吨位吊车厂房,作用于第i柱列牛腿顶面处的纵向水平地震作用标准值,按式(7-26)进行计算。

(4)柱列内各抗侧构件地震作用的计算。

求得各柱列地震作用标准值之后,对无吊车厂房,即可按各抗侧构件侧移刚度与柱列总侧移刚度比分配地震作用,见式(7-27)~式(7-29);对有吊车厂房,可参考修正刚度法中的式(7-27)~式(7-31)进行分配。

3. 柱列法

对纵墙对称布置的单跨厂房和轻型屋盖的多跨厂房可用柱列法计算。此法以跨度中心线划分,取各柱列独立进行分析。

(1)计算各柱列柱顶等效集中质量重力荷载代表值

①计算自振周期时的重力荷载代表值:

$$G_i = 1.0G_{屋盖} + 0.5G_{雪} + 0.5G_{积灰} + 0.25G_{柱} + 0.35G_{纵墙} + 0.25G_{山墙} + 0.5G_{吊车梁} + 0.5G_{吊车}$$

②计算地震作用时的重力荷载代表值:

$$G_i = 1.0G_{屋盖} + 0.5G_{雪} + 0.5G_{积灰} + 0.5G_{柱} + 0.7G_{纵墙} + 0.5G_{山墙} + 0.75G_{吊车梁} + 0.75G_{吊车}$$

式中:$G_{吊车}$——第i柱列左右跨各取两台最大吊车的吊车桥架重力荷载代表值之和的一半,硬钩车尚应包括其吊重的30%。

(2)计算各柱列的柱顶总侧移刚度。

第i柱列柱顶的总侧移刚度K_i按式(7-11)计算。

(3)计算各柱列基本自振周期

$$T_i = 2\psi_T \sqrt{\frac{G_i}{K_i}} \tag{7-36}$$

式中:ψ_T——柱列自振周期修正系数,此系数是根据空间分析结果与柱列法比较后确定的,对于单跨厂房,$\psi_T = 1.0$,对于多跨厂房,按表7-17确定。

柱列自振周期修正系数 表7-17

围护墙	柱列 天窗或柱支撑		边柱列	中柱列
石棉瓦、挂板或无墙	有柱间支撑	边跨无天窗	1.3	0.9
		边跨有天窗	1.4	0.9
	无柱间支撑		1.15	0.85
砖墙	有柱间支撑	边跨无天窗	1.6	0.9
		边跨有天窗	1.65	0.9
	无柱间支撑		2	0.85

(4)计算各柱列地震作用。

用底部剪力法求第i柱列的水平地震作用F_i:

$$F_i = \alpha_1 G_i \tag{7-37}$$

式中:α_1——相应于该柱列基本周期T_i的地震影响系数。

(5)计算柱列内各抗侧构件的地震作用。

柱列内所有柱子、支撑和墙体承受的地震作用可按式(7-27)~式(7-29)计算。

四、纵向抗震验算

1. 排架柱

柱纵向由于按刚度分配承担的地震作用效应较小,一般不必进行截面抗震验算。但对于两个主轴方向柱距均不小于12m,无桥式吊车且无柱间支撑的大柱网厂房,柱截面抗震验算应同时计算纵、横两个方向的水平地震作用,并应计入位移引起的附加弯矩(P-$\triangle$效应)。

2. 柱间支撑

(1)柱间支撑地震作用效应及验算。

对无贴砌墙的纵向柱列,上柱支撑与同列下柱支撑宜等强设计。因为上柱支撑和下柱支撑的刚度和承载力若相差悬殊,就会在相对薄弱的上柱或下柱支撑部位发生塑性变形,导致局部严重破坏。

①对长细比不大于200m,斜杆截面可仅按抗拉验算,但应考虑压杆的卸载影响,其拉力可按式(7-38)确定:

$$N_t = \frac{l_i}{(1+\psi_c\varphi_i)s_c}V_{bi} \tag{7-38}$$

式中:N_t——i节间支撑斜杆抗拉验算时的轴向拉力设计值;

　　　l_i——i节间斜杆的全长;

　　　ψ_c——压杆卸载系数,压杆长细比为60、100和200时,可分别采用0.7、0.6和0.5;

　　　V_{bi}——i节间支撑承受的地震剪力设计值;

　　　s_c——支撑所在柱间的净距;

　　　φ_i——i节间斜杆轴心受压稳定系数,应按现行国家标准《钢结构设计规范》采用。

斜拉杆的抗震承载力应满足下列条件:

$$N_t \leq A_i f / \gamma_{RE} \tag{7-39}$$

式中:A_i——斜向杆件截面面积;

　　　f——斜杆钢材抗拉强度设计值,取值见《钢结构设计规范》;

　　　γ_{RE}——承载力抗震调整系数,取0.9。

②斜杆长细比不大于200的柱间支撑在单位侧力作用下的水平位移,可按式(7-40)确定:

$$u = \sum \frac{1}{1+\varphi_i}u_{ti} \tag{7-40}$$

式中:u——单位侧力作用点的位移;

　　　u_{ti}——单位侧力作用下i节间仅考虑拉杆受力的相对位移。

(2)柱间支撑端节点预埋件的截面抗震验算。

柱间支撑与柱的连接应与支撑杆件等强设计,即连接焊缝、螺栓与杆件等强,锚固强度要高于杆杆及连接强度。支撑端节点预埋件可以采用锚筋或角钢两种形式。

①柱间支撑与柱连接节点预埋件的锚件采用锚筋时,如图7-29所示,其截面抗震承载力宜按下列公式验算:

$$N \leq \frac{0.8 f_y A_s}{\gamma_{RE}\left(\dfrac{\cos\theta}{0.8\zeta_m\psi} + \dfrac{\sin\theta}{\zeta_r\zeta_v}\right)} \tag{7-41}$$

$$\psi = \frac{1}{1 + \dfrac{0.6 e_0}{\zeta_r s}} \tag{7-42}$$

$$\zeta_m = 0.6 + 0.25 \frac{t}{d} \tag{7-43}$$

$$\zeta_v = (4 - 0.08d)\sqrt{\frac{f_c}{f_y}} \tag{7-44}$$

式中:A_s——锚筋总截面面积;
γ_{RE}——承载力抗震调整系数,可采用1.0;
N——预埋板的斜向拉力,可采用全截面屈服点强度计算的支撑斜杆轴向力的1.05倍;
e_0——斜向拉力对锚筋合力作用线的偏心距(mm),应小于外排锚筋之间距离的20%;
θ——斜向拉力与其水平投影的夹角;
ψ——偏心影响系数;
s——外排锚筋之间的距离(mm);
ζ_m——预埋板弯曲变形影响系数;
t——预埋板厚度(mm);
d——锚筋直径(mm);
ζ_r——验算方向锚筋排数的影响系数,二、三和四排可分别采用1.0、0.9和0.85;
ζ_v——锚筋的受剪影响系数,大于0.7时应采用0.7。

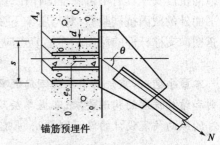

图7-29 柱间支撑与预埋件连接

②柱间支撑与柱连接节点预埋件的锚件采用角钢加端板时,其截面抗震承载力宜按下列公式验算:

$$N \leq \frac{0.7}{\gamma_{RE}\left(\dfrac{\sin\theta}{V_{uo}} + \dfrac{\cos\theta}{\psi N_{uo}}\right)} \tag{7-45}$$

$$V_{uo} = 3n\zeta_\gamma \sqrt{W_{\min} b f_a f_c} \tag{7-46}$$

$$N_{uo} = 0.8 n f_a A_s \tag{7-47}$$

式中:n——角钢根数;
b——角钢肢宽;
$W_{\min}$——与剪力方向垂直的角钢最小截面模量;
A_s——一根角钢的截面面积;
f_a——角钢抗拉强度设计值。

3. 突出屋面天窗架的纵向抗震计算

天窗架的纵向抗震计算,可采用空间结构分析法,并计及屋盖平面弹性变形和纵墙的有效刚度。

对柱高不超过 15m 的单跨和等高多跨混凝土无檩屋盖厂房的天窗架纵向地震作用计算,可采用底部剪力法,但天窗架的地震作用效应应乘以效应增大系数,其值可按下列规定采用:

单跨、边跨屋盖或有纵向内隔墙的中跨屋盖

$$\eta = 1 + 0.5n \tag{7-48}$$

其它中跨屋盖

$$\eta = 0.5n \tag{7-49}$$

式中: η ——效应增大系数;

n ——厂房跨数,超过 4 跨时取 4 跨。

4. 抗风柱

抗风柱虽非单层厂房的主要承重构件,但它却是厂房纵向抗震中的重要构件,对保证厂房的纵向抗震安全具有不可忽视的作用,因此对 8 度和 9 度抗震设防的高大山墙的抗风柱应进行平面外的截面抗震验算;对与屋架下弦连接的抗风柱,连接点应设在下弦横向支撑节点处,下弦横向支撑杆件的截面和连接节点应进行抗震承载力验算。

本章小结:本章介绍了单层钢筋混凝土厂房震害特点及规律,要求掌握单层厂房结构布置原则和结构抗震的构造要求;掌握单层厂房的横向抗震设计的基本假定和计算方法;掌握单层厂房的纵向抗震设计的修正刚度法、拟能量法、柱列法的适用范围和设计计算方法。

思考题与习题

1. 单层厂房主要有哪些震害?
2. 为什么说单层厂房承重结构是平面排架?而单层厂房结构又被看做是空间结构?
3. 在什么情况下考虑吊车桥架的质量?为什么?
4. 什么情况下可不进行厂房横向和纵向的截面抗震验算?
5. 单层厂房横向抗震计算一般采用什么计算模型?
6. 单层厂房纵向抗震计算有哪些方法?试简述各种方法的步骤与要点。
7. 柱列法的适用条件是什么?
8. 简述厂房柱间支撑的抗震设置要求。
9. 为什么要控制柱间支撑交叉斜杆的最大长细比?
10. 屋架(屋面梁)与柱顶的连接有哪些形式?各有何特点?
11. 某两跨等高钢筋混凝土柱厂房,如图 7-30 所示。柱距 6m,总长 72m,左右跨各有 5t 和 10t 中级工作制桥式吊车一台。吊车梁为 6m 先张法预应力混凝土构件,梁高 900mm。屋盖为大型钢筋混凝土屋面板,18m 钢筋混凝土屋架,屋盖重力荷载为 $3.5kN/m^2$,

雪荷载为 0.3kN/m²。柱的混凝土强度等级为 C20，围护墙采用 240mm 厚 MU10 黏土砖。抗震设防烈度为 7 度，Ⅱ类场地，设计基本地震加速度为 0.15g，设计地震分组为第一组，结构阻尼比可取为 0.05。求厂房排架的横向水平地震作用。

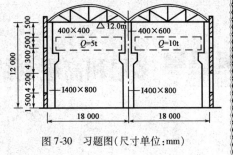

图 7-30 习题图（尺寸单位：mm）

第八章 多层和高层钢结构房屋抗震设计

本章提要：主要介绍多高层钢结构房屋主要结构体系和震害特点；钢结构房屋抗震设计一般规定；钢结构房屋构件、节点及连接的抗震计算与构造措施；单层钢结构厂房的抗震设计基本方法。因建筑材料和结构体系的不同，钢结构房屋的抗震设计与钢筋混凝土结构和砌体结构相比有其自身的特点，学习时应深刻理解。

第一节 震害及分析

钢材基本上属各向同性的均质材料，具有轻质高强、延性好的特点，是一种很适宜于建造抗震结构的材料。由于钢材的材质均匀，强度易于保证，因而钢结构房屋的可靠性大；与其它结构相比较，钢结构自重轻，使结构所受的地震作用减小；良好的延性性能，使钢结构具有很大的变形能力，可以通过结构的塑性变形吸收和耗散地震输入能量，从而具有较高的抗震能力。尽管如此，由于焊接、连接、冷加工等工艺技术以及腐蚀环境的影响，钢材性能的优点将受到影响，若在设计、施工、维护等方面出现问题，就会造成损害或破坏。在1994年美国北岭大地震和1995年日本阪神大地震中，钢结构出现了大量的局部破坏，甚至结构倒塌。根据地震中钢结构的破坏特征，将结构的破坏形式分为以下三类。

1. 节点连接破坏

历次地震中，梁柱节点破坏是多（高）层钢结构发生最多的破坏形式之一，尤其在美国北岭地震和日本阪神地震中，钢框架刚性节点破坏严重（图8-1）。焊接节点脆性破坏，主要出现在梁柱节点的下翼缘，上翼缘的破坏相对较少。不少裂缝向柱子扩展，严重的将柱裂穿；有的向梁扩展。刚性节点的破坏主要是由于节点传力集中、构造复杂，容易造成应力集中、强度不均衡，再加上焊缝缺陷、构造缺陷的存在，使其更宜破坏。梁柱节点可能的破坏形式有：加劲板断裂、屈曲，腹板断裂、屈曲，焊接部位拉脱等。

另一种节点连接破坏是支撑连接破坏。日本宫城县远海地震震害调查表明，支撑连接更易遭受地震破坏。

2. 构件破坏

震害调查表明,梁、柱、支撑等构件的局部破坏也较多。支撑作为第一道抗震防线,是框架—支撑结构中最主要的抗侧力构件。若某层支撑破坏,将使该层成为薄弱层,造成严重后果。支撑的破坏形式主要有杆件的整体失稳、板件的局部失稳及交叉节点处的断裂。

框架柱的破坏,主要有翼缘屈曲、拼接处的裂缝、节点焊缝处裂缝引起的柱翼缘层状撕裂,甚至钢柱的脆性断裂。阪神地震中,位于芦屋市的某钢结构高层住宅,共有57根方钢管柱发生脆性断裂,断裂发生在焊缝拼接处、母材和柱与支撑连接处。图8-2为箱形截面柱子拉断的情况。分析其原因,主要是竖向地震使柱中出现拉应力,因应变速率高,材料变脆;地震时正值寒冬时节,钢材温度低于0℃;加上焊缝和弯矩、剪力的不利影响,致使柱水平断裂。

框架梁的破坏,主要有翼缘屈曲、腹板屈曲和裂缝、截面扭转屈曲等。

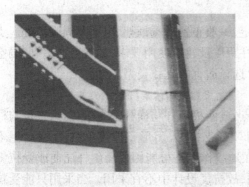

图8-1 阪神地震某建筑梁、柱、支撑节点附近破坏

图8-2 箱形截面柱子拉断

3. 结构倒塌

相比其它结构,钢结构房屋具有良好的抗震性能,但在地震中也有倒塌事故发生。1985年墨西哥大地震中有10幢钢结构房屋倒塌,墨西哥市PinoSuarez综合大楼的3个22层的钢结构塔楼其中之一倒塌。该塔楼为框架—支撑结构,因纵横向垂直支撑偏位设置,导致刚度中心与质心偏心太大,地震中产生较大扭转效应,引起结构倒塌。台湾集集地震中,某多层钢框架房屋首层H形截面钢柱发生平面外弯曲失稳,造成结构倒塌。1995年日本阪神地震中亦发生了钢结构房屋整个中间楼层被震塌的现象。

第二节 多层和高层钢结构房屋抗震设计

一、多层和高层钢结构的体系

多层和高层钢结构的结构体系主要有框架体系、框架—支撑(抗震墙板)体系、筒体体系(框筒、筒中筒、桁架筒、束筒等)和巨型框架体系。

1. 框架体系

框架体系是仅由梁、柱组成的结构体系。其整体刚度均匀,构造简单,传力明确。这类结构的抗侧移能力主要取决于梁、柱的抗弯能力。如构造设计合理,在大震作用下,结构通过梁端塑性铰的非弹性变形来耗散地震能量,具有较好的延性和一定的耗能能力。当层数较多时要提高结构的抗侧刚度只有加大梁和柱的截面,而使框架失去其经济合理性,因此主要适用于多层钢结构房屋。

2. 框架—支撑体系

当建筑物层数较多或框架结构在水平荷载作用下的侧移较大时,一般在框架结构中再加其它抗侧力构件,构成框架—抗剪结构体系。根据抗侧力构件的不同,又可分为框架—支撑体系和框架—抗震墙板体系。

框架—支撑体系是在框架体系中沿纵、横两个方向均匀布置一定数量的支撑所形成的结构体系。其中,框架是剪切型结构,底部层间位移大;支撑桁架部分类似于框架—剪力墙结构中的剪力墙,为弯曲型结构,底部层间位移小。框架—支撑体系可用于比框架体系更高的房屋。

支撑体系的布置由建筑要求及结构功能来确定,一般布置在端框架、电梯井周围等处。支撑类型的选择与是否抗震有关,也与建筑的层高、柱距以及建筑使用要求,如人行通道、门洞空调管道设置等有关,因此常需根据不同的设计条件选择适宜的支撑类型。

(1) 中心支撑。

中心支撑是指支撑斜杆与横梁及柱汇交于一点,或两根斜杆与横杆汇交于一点,也可与柱汇于一点,但汇交时均无偏心距。中心支撑可采用 X 形支撑、人字形支撑或单斜杆支撑,但不宜采用 K 形支撑,如图 8-3 所示。因为 K 形支撑在地震作用下可能因受压斜杆屈曲或受拉斜杆屈服,引起较大的侧移而使柱发生屈曲甚至倒塌,故抗震设计中不宜采用。当采用只能受拉的单斜杆支撑时,应设置两组不同倾斜方向的支撑,以保证结构在两个方向具有同样的抗侧能力。对于三、四级且高度不大于 50m 的钢结构可优先采用交叉支撑,按拉杆设计,相对经济。

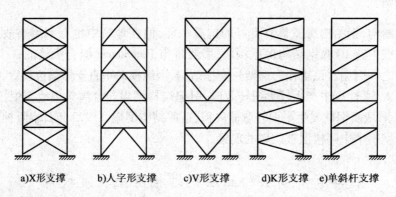

a) X 形支撑　　b) 人字形支撑　　c) V 形支撑　　d) K 形支撑　　e) 单斜杆支撑

图 8-3　中心支撑的类型

(2) 偏心支撑。

偏心支撑是指支撑斜杆的两端,至少有一端与梁相交(不在柱节点处),另一端可在梁与柱交点处连接,或偏离另一根支撑斜杆一段长度与梁连接,并在支撑斜杆端与柱之间形成消能梁段,或在两根支撑斜杆之间形成消能梁段。图 8-4 所示为偏心支撑的几种类型。

偏心支撑框架体系的耗能能力很大程度上取决于消能梁段。偏心支撑的设置可改变支撑斜杆与梁(消能梁段)的屈服顺序,即在罕遇地震时,消能梁段在支撑失稳前就进入弹塑性阶段,并利用非弹性变形消能,从而保护支撑斜杆不屈曲或屈曲在后。因此,与中心支撑相比较,偏心支撑具有较大的延性,是适宜于高烈度地震区的一种新型支撑体系。近年来,在美国的高烈度地震区,已被较多高层建筑作为主要的抗震结构。北京的中国工商银行总行大楼也采用了这种结构体系。

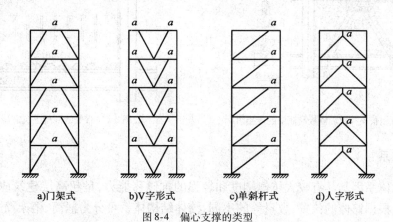

a)门架式　　b)V字形式　　c)单斜杆式　　d)人字形式

图 8-4　偏心支撑的类型

3. 框架—抗震墙板体系

框架—抗震墙板体系以钢框架为主体,并配置一定数量的抗震墙板。抗震墙板可分开布置,亦可两片以上抗震墙并联,从而提高结构的抗推刚度和抗倾覆能力。抗震墙板主要有以下三种类型:

(1) 钢板抗震墙板。

钢板抗震墙板一般采用厚钢板,其上下两边缘和左右两边缘可分别与框架梁和框架柱连接,一般采用高强螺栓连接。钢板抗震墙板只承受水平剪力,不承受重力荷载。非抗震设防及四级的建筑,钢板抗震墙可不设置加劲肋;三级及以上时宜采用带竖向加劲肋和/或横向加劲肋的钢板抗震墙,且加劲肋宜两面设置。

(2) 内藏钢板支撑抗震墙板。

内藏钢板支撑抗震墙是以钢板为基本支撑,外包钢筋混凝土墙板的预制构件,如图 8-5 所示。内藏钢板支撑可做成中心支撑或偏心支撑,但在高烈度地震区,宜采用偏心支撑。预制墙板只在支撑节点处与钢框架梁相连,除该节点部位外与钢框架梁或柱均不相连,留有间隙,因此,本质上是一种受力明确的钢支撑。因钢支撑有外包混凝土,故可不考虑平面内和平面外的屈曲。这种墙板可有效提高框架结构的承载能力和刚度,保证结构在大震时具有良好的吸收地震能量的能力。

(3) 带竖缝混凝土抗震墙板。

带竖缝墙板最早是由日本在 20 世纪 60 年代研制的,并成功地应用到日本第一栋高层钢结构建筑霞关大厦。这种带竖缝墙板是在钢筋混凝土剪力墙板中按一定间距设置竖缝,将墙板分割成一系列延性较好的壁柱,如图 8-6 所示,同时在竖缝中设置两块重叠的石棉纤维作隔板,这样既不妨碍竖缝剪切变形,还能起到隔声等作用。墙板只承受水平荷载产生的剪力,不承受竖向荷载产生的压力。在小震作用下,墙板处于弹性阶段,侧向刚度大,如同由壁柱组成的框架承担水平剪力;在大震作用下,墙板进入塑性状态,壁柱屈服后刚度降低,变形增大,起到耗能减震的作用。北京的京广中心大厦即采用这种带竖缝墙板的钢框架—抗墙板结构。

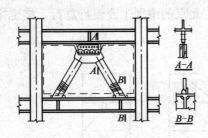

图 8-5 内藏钢板支撑抗震墙板与框架的连接图

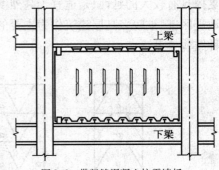

图 8-6 带竖缝混凝土抗震墙板

4. 筒体体系

筒体结构体系因其具有较大抗侧刚度和较强的抗侧移能力,是超高层建筑应用较多的一种结构形式。根据筒体的位置、数量等的不同,筒体结构体系可分为框筒、桁架筒、筒中筒及束筒等。

(1)框筒。

框筒是由密柱深梁刚性连接组成外筒结构来承担水平荷载,结构内部的柱子只承受竖向荷载而不承担水平荷载。柱网布置如图 8-7a)所示。

框筒作为悬臂筒体结构,在水平荷载作用下结构如能整体工作,其截面上的应力分布应如图 8-7a)中虚线所示,但由于框架横梁的弯曲变形,引起剪力滞后现象,截面上的应力分布将呈非线性分布,如图 8-7a)中实线所示,从而使房屋的角柱比中柱承受更大的轴力,且结构的侧向变形呈明显的剪切型特征。

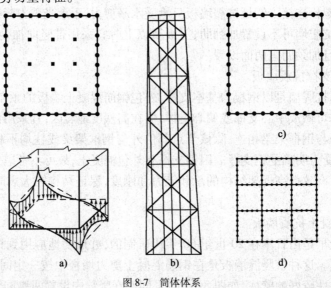

图 8-7 筒体体系

(2)桁架筒。

在框筒体系中沿框筒的表面设置巨型对角支撑构成桁架筒体系,如图 8-7b)所示。由于设置了大型桁架,一方面大大提高了结构的空间刚度和整体性;另一方面因剪力主要由桁架斜杆承担,避免横梁的剪切变形,基本上消除了剪力滞后现象。美国芝加哥约翰·汉考克大厦即采用桁架筒结构。

(3)筒中筒。

筒中筒体系是集外围框筒和核心筒为一体的结构形式,其外围多为密柱深梁钢框筒,核心为钢结构形成的筒体,如图 8-7c)所示。内、外筒通过楼板而连接成整体,大大提高了结构的抗侧刚度。与外框筒结构相比,因核心内筒参与抵抗水平剪力,不仅提高了结构抗侧刚度,而且使剪力滞后现象得到改善。这种结构体系在工程中应用较多,北京国贸中心大厦就采用了全钢筒中筒结构体系。

(4)束筒体系。

几个筒体并列组合在一起形成的结构整体称为束筒结构体系,如图 8-7d)所示。它是以外筒为基础,在其内部沿纵横向设置多榀腹板框架所构成,因此,是一种整体性更好、抗侧刚度更大的结构形式。由于设置了多榀腹板框架,减小了筒体的边长,从而大大减小了剪力滞后效应。110 层、高 442m 的西尔斯大厦即采用该种结构形式。

5. 巨型框架结构

巨型结构体系是一种新型的超高层建筑结构体系,又称超级结构体系,是由大型构件——巨型梁和巨型柱组成的简单而巨大的主结构和由常规结构构件组成的次结构共同工作的一种结构体系。主结构中巨型构件一般采用巨大的实腹钢骨混凝土柱、空间格构式桁架或筒体;巨型梁大多采用高度在一层以上的平面或空间格构式桁架,一般隔若干层设置一道。在主结构中,有时也设置跨越若干层的支撑或斜向布置剪力墙。

巨型结构的主结构是主要抗侧力体系,承受全部的水平荷载和次结构传来的各种荷载;次结构承担竖向荷载。巨型结构体系具有巨大抗侧移刚度及整体工作性能,是一种合理的超高层结构形式。按其主要受力体系,巨型结构可分为巨型桁架(包括筒体)、巨型框架、巨型悬挂结构和巨型分离式筒体等。70 层、高 369m 的香港中国银行即采用该种结构形式。

二、钢结构房屋抗震设计一般规定

1. 最大适用高度

钢结构房屋的结构类型和最大适用高度应符合表 8-1 的规定。平面和竖向均不规则的钢结构,其适用的最大高度宜适当降低。

钢结构房屋适用的最大高度(m)　　表 8-1

结 构 类 型	地 震 烈 度				
	6、7 度 (0.10g)	7 度 (0.15g)	8 度		9 度(0.40g)
			(0.20g)	(0.30g)	
框架	110	90	90	70	50
框架—中心支撑	220	200	180	150	120
框架—偏心支撑(延性墙板)	240	220	200	180	160
筒体(框筒,筒中筒,桁架筒,束筒)和巨型框架	300	280	260	240	180

注:1. 房屋高度指室外地面到主要屋面板板顶的高度(不包括局部突出屋顶部分);
　　2. 超过表内高度的房屋,应进行专门研究和论证,采取有效的加强措施;
　　3. 表内的筒体不包括混凝土筒。

2. 高宽比限值

结构的高宽比对结构的整体稳定性和人在建筑中的舒适感等有重要影响,钢结构民用房屋的最大高宽比不宜大于表 8-2 的规定。超过时应进行专门研究,采取必要措施。

钢结构房屋适用的最大高宽比　　　　　　　　　　表 8-2

地 震 烈 度	6、7 度	8 度	9 度
最大高宽比	6.5	6.0	5.5

注:塔形建筑的底部有大底盘时,高宽比可按大底盘以上计算。

3. 抗震等级

抗震等级是结构构件抗震设防的依据。钢结构房屋应根据设防分类、地震烈度和房屋高度采用不同的抗震等级,并应符合相应的计算、构造措施和材料要求。钢结构房屋的抗震等级共分四级,其中一级要求最高,它体现了不同的延性要求。

丙类多、高层钢结构房屋的抗震等级应按表 8-3 确定。构件的抗震等级一般应与结构相同;当某个部位各构件的承载力均满足 2 倍地震作用组合下的内力要求时,地震烈度 7~9 度的构件抗震等级应允许按降低一度确定。

钢结构房屋的抗震等级　　　　　　　　　　表 8-3

房 屋 高 度	地 震 烈 度			
	6 度	7 度	8 度	9 度
≤50m	/	四	三	二
>50m	四	三	二	一

4. 结构布置

钢结构房屋的结构体系与结构布置应符合第四章的有关要求。平面布置宜简单、规则和对称;建筑的立面和竖向剖面宜规则,结构的抗侧刚度宜均匀变化,避免结构的侧向刚度和承载力突变。多高层钢结构房屋一般不宜设防震缝,薄弱部位应采取措施提高抗震能力。当结构体型复杂,平、立面特别不规则时,应设防震缝,且缝宽应不小于相应钢筋混凝土结构房屋防震缝宽的 1.5 倍。

(1) 采用框架结构时,甲、乙类建筑和高层的丙类建筑不应采用单跨框架,多层的丙类建筑不宜采用单跨框架。

(2) 抗震等级为三、四级且高度不大于 50m 的钢结构宜采用中心支撑,也可采用偏心支撑、屈曲约束支撑等消能支撑。抗震等级为一、二级的钢结构房屋,宜设置偏心支撑、带竖缝钢筋混凝土抗震墙板、内藏钢支撑钢筋混凝土墙板、屈曲约束支撑等消能支撑或筒体。

(3) 采用框架—支撑结构时,应符合下列要求:

① 支撑框架在两个方向的布置均宜基本对称;支撑框架之间楼盖的长宽比不宜大于 3,以保证抗侧刚度沿长度方向均匀分布。

② 中心支撑框架宜优先采用交叉支撑,也可采用人字支撑或单斜杆支撑,不宜采用 K 形支撑;支撑的轴线宜交汇于梁柱构件轴线的交点,偏离交点时的偏心距不应超过支撑杆件宽度,并应计入由此产生的附加弯矩。交叉支撑,可按拉杆设计;若采用受压支撑,其长细比及板

件宽厚比应符合有关规定。当采用只能受拉的单斜杆支撑时,应同时设置不同倾斜方向的两组斜杆,且每组中不同方向单斜杆的截面面积在水平方向的投影面积之差不应大于10%,以保证结构在两个方向具有同样的抗侧移能力。

③偏心支撑框架的每根支撑应至少有一端与框架梁相连,并在支撑与梁交点和柱之间或同一跨内另一支撑与梁交点之间形成消能梁段。

④采用屈曲约束支撑时,宜采用人字支撑、成对布置的单斜杆支撑等形式,不应采用K形或X形,支撑与柱的夹角宜在35°~55°之间。屈曲约束支撑受压时,其设计参数、性能检验和作为一种消能部件的计算方法可按相关要求设计。

(4)钢框架—筒体结构,必要时可设置由筒体外伸臂或外伸臂和周边桁架组成的加强层。

5. 楼盖选择

钢结构房屋的楼盖主要有压型钢板现浇钢筋混凝土组合楼板、装配整体式预制钢筋混凝土楼板、装配式预制钢筋混凝土楼板、普通现浇混凝土楼板等。从性能上比较,压型钢板现浇钢筋混凝土组合楼板和普通现浇混凝土楼板的平面整体刚度更好;从施工速度上比较,普通现浇混凝土楼板慢一些,工期长;从造价上比较,压型钢板现浇钢筋混凝土组合楼板相对较高。

钢结构房屋的楼盖一般宜采用压型钢板现浇钢筋混凝土组合楼板或钢筋混凝土楼板,并应与钢梁有可靠连接;对地震烈度6、7度且高度不超过50m的钢结构,尚可采用装配整体式钢筋混凝土楼板,亦可采用装配式楼板或其它轻型楼板,但应将楼板预埋件与钢梁焊接,或采取其它保证楼盖整体性的措施。对转换层楼盖或楼板有大洞口等情况,必要时可设置水平支撑。

6. 地下室设置

高度超过50m的钢结构房屋应设置地下室。当设置地下室时,其基础形式亦应根据上部结构及地下室情况、工程地质条件、施工条件等因素综合考虑确定。地下室和基础作为上部结构的延伸部分,应具有足够的埋置深度和承载能力及刚度。其基础埋置深度,当采用天然地基时不宜小于房屋总高度的1/15;当采用桩基时,桩承台埋深不宜小于房屋总高度的1/20。

设置地下室时,框架—支撑(抗震墙板)结构中支撑(抗震墙板)应沿竖向连续布置,并延伸至基础,保证层间刚度变化均匀。设置钢骨混凝土结构层时,支撑在地下室可改为钢支撑外包混凝土或采用混凝土墙。钢框架柱应至少延伸至地下一层,其竖向荷载应直接传至基础。

<h3 style="text-align:center">三、钢结构房屋抗震计算</h3>

1. 计算模型

多(高)层钢结构房屋的抗震设计,采用两阶段设计法。第一阶段为多遇地震作用下的弹性分析,验算构件和连接的强度、构件的稳定以及结构的层间位移等;第二阶段为罕遇地震作用下的弹塑性分析,验算结构的层间侧移。对大多数的一般结构,可只进行第一阶段的设计,而通过概念设计和采取抗震构造措施来保证第二阶段的设计要求。

第一阶段抗震设计的地震作用效应可采用第三章所述的方法计算。第二阶段抗震设计的弹塑性变形计算可采用静力弹塑性分析方法(如 push-over 方法)或弹塑性时程分析;其计算模型,当结构布置规则、质量及刚度沿高度分布均匀、不计扭转效应时,可采用弯剪层模型或平面杆系模型等,当结构平面或立面不规则、体型复杂,或为筒体结构等时,应采用空间结构计算模型。

(1)阻尼比。

阻尼比是地震作用计算必不可少的一个参数。实测表明,多层和高层钢结构房屋的阻尼比小于钢筋混凝土结构的阻尼比。钢结构抗震计算的阻尼比宜按下列规定取值:

①多遇地震下的计算,高度不大于50m时可取0.04;高度大于50m且小于200m时,可取0.03;高度不小于200m时,宜取0.02;

②当偏心支撑框架部分承担的地震倾覆力矩大于结构总地震倾覆力矩的50%时,其阻尼比可比上一条款相应增加0.005;

③在罕遇地震作用下的弹塑性分析,阻尼比可取0.05。

(2)抗侧力构件的模型。

在框架—支撑(抗震墙板)结构的计算分析中,部分构件单元模型可作适当简化。支撑斜杆两端连接节点虽按刚接设计,但大量分析表明,支撑构件两端承担的弯矩很小,可按端部铰接杆计算。内藏钢支撑钢筋混凝土墙板是以钢板为支撑、外包钢筋混凝土墙板的预制构件,只在支撑节点处与钢框架相连,且混凝土墙板与框架梁柱间留有间隙,因此实质上仍是一种支撑,在计算模型中可按支撑构件模拟。带竖缝钢筋混凝土墙板可考虑仅承受水平荷载,不承受竖向荷载。

对工字形截面柱,宜考虑梁柱节点域剪切变形对结构侧移的影响;对箱形柱框架、中心支撑框架和高度不超过50m的钢结构,其节点域变形较小,层间位移计算可不考虑梁柱节点域剪切变形的影响,近似按框架轴线进行分析。

2. 地震作用效应调整

为了体现抗震设计中多道抗震防线、强柱弱梁等概念设计基本原则,《规范》通过调整结构中不同部分的地震作用效应或不同构件的内力设计值来实现。

(1)结构不同部分的剪力分配。

框架—支撑体系中,支撑是第一道抗震防线,在强烈地震中率先屈服,内力重分布使框架部分承担的地震剪力增大。框架部分按刚度分配计算得到的地震剪力应取不小于结构底部总地震剪力的25%和框架部分计算最大层剪力1.8倍二者的较小值。

(2)框架—中心支撑结构构件内力设计值调整。

中心支撑框架的斜杆轴线偏离梁柱轴线交点不超过支撑杆件的宽度时,可仍按中心支撑框架分析,但应考虑由此产生的附加弯矩。

(3)框架—偏心支撑结构构件内力设计值调整。

偏心支撑框架中,为使结构仅在耗能梁段屈服,即非弹性变形主要集中在各耗能梁段,支撑斜杆、柱和非耗能梁段的内力设计值应根据耗能梁段屈服时的内力确定并考虑耗能梁段的实际有效超强系数,再根据各构件的承载力抗震调整系数,确定斜杆、柱和非耗能梁段保持弹性所需的承载力。与消能梁段相连构件的内力设计值,应按下列要求调整:

①支撑斜杆的轴力设计值,应取与支撑斜杆相连接的消能梁段达到受剪承载力时支撑斜杆轴力与增大系数的乘积;其增大系数,抗震等级一级不应小于1.4,二级不应小于1.3,三级不应小于1.2;

②位于消能梁段同一跨的框架梁内力设计值,应取消能梁段达到受剪承载力时框架梁内力与增大系数的乘积;其增大系数,抗震等级一级不应小于1.3,二级不应小于1.2,三级不应小于1.1;

③框架柱的内力设计值,应取消能梁段达到受剪承载力时柱内力与增大系数的乘积;其增大系数,抗震等级一级不应小于 1.3,二级不应小于 1.2,三级不应小于 1.1。

(4)其它。

框架梁可按梁端截面的内力设计。钢结构转换构件下的钢框架柱,地震内力应乘以增大系数,其值可取 1.5。

四、钢结构构件与连接的承载力和稳定性验算

1. 钢结构构件及其节点的抗震验算

(1)框架梁、柱抗震验算。

框架梁、柱等构件的地震作用效应和其它荷载效应的组合及截面验算公式应按第三章所述方法计算。框架柱抗震验算内容包括截面强度验算、平面内和平面外整体稳定验算;框架梁抗震验算内容包括抗弯强度、抗剪强度验算以及整体稳定验算。当钢框架梁的上翼缘采用抗剪连接件与组合楼板连接时,可不验算地震作用下的整体稳定。

(2)梁柱节点的抗震承载力验算。

为实现"强柱弱梁"概念设计要求,《规范》规定,节点左右梁端和上下柱端的全塑性承载力,应符合以下要求:

等截面梁

$$\sum W_{pc}(f_{yc} - N/A_c) \geqslant \eta \sum W_{pb} f_{yb} \qquad (8\text{-}1)$$

端部翼缘变截面的梁

$$\sum W_{pc}(f_{yc} - N/A_c) \geqslant \sum (\eta W_{pb1} f_{yb} + V_{pb} s) \qquad (8\text{-}2)$$

式中:W_{pc}、W_{pb}——分别为交汇于节点的柱和梁的塑性截面模量;

W_{pb1}——梁塑性铰所在截面的梁塑性截面模量;

f_{yc}、f_{yb}——分别为柱和梁的钢材屈服强度;

N——地震组合的柱轴力;

A_c——框架柱的截面面积;

η——强柱系数,抗震等级一级取 1.15,二级取 1.10,三级取 1.05;

V_{pb}——梁塑性铰剪力;

s——塑性铰至柱面的距离,塑性铰可取梁端部变截面翼缘的最小处。

当符合下列条件之一时,可不进行节点全塑性承载力验算:

①柱所在楼层的受剪承载力比相邻上一层的受剪承载力高出 25%;

②柱轴压比不超过 0.4,或 $N_2 \leqslant \varphi A_c f$($N_2$ 为 2 倍地震作用下的组合轴力设计值);

③与支撑斜杆相连的节点。

(3)节点域的承载力及稳定性验算。

在钢框架梁、柱连接处,柱应设置与梁上下翼缘位置相对应的加劲肋,使之与柱翼缘包围形成梁柱节点域,以保证在强震作用下,节点域腹板不致局部失稳。研究表明,节点域不能太厚,也不能太薄。太厚使节点域不能发挥其耗能作用,太薄将使框架侧向位移太大。节点域腹板的厚度,应同时满足腹板局部稳定和节点域的抗剪要求。节点域的屈服承载力应满足下式要求:

$$\psi(M_{pb1} + M_{pb2})/V_p \leq (4/3)f_{yv} \tag{8-3}$$

工字形截面柱 $\quad V_p = h_{b1}h_{c1}t_w \tag{8-4}$

箱形截面柱 $\quad V_p = 1.8h_{b1}h_{c1}t_w \tag{8-5}$

圆管截面柱 $\quad V_p = (\pi/2)h_{b1}h_{c1}t_w \tag{8-6}$

为保证工字形截面柱和箱形截面柱节点域的稳定,节点域腹板厚度尚应满足下式:

$$t_w \geq (h_b + h_c)/90 \tag{8-7}$$

节点域的受剪承载力应满足下式:

$$(M_{b1} + M_{b2})/V_p \leq (4/3)f_v/\gamma_{RE} \tag{8-8}$$

式中:M_{pb1}、M_{pb2}——分别为节点域两侧梁的全塑性受弯承载力;

V_p——节点域的体积;

f_v——钢材的抗剪强度设计值;

f_{yv}——钢材的屈服抗剪强度,取钢材屈服强度的0.58倍;

ψ——折减系数;抗震等级三、四级取0.6,一、二级取0.7;

h_{b1}、h_{c1}——分别为梁翼缘厚度中点间的距离和柱翼缘(或钢管直径线上管壁)厚度中点间的距离;

t_w——柱在节点域的腹板厚度;

M_{b1}、M_{b2}——分别为节点域两侧梁的弯矩设计值;

γ_{RE}——节点域承载力抗震调整系数,取0.75。

2. 中心支撑框架构件的抗震承载力验算

反复荷载作用下,支撑斜杆反复受拉、受压,且受压屈曲后变形增加较多,而受拉时不能完全拉直,造成承载力再次降低。长细比越大,弹塑性屈曲后承载力退化现象越严重,在计算支撑杆件时应予以考虑。中心支撑框架构件的抗震承载力应按下列公式验算:

$$N/\varphi A_{br} \leq \psi f/\gamma_{RE} \tag{8-9}$$

$$\psi = 1/(1 + 0.35\lambda_n) \tag{8-10}$$

$$\lambda_n = (\lambda/\pi)\sqrt{f_{ay}/E} \tag{8-11}$$

式中:N——支撑斜杆的轴向力设计值;

A_{br}——支撑斜杆的截面面积;

φ——轴心受压构件的稳定系数;

ψ——受循环荷载时的强度降低系数;

λ、λ_n——支撑斜杆的长细比和正则化长细比;

E——支撑斜杆钢材的弹性模量;

f、f_{ay}——分别为钢材强度设计值和屈服强度;

γ_{RE}——支撑稳定破坏承载力抗震调整系数。

人字支撑的腹杆在大震下受压屈曲后,将在横梁上产生不平衡集中力,可能引起横梁破坏和楼板下陷,并在横梁两端出现塑性铰;V形支撑情况类似,只是斜杆失稳时楼板向上隆起而非下陷,不平衡力方向相反。因此在构造上要求框架横梁在支撑连接处保持连续,并按不计入支撑支点作用的梁验算重力荷载和支撑屈曲时不平衡力作用下的承载力;该不平衡力取受拉支撑的竖向分量减去受压支撑屈曲压力竖向分量的30%。必要时,人字支撑和V形支撑可沿竖向交替设置或采用拉链柱。

3. 偏心支撑框架构件的抗震承载力验算

偏心支撑框架的设计原则是强柱、强支撑、弱消能梁段,使消能梁段在大震时屈服,形成塑性铰,而支撑斜杆、柱和其余梁段仍保持弹性。消能梁段的受剪承载力应符合下列规定:

当 $N \leqslant 0.15Af$ 时

$$V \leqslant \varphi V_l / \gamma_{RE} \tag{8-12}$$

$V_l = 0.58 A_w f_{ay}$ 或 $V_l = 2 M_{lp}/a$,取较小值

$$A_w = (h - 2t_f) t_w$$
$$M_{lp} = f W_p$$

当 $N > 0.15Af$ 时

$$V \leqslant \varphi V_{lc} / \gamma_{RE} \tag{8-13}$$

$V_{lc} = 0.58 A_w f_{ay} \sqrt{1 - [N/(Af)]^2}$ 或 $V_{lc} = 2.4 M_{lp} [1 - N/(Af)]/a$,取较小值

式中:N、V——分别为消能梁段的轴力、剪力设计值;
V_l、V_{lc}——分别为消能梁段受剪承载力和计入轴力影响的受剪承载力;
M_{lp}——消能梁段的全塑性受弯承载力;
A、A_w——分别为消能梁段的截面面积和腹板截面面积;
W_p——消能梁段的塑性截面模量;
a、h——分别为消能梁段的净长和截面高度;
t_w、t_f——分别为消能梁段的腹板厚度和翼缘厚度;
f、f_{ay}——消能梁段钢材的抗压强度设计值和屈服强度;
φ——修正系数,可取 0.9;
γ_{RE}——消能梁段承载力抗震调整系数,取 0.75。

支撑斜杆与消能梁段连接的承载力不得小于支撑的承载力。若支撑需抵抗弯矩,支撑与梁的连接应按抗压弯连接设计。

4. 钢结构抗侧力构件的连接计算

钢结构构件的连接,应遵循强连接弱构件的原则,应对连接作二阶段设计。第一阶段,按构件承载力进行连接计算,要求连接的承载力设计值不应小于相连构件的承载力设计值;高强度螺栓连接不得滑移。第二阶段,按连接的极限承载力进行设计计算,要求连接的极限承载力应大于相连构件的屈服承载力。

(1)梁与柱刚性连接的极限承载力验算。

为使框架梁柱充分发展塑性形成塑性铰,构件的连接应有足够的承载力。梁与柱连接按弹性设计时,梁上下翼缘的端截面应满足连接的弹性设计要求,梁腹板应计入弯矩和剪力。

梁与柱刚性连接的极限受弯、受剪承载力应按下列公式验算:

$$M_u^j \geqslant \eta_j M_p \tag{8-14}$$

$$V_u^j \geqslant 1.2(2M_{pc}/l_n) + V_{Gb} \tag{8-15}$$

式中:M_p、M_{pc}——分别为梁的塑性受弯承载力和考虑轴力影响时柱的塑性受弯承载力;
V_{Gb}——梁在重力荷载代表值(地震烈度 9 度时高层建筑尚应包括竖向地震作用标准值)作用下,按简支梁分析的梁端截面剪力设计值;

M_u^j、V_u^j——分别为连接的极限受弯、受剪承载力;

l_n——梁的净跨;

η_j——连接系数,可按表8-4采用。

(2)支撑与框架连接和梁、柱、支撑的拼接极限承载力,应符合下列要求:

支撑连接和拼接 $\quad N_{ubr}^j \geq \eta_j A_{br} f_y$ (8-16)

梁的拼接 $\quad M_{ub,sp}^j \geq \eta_j M_p$ (8-17)

柱的拼接 $\quad M_{uc,sp}^j \geq \eta_j M_{pc}$ (8-18)

式中: A_{br}——支撑杆件的截面面积;

N_{ubr}^j、$M_{ub,sp}^j$、$M_{uc,sp}^j$——分别为支撑连接和拼接、梁、柱拼接的极限受压(拉)、受弯承载力。

(3)柱脚与基础的连接极限承载力,应按下式验算:

$$M_{u,base}^j \geq \eta_j M_{pc} \quad (8-19)$$

式中:$M_{u,base}^j$——柱脚的极限受弯承载力。

钢结构抗震设计的连接系数 表8-4

母材牌号	梁柱连接		支撑连接,构件拼接		柱 脚	
	焊接	螺栓连接	焊接	螺栓连接		
Q235	1.40	1.45	1.25	1.30	埋入式	1.2
Q345	1.30	1.35	1.20	1.25	外包式	1.2
Q345GJ	1.25	1.30	1.15	1.20	外露式	1.1

注:1. 屈服强度高于 Q345 的钢材,按 Q345 的规定采用;
2. 屈服强度高于 Q345GJ 的 GJ 钢材,按 Q345GJ 的规定采用;
3. 翼缘焊接腹板栓接时,连接系数分别按表中连接形式取用。

五、钢结构房屋抗震构造措施

1. 钢框架结构的抗震构造措施

(1)框架柱的长细比。

长细比和轴压比均较大的框架柱,延性较差,且易发生框架结构整体失稳。为保证框架结构具有良好的延性,地震区柱的长细比不宜太大,抗震等级一级不应大于 $60\sqrt{235/f_{ay}}$,二级不应大于 $80\sqrt{235/f_{ay}}$,三级不应大于 $100\sqrt{235/f_{ay}}$,四级不应大于 $120\sqrt{235/f_{ay}}$。

(2)梁柱板件宽厚比限值。

在框架梁设计中,除承载力和整体稳定问题外,尚应考虑梁的局部稳定。若梁的受压翼缘宽厚比或腹板的高厚比过大,则可能出现局部失稳,从而降低构件的承载力。防止板件局部失稳的有效方法是限制其宽厚比。从抗震设计的角度,对于板件宽厚比的要求,主要是地震下构件端部可能的塑性铰范围,非塑性铰范围的构件宽厚比可适当放宽。梁出现塑性铰后尚应保证其转动能力,以实现内力重分布,因此,对板件的宽厚比有严格的限制;框架柱当根据强柱弱梁设计时,柱中一般不会出现塑性铰,仅考虑柱在后期出现少量塑性不需要很高的转动能力,因此对柱板件的宽厚比可适当放宽。

框架梁、柱板件宽厚比,应符合表8-5的规定。

框架梁、柱板件宽厚比限值   表 8-5

板 件 名 称		抗 震 等 级			
		一级	二级	三级	四级
柱	工字形截面翼缘外伸部分	10	11	12	13
	工字形截面腹板	43	45	48	52
	箱形截面壁板	33	36	38	40
梁	工字形截面和箱形截面翼缘外伸部分	9	9	10	11
	箱形截面翼缘在两腹板之间部分	30	30	32	36
	工字形截面和箱形截面腹板	$72-120N_b/(Af)$ ≤ 60	$72-100N_b/(Af)$ ≤ 65	$80-110N_b/(Af)$ ≤ 70	$85-120N_b/(Af)$ ≤ 75

注：表列数值适用于 Q235 钢，采用其它牌号钢材时，应乘以 $\sqrt{235/f_{ay}}$。

(3) 梁柱构件的侧向支承。

梁柱构件受压翼缘应根据需要设置侧向支承。当梁上翼缘与楼板有可靠连接时，简支梁可不设置侧向支承，固端梁下翼缘在梁端 0.15 倍梁跨附近宜设置隅撑（图 9-23）。

梁柱构件在出现塑性铰的截面，上下翼缘均应设置侧向支承。梁端采用梁端扩大、加盖板或骨形连接时，应在塑性区外设置竖向加劲肋，隅撑与偏置的竖向加劲肋相连。梁端翼缘宽度较大，对梁下翼缘侧向约束较大时，也可不设隅撑。

相邻两侧向支承点间的构件长细比，应符合《钢结构设计规范》（GB 50017）有关规定。

(4) 梁与柱的连接构造。

梁与柱的连接宜采用柱贯通型。柱在两个互相垂直的方向都与梁刚接时宜采用箱形截面，并在梁翼缘连接处设置隔板；隔板采用电渣焊时，柱壁板厚度不宜小于 16mm，小于 16mm 时可改用工字形柱或采用贯通式隔板。当柱仅在一个方向与梁刚接时，宜采用工字形截面，并将柱腹板置于刚接框架平面内。

工字形柱（绕强轴）和箱形柱与梁刚接时（图 8-8），应符合下列要求：

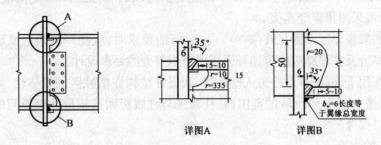

图 8-8 框架梁与柱的现场连接（尺寸单位：mm）

①梁翼缘与柱翼缘间应采用全熔透坡口焊缝；抗震等级一、二级时，应检验焊缝的 V 形切口冲击韧性，其夏比冲击韧性在 -20℃ 时不低于 27J；

②柱在梁翼缘对应位置应设置横向加劲肋（隔板），加劲肋（隔板）厚度不应小于梁翼缘厚度，强度与梁翼缘相同；

③梁腹板宜采用摩擦型高强度螺栓与柱连接板连接；腹板角部应设置焊接孔，孔形应使其

端部与梁翼缘和柱翼缘间的全熔透坡口焊缝完全隔开;

④腹板连接板与柱的焊接,当板厚不大于16mm时应采用双面角焊缝,焊缝有效厚度应满足等强度要求,且不小于5mm;板厚大于16mm时采用K形坡口对接焊缝,该焊缝宜采用气体保护焊,且板端应绕焊;

⑤抗震等级一级和二级时,宜采用能将塑性铰自梁端外移的端部扩大型连接、梁端加盖板或骨形连接(图8-9)。

a)梁端扩大型连接　　　　　　b)骨形连接

图8-9　梁端扩大型连接、骨形连接

框架梁采用悬臂梁段与柱刚性连接时(图8-10),悬臂梁段与柱应采用全焊接连接,此时上下翼缘焊接孔的形式宜相同;梁的现场拼接可采用翼缘焊接腹板螺栓连接或全部螺栓连接。

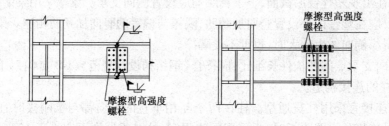

图8-10　框架柱与梁悬臂段的连接

柱在与梁翼缘对应位置处应设置加劲肋和隔板。箱形柱的隔板应采用全熔透对接焊缝与壁板相连,隔板不应小于梁翼缘厚度。工字形柱的横向加劲肋与柱翼缘应采用全熔透对接焊缝连接,与腹板可采用角焊缝连接。

当节点域的腹板厚度不满足式(8-7)、式(8-8)的要求时,应加厚柱腹板或贴焊补强板加强。补强板的厚度及其焊缝应按传递补强板所分担剪力的要求设计。

罕遇地震作用下,框架节点将进入塑性区,为保证结构在塑性区的整体性,梁与柱刚性连接时,柱在梁翼缘上下各500mm的范围内,柱翼缘与柱腹板间或箱形柱壁板间的连接焊缝应采用全熔透坡口焊缝。

(5)柱与柱的连接。

柱与柱的连接接头宜在柱受力较小的位置,框架柱的接头距框架梁上方的距离,可取1.3m和柱净高一半二者的较小值。上下柱的对接接头应采用全熔透焊缝,柱拼接接头上下各100mm范围内,工字形柱翼缘与腹板间及箱形柱角部壁板间的焊缝,应采用全熔透焊缝。

(6)钢柱脚。

钢结构的柱脚主要有埋入式、外包式和外露式三种。钢结构的刚接柱脚一般宜采用埋入式,也可采用外包式;地震基本烈度为6、7度且高度不超过50m时也可采用外露式。

2. 钢框架—中心支撑结构的抗震构造措施

(1)支撑杆件长细比。

支撑杆件在轴向往复荷载作用下,拉压承载力均有不同程度的降低。当支撑构件受压屈曲后,其承载力降低,刚度退化,耗能能力随之降低。为使支撑杆件具有一定的耗能能力,支撑杆件的长细比,按压杆设计时,不应大于 $120\sqrt{235/f_{ay}}$;抗震等级一、二、三级中心支撑不得采用拉杆设计,四级采用拉杆设计时,其长细比不应大于180。

(2)支撑杆件的板件宽厚比。

板件宽厚比是影响局部屈曲的重要因素,直接影响支撑杆件的承载力和耗能能力。支撑杆件的板件宽厚比,不应大于表 8-6 规定的限值。采用节点板连接时,应注意节点板的强度和稳定。

钢结构中心支撑板件宽厚比限值　　　　　　　　表 8-6

板 件 名 称	抗 震 等 级			
	一级	二级	三级	四级
翼缘外伸部分	8	9	10	13
工字形截面腹板	25	26	27	33
箱形截面壁板	18	20	25	30
圆管外径与壁厚比	38	40	40	42

注:表列数值适用于 Q235 钢。采用其它牌号钢材应乘以 $\sqrt{235/f_{ay}}$,圆管应乘以 $235/f_{ay}$。

(3)中心支撑节点的构造要求:

①中心支撑的轴线应交汇于梁柱构件轴线的交点,当受构造条件的限制有偏心时,偏心不得超过支撑杆件的宽度;否则,节点设计应考虑偏心造成的附加弯矩的影响;

②抗震等级一、二、三级,支撑宜采用 H 形钢制作,两端与框架可采用刚接构造,梁柱与支撑连接处应设置加劲肋;抗震等级一级和二级采用焊接工字形截面的支撑时,其翼缘与腹板的连接宜采用全熔透连续焊缝,支撑与框架连接处,支撑杆端宜放大做成圆弧;

③梁在其与 V 形支撑或人字支撑相交处,应设置侧向支承;该支承点与梁端支承点间的侧向长细比(λ_y)以及支承力应符合《钢结构设计规范》(GB 50017)关于塑性设计的规定;

④抗震等级一、二级时,若支撑和框架采用节点板连接,支撑端部至节点板最近嵌固点(节点板与框架构件连接焊缝的端部)在沿支撑杆件轴线方向的距离,不应小于节点板厚度的 2 倍。

(4)框架—中心支撑结构的框架部分,当房屋高度不大于100m且框架部分按计算分配的地震剪力不大于结构底部总地震剪力的25%时,抗震等级一、二、三级的抗震构造措施可按框架结构降低一级的相应要求采用。其它抗震构造措施,应符合钢框架结构抗震构造措施的规定。

3. 钢框架—偏心支撑结构的抗震构造措施

(1)支撑杆件的长细比和板件宽厚比。

偏心支撑框架的支撑杆件长细比不应大于 $120\sqrt{235/f_{ay}}$,支撑杆件的板件宽厚比不应超过《钢结构设计规范》(GB 50017)规定的轴心受压构件在弹性设计时的宽厚比限值。

(2)偏心支撑框架梁的构造要求。

为使偏心支撑框架消能梁段具有良好的延性和耗能能力,其钢材屈服强度不应大于345MPa。消能梁段板件宽厚比的要求,比一般框架梁略严格一些。消能梁段及与消能梁段同一跨内的非消能梁段,其板件的宽厚比不应大于表 8-7 规定的限值。

偏心支撑框架梁的板件宽厚比限值　　　表 8-7

板 件 名 称		宽厚比限值
翼缘外伸部分		8
腹板	当 $N/(Af) \leq 0.14$ 时	$90[1 - 0.65N/(Af)]$
	当 $N/(Af) > 0.14$ 时	$33[2.3 - N/(Af)]$

注:表列数值适用于 Q235 钢,当材料为其它钢号时应乘以 $\sqrt{235/f_{ay}}$;$N/(Af)$ 为梁轴压比。

为承受平面外扭转,消能梁段两端上下翼缘应设置侧向支撑。支撑的轴力设计值不得小于消能梁段翼缘轴向承载力设计值的 6%,即 $0.06b_f t_f$。

(3) 消能梁段的构造要求。为使消能梁段在反复荷载作用下具有良好的滞回性能,应采取合适的构造并加强对腹板的约束。

①消能梁段长度。消能梁段的轴向力大小为支撑斜杆轴力的水平分量。当此轴向力较大时,除降低此梁段的受剪承载力外,还需减少该梁段的长度,以保证它具有良好的滞回性能。

当 $N > 0.16Af$ 时,消能梁段的长度 a 应按下列要求确定:

当 $\rho(A_w/A) < 0.3$ 时,$a < 1.6M_{lp}/V_l$ (8-20)

当 $\rho(A_w/A) \geq 0.3$ 时,$a \leq [1.15 - 0.5\rho(A_w/A)] 1.6M_{lp}/V_l$ (8-21)

$$\rho = N/V \quad (8-22)$$

式中:a——消能梁段的长度;

ρ——消能梁段轴向力设计值与剪力设计值之比。

②消能梁段的腹板上贴焊的补强板不能进入弹塑性变形阶段,影响消能梁段的耗能性能,而且在腹板上开洞也会影响其弹塑性变形能力,故消能梁段的腹板不得贴焊补强板,也不得开洞。

③加劲肋的设置。消能梁段与支撑斜杆的连接处,需设置与腹板等高的加劲肋,以传递梁段的剪力并防止梁腹板屈曲。一侧加劲肋宽度不应小于 $(b_f/2 - t_w)$,厚度不应小于 $0.75t_w$ 和 10mm 的较大值。

另外,消能梁段应在其腹板上设置中间加劲肋,加劲肋应与消能梁段腹板等高,并符合下列要求:

a. 当 $a \leq 1.6M_{lp}/V_l$ 时,加劲肋间距不大于 $(30t_w - h/5)$;

b. 当 $2.6M_{lp}/V_l < a \leq 5M_{lp}/V_l$ 时,应在距消能梁段端部 $1.5b_f$ 处设置中间加劲肋,且中间加劲肋间距不应大于 $(52t_w - h/5)$;

c. 当 $1.6M_{lp}/V_l < a \leq 2.6M_{lp}/V_l$ 时,中间加劲肋的间距宜在上述二者间线性插入;

d. 当 $a > 5M_{lp}/V_l$ 时,可不设置中间加劲肋;

e. 当消能梁段截面高度不大于 640mm 时,可配置单侧加劲肋;消能梁段截面高度大于 640mm 时,应在两侧配置加劲肋,一侧加劲肋的宽度不应小于 $(b_f/2 - t_w)$,厚度不应小于 t_w 和 10mm。

(4) 消能梁段与柱的连接。

消能梁段与框架柱的连接为刚性节点。消能梁段与柱连接时,其长度不得大于 $1.6M_{lp}/V_l$。消能梁段翼缘与柱翼缘之间应采用坡口全熔透对接焊缝连接,消能梁段腹板与柱之间应采用角焊缝(气体保护焊)连接;角焊缝的承载力不得小于消能梁段腹板的轴力、剪力和弯矩同时作用时的承载力。

消能梁段与柱腹板连接时,消能梁段翼缘与横向加劲板间应采用坡口全熔透焊缝,其腹板与柱连接板间应采用角焊缝(气体保护焊)连接;角焊缝的承载力不得小于消能梁段腹板的轴力、剪力和弯矩同时作用时的承载力。

(5)框架—偏心支撑结构的框架部分。框架—偏心支撑结构的框架部分,其抗震构造措施要求可与纯框架结构要求一致。但当房屋高度不大于100m且框架部分按计算分配的地震作用不大于结构底部总地震剪力的25%时,抗震等级一、二、三级的抗震构造措施可按钢框架结构降低一级的相应要求采用。

第三节 单层钢结构厂房抗震设计

一、单层钢结构厂房的结构体系与布置

单层钢结构厂房主要是指钢柱、钢屋架或钢屋面梁承重的单层厂房,其横向抗侧力体系可采用刚接框架、铰接框架、门式刚架或其它结构体系。厂房的纵向抗侧力体系,地震烈度8、9度应采用柱间支撑;6、7度宜采用柱间支撑,也可采用刚接框架。厂房内设有桥式起重机时,起重机梁系统的构件与厂房框架柱的连接应能可靠地传递纵向水平地震作用。

屋盖应设置完整的屋盖支撑系统。屋盖横梁与柱顶铰接时,宜采用螺栓连接。

厂房的平面布置、钢筋混凝土屋面板和天窗架的设置要求等,可参照单层钢筋混凝土柱厂房的有关规定。当设置防震缝时,其缝宽不宜小于单层混凝土柱厂房防震缝宽度的1.5倍。

二、单层钢结构厂房的抗震验算

1. 计算模型

厂房抗震计算时,应根据屋盖高差、起重机设置情况,采用与厂房结构的实际工作状况相适应的单质点、两质点或多质点计算模型计算地震作用。

单层厂房的阻尼比,可依据屋盖和围护墙的类型,取0.045~0.05。

厂房地震作用计算时,围护墙体的自重和刚度,应按下列规定取值:

(1)轻型墙板或与柱柔性连接的预制混凝土墙板,应计入其全部自重,但不应计入其刚度。

(2)柱边贴砌且与柱有拉结的砌体围护墙,应计入其全部自重;当沿墙体纵向进行地震作用计算时,尚可计入普通砖砌体墙的折算刚度、折算系数地震烈度7、8和9度可分别取0.6、0.4和0.2。

2. 厂房横向、纵向抗震计算

厂房的横向抗震计算,一般宜采用考虑屋盖弹性变形的空间分析方法;平面规则、抗侧刚度均匀的轻型屋盖厂房,可按平面框架进行计算;等高厂房可采用底部剪力法;高低跨厂房应采用振型分解反应谱法。

厂房的纵向抗震计算,可采用下列方法:

(1)采用轻型板材围护墙或与柱柔性连接的大型墙板的厂房,可采用底部剪力法计算,各纵向柱列的地震作用可按下列原则分配:

①轻型屋盖可按纵向柱列承受的重力荷载代表值的比例分配；
②钢筋混凝土无檩屋盖可按纵向柱列刚度比例分配；
③钢筋混凝土有檩屋盖可取上述两种分配结果的平均值。

(2)采用柱边贴砌且与柱拉结的普通砖砌体围护墙厂房，可参照单层钢筋混凝土柱厂房的有关规定计算。

(3)设置柱间支撑的柱列应计入支撑杆件屈曲后的地震作用效应。

3. 厂房屋盖构件的抗震计算

单层钢结构厂房屋盖构件的抗震计算，应符合下列要求：

(1)竖向支撑桁架的腹杆应能承受和传递屋盖的水平地震作用，其连接的承载力应大于腹杆的承载力，并满足构造要求。

(2)屋盖横向水平支撑、纵向水平支撑的交叉斜杆均可按拉杆设计，并取相同截面面积。

(3)地震烈度8、9度时，支承跨度大于24m的屋盖横梁的托架以及设备荷载较大的屋盖横梁，均应计算其竖向地震作用。

4. 支撑的抗震计算

柱间X形支撑、V形或A形支撑应考虑拉压杆共同作用，其地震作用及验算可按相关规定按拉杆计算，并计及相交受压杆的影响，但压杆卸载系数宜取0.30。

交叉支撑端部的连接，对单角钢支撑应计入强度折减地震烈度8、9度时不得采用单面偏心连接；交叉支撑有一杆中断时，交叉节点板应予以加强，其承载力不小于1.1倍杆件承载力。

支撑杆件的截面应力比，不宜大于0.75。

5. 连接的抗震计算

厂房结构构件连接的承载力计算，应符合下列规定：

(1)框架上柱的拼接位置应选择弯矩较小区域，其承载力不应小于按上柱两端呈全截面塑性屈服状态计算的拼接处的内力，且不得小于柱全截面受拉屈服承载力的0.5倍。

(2)刚接框架屋盖横梁的拼接，当位于横梁最大应力区以外时，宜按与被拼接截面等强度设计。

(3)实腹屋面梁与柱的刚性连接、梁端梁与梁的拼接，应采用地震组合内力进行弹性阶段设计。一般情况，梁柱刚性连接、梁与梁拼接的极限受弯承载力应考虑连接系数进行抗震验算。当最大应力区在上柱时，全塑性受弯承载力应取实腹梁、上柱二者的较小值。当屋面梁采用钢结构弹性设计阶段的板件宽厚比时，梁柱刚性连接和梁与梁拼接，应能可靠传递设防烈度地震组合内力或按(1)项验算。刚接框架的屋架上弦与柱相连的连接板，在设防地震下不宜出现塑性变形。

(4)柱间支撑与构件的连接，不应小于支撑杆件塑性承载力的1.2倍。

三、单层钢结构厂房的抗震构造措施

1. 屋盖支撑的抗震构造措施

厂房的屋盖支撑，应符合下列要求：

（1）无檩屋盖宜按表8-8的要求设置支撑系统。

（2）有檩屋盖宜按表8-9的要求设置支撑系统。

（3）当轻型屋盖采用实腹屋面梁、柱刚性连接的刚架体系时，屋盖水平支撑可布置在屋面梁的上翼缘平面。屋面梁下翼缘应设置隅撑侧向支承，隅撑的另一端可与屋面檩条连接。屋盖横向支撑、纵向天窗架支撑的布置可参照表8-8、表8-9的要求。

（4）屋盖纵向水平支撑的布置，尚应符合下列规定：

①当采用托架支承屋盖横梁的屋盖结构时，应沿厂房单元全长设置纵向水平支撑；

②对于高低跨厂房，在低跨屋盖横梁端部支承处，应沿屋盖全长设置纵向水平支撑；

③纵向柱列局部柱间采用托架支承屋盖横梁时，应沿托架的柱间及向其两侧至少各延伸一个柱间设置屋盖纵向水平支撑；

④当设置沿结构单元全长的纵向水平支撑时，应与横向水平支撑形成封闭的水平支撑体系；多跨厂房屋盖纵向水平支撑的间距不宜超过2跨，不得超过3跨；高跨和低跨宜按各自的高度组成相对独立的封闭支撑体系。

（5）支撑杆宜采用型钢；设置交叉支撑时，支撑杆的长细比限值可取350。

无檩屋盖的支撑系统布置　　　　表8-8

支撑名称			地震烈度		
			6、7度	8度	9度
屋架支撑	上、下弦横向支撑		屋架跨度<18m时同非抗震设计；屋架跨度≥18m时，在厂房单元端开间各设一道	厂房单元端开间及上柱支撑开间各设一道；天窗开洞范围的两端各增设局部上弦支撑一道；当屋架端部支承在屋架上弦时，其下弦横向支撑同非抗震设计	
	上弦通长水平系杆			在屋脊处、天窗架竖向支撑处、横向支撑节点处和屋架两端处设置	
	下弦通长水平系杆			屋架竖向支撑节点处设置；当屋架与柱刚接时，在屋架端节间处按控制下弦平面外长细比不大于150设置	
	竖向支撑	屋架跨度小于30m	同非抗震设计	厂房单元两端开间及上柱支撑各开间屋架端部各设一道	同8度，且每隔42m在屋架端部设置
		屋架跨度大于等于30m		厂房单元的端开间，屋架1/3跨度处和上柱支撑开间内的屋架端部设置，并与上、下弦横向支撑相对应	同8度，且每隔36m在屋架端部设置
纵向天窗架支撑	上弦横向支撑		天窗架单元两端开间各设一道	天窗架单元端开间及柱间支撑开间各设一道	
	竖向支撑	跨中	跨度不小于12m时设置，其道数与两侧相同	跨度不小于9m时设置，其道数与两侧相同	
		两侧	天窗架单元端开间及每隔36m设置	天窗架单元端开间及每隔30m设置	天窗架单元端开间及每隔24m设置

有檩屋盖的支撑系统布置　　　　　　　　　表 8-9

支撑名称		地震烈度		
		6、7 度	8 度	9 度
屋架支撑	上弦横向支撑	厂房单元端开间及每隔 60m 各设一道	厂房单元端开间及上柱柱间支撑开间各设一道	同 8 度,且天窗开洞范围的两端各增设局部上弦横向支撑一道
	下弦横向支撑	同非抗震设计;当屋架端部支承在屋架下弦时,同上弦横向支撑		
	跨中竖向支撑	同非抗震设计		屋架跨度大于等于 30m 时,跨中增设一道
	两侧竖向支撑	屋架端部高度大于 900mm 时,厂房单元端开间及柱间支撑开间各设一道		
	下弦通长水平系杆	同非抗震设计	屋架两端和屋架竖向支撑处设置;与柱刚接时,屋架端节点处按控制下弦平面外长细比不大于 150 设置	
纵向天窗架支撑	上弦横向支撑	天窗架单元两端开间各设一道	天窗架单元两端开间及每隔 54m 各设一道	天窗架单元两端开间及每隔 48m 各设一道
	两侧竖向支撑	天窗架单元端开间及每隔 42m 各设一道	天窗架单元端开间及每隔 36m 各设一道	天窗架单元端开间及每隔 24m 各设一道

2. 厂房梁、柱的抗震构造措施

为防止地震时柱子失稳,厂房框架柱的长细比,轴压比小于 0.2 时不宜大于 150;轴压比≥0.2 时,不宜大于 $120\sqrt{235/f_{ay}}$。

单层框架柱、梁截面板的宽厚比不宜过大,以防柱、梁截面出现局部失稳。重屋盖厂房,板件宽厚比限值可按表 8-5 的规定采用,地震烈度 7、8、9 度的抗震等级可分别按地震等级四、三、二级采用。轻屋盖厂房,塑性耗能区板件宽厚比限值可根据其承载力的高低按性能目标确定。塑性耗能区外的板件宽厚比限值,可采用现行《钢结构设计规范》(GB 50017)弹性设计阶段的板件宽厚比限值。构件腹板的宽厚比,可通过设置纵向加劲肋减小。

柱脚应采取适当措施可靠传递柱身承载力,宜采用埋入式、插入式或外包式柱脚,6、7 度时也可采用外露式柱脚。柱脚设计应符合下列要求:

(1)实腹式钢柱采用埋入式、插入式柱脚的埋入深度应由计算确定,且不得小于钢柱截面高度的 2.5 倍。

(2)格构式柱采用插入式柱脚的埋入深度应由计算确定,其最小插入深度不得小于单肢截面高度(或外径)的 2.5 倍,且不得小于柱总宽度的 0.5 倍。

(3)采用外包式柱脚时,实腹 H 形截面柱的钢筋混凝土外包高度不宜小于 2.5 倍的钢结构截面高度,箱形截面柱或圆管截面柱的钢筋混凝土外包高度不宜小于 3.0 倍的钢结构截面高度或圆管截面直径。

(4)当采用外露式柱脚时,柱脚承载力不宜小于柱截面塑性屈服承载力的 1.2 倍。柱脚锚栓不宜承受柱底水平剪力,柱底剪力应由钢底板与基础间的摩擦力或设置抗剪键及其它措施承担。柱脚锚栓应可靠锚固。

3. 柱间支撑的抗震构造措施

柱间支撑的设置应符合下列要求:

(1) 厂房单元的各纵向柱列,应在厂房单元中部布置一道下柱柱间支撑;当地震烈度7度厂房单元长度大于120m(采用轻型围护材料时为150m)、8度和9度厂房单元大于90m(采用轻型围护材料时为120m)时,应在厂房单元1/3区段内各布置一道下柱支撑;当柱距数不超过5个且厂房长度小于60m时,亦可在厂房单元的两端布置下柱支撑。上柱柱间支撑应布置在厂房单元两端和具有下柱支撑的柱间。

(2) 柱间支撑宜采用X形支撑,条件限制时也可采用V形、A形及其它形式的支撑。X形支撑斜杆与水平面的夹角、支撑斜杆交叉点的节点板厚度,应符合单层钢筋混凝土柱厂房的相关规定。

(3) 柱间支撑杆件的长细比限值,应符合现行国家标准《钢结构设计规范》(GB 50017)的规定。

(4) 柱间支撑宜采用整根型钢;当热轧型钢超过材料最大长度规格时,可采用拼接等强接长。

(5) 有条件时,可采用消能支撑。

本章小结:钢结构房屋具有轻质高强、塑性与韧性优、抗震性能好的特点,在地震中受损害程度较其它结构形式轻。本章介绍了多高层钢结构的主要结构体系和适用高度。要求掌握多高层钢结构房屋的抗震设计方法和设计原则;掌握中心支撑框架和偏心支撑框架的设计原理和有关构造要求;掌握单层钢结构厂房抗震计算方法,以及构件和连接的抗震设计规定和构造要求。

思考题与习题

1. 钢结构在地震中的破坏有何特点?
2. 在多高层钢结构的抗震设计中,为何宜采用多道抗震防线?
3. 多高层钢结构在第一阶段和第二阶段设计验算中,阻尼比有何不同,为什么?
4. 多高层钢结构抗震设计中,"强柱弱梁"的设计原则是如何实现的?
5. 在多遇地震作用下,支撑斜杆的抗震验算如何进行?
6. 抗震设防的多(高)层钢结构连接节点最大承载力应满足什么要求?
7. 偏心支撑的消能梁段的腹板加劲肋应如何设置?
8. 在设计和构造上如何保证框架—偏心支撑体系的塑性铰出现在消能梁段?
9. 单层钢结构厂房的结构体系应满足哪些要求?
10. 单层钢结构厂房横向和纵向抗震计算有何不同?

第九章 隔震与消能减震结构设计

本章提要：本章简要介绍结构隔震、消能和减震控制的基本概念、基本理论、减震机理和工程设计方法等。

第一节 概 述

地震发生时,由震源产生的振动,通过其上覆盖层的传播、折射、反射等途径传递到建筑物所在场地,地面的振动将引起其上结构的地震反应。对于基础固定在地面上的建筑物而言,其地震位移反应沿高度从下向上逐级加大,而地震内力则自上而下逐级增加。当建筑结构某些部分的地震反应过大,会造成主体承重结构严重破坏;或者虽然主体结构未破坏,但建筑装修或其它非结构构件毁损;或者造成昂贵设备破坏、火灾、海啸等次生灾害。为了避免上述灾害,必须对结构体系的地震反应进行控制,并消除结构体系"放大器"的作用(图9-1a)。

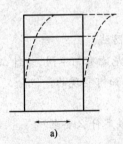 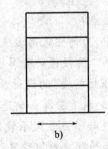 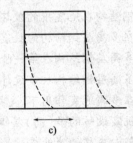

图9-1 地震作用下结构反应

对于地震作用这样的突发性、毁灭性的自然灾害,从古至今都是采取消极被动的加强措施。或者说,按照估计的地震作用大小,提供一定的抗震能力,以保证建筑物的安全。在抗震设计的早期,人们曾企图将结构物设计为"刚性结构体系"(图9-1b)。也就是通过加大构件截面尺寸,增加配筋,提高结构刚度等方法来"硬抗"地震。这种体系的结构地震反应接近地面地震运动,一般不发生结构强度破坏,但这样做的结果必然导致材料的浪费。作为刚性结构体系的对立体系,人们还设想了"柔性结构体系"(图9-1c),即通过大大减小结构物的刚性来避免结构与地面运动发生共振,从而减轻地震力。但是,这种结构体系在地震动作用下结构位移过大，在较小的地震时即可能影响结构的正常使用。随着现代化社会的发展，各种昂贵设备在建筑物内部配置的增加，延性结构体系的应用也有了一定的局限性。面对新的社会要求，各国地震工程学家一直在寻求新的结构抗震设计途径。近20多年来，出现了另外一种抗震设计思路，我们称之为积极的抗震方法。简单地说，就是将地震作用拒之门外，减小其对建筑物的破坏作用，将建筑物的振动响应控制在允许的范围内，这就是隔震、减震与控振的设计思想。

隔震就是隔离地震对建筑物的作用(图9-2)。其基本思想是：将整个建筑物或其一部分坐落在具有整体复位功能的隔震支座上，或者具有隔震作用的地基或基础上，通过隔震层装置的有效工作，限制和减少地震波向上部结构的输入，并控制上部结构的地震作用效应和隔震部位的变形，从而减小结构的地震反应。

隔震的基本原理就是通过延长结构自振周期的方法来减小结构的水平地震作用。一般典型地震动的卓越周期约为 $0.1 \sim 1.0s$，因此对于自振周期位于此区间的低层和多层建筑来说，更容易发生共振造成破坏。所以隔震技术对于低层和多层建筑比较适合。美国和日本的经验表明，不隔震时基本周期小于 $1.0s$ 的建筑结构效果最佳。

国内外的大量试验和工程经验表明，隔震一般可使结构的水平地震加速度反应降60%左右，从而消除或有效减轻结构和非结构构件的地震损坏，提高建筑物及其内部设施和人员的地震安全性，增加了震后建筑物继续使用的可能。

在传统的抗震设计中，一般是利用建筑物的延性来消耗地震作用的能量，并以此来减少损失。这样的建筑物虽然不致倒塌，也能避免生命财产的巨大损失，但它的破坏程度往往已经妨碍建筑物的正常使用。如要修复必须付出很高的费用，有的甚至已失去维修的价值。在积极的抗震设计中，就是要设法不以建筑物产生巨大变形和损伤为代价来吸收或消耗地震作用的能量，这就是耗能减震作用，也就是减震设计的出发点。

所谓耗能减震设计指在房屋结构中设置一定的耗能装置或附加子结构，通过它们的相对变形和相对速度来提供阻尼，以消耗输入结构的地震能量，达到预期防震减震的目的。消能减震设计对减小结构的水平和竖向地震反应都是有效的。

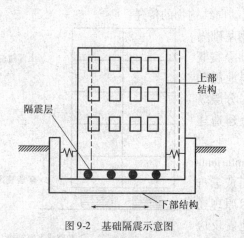

图9-2 基础隔震示意图　　　　图9-3 结构消能减震示意图

一般做法是把结构的某些构件(如斜撑、墙体、梁等)设计成耗能杆件，或者在结构的某些部位(层间、空间、节点、连接缝等)安装耗能装置(图9-3)，在小震作用下，这些耗能杆件或耗能装置和结构共同工作，结构本身处于弹性状态并满足使用要求。在大震作用下，随着结构变形的增加，耗能杆件或装置产生较大阻尼，大量消耗输入结构的地震能量，使结构的动能或变形转化为热能等形式耗散掉,迅速衰减结构的地震反应,使主体结构避免出现明显的非弹性状态。

上述隔震和消能减震的做法是通过隔离地震,避免其进入结构内部和通过某些杆件或装置消耗掉进入结构内部的大部分地震能量来达到保护建筑物安全的目的。但是这些方法常常要付出较高的代价,有时还可能由于准备不足被地震作用冲破防线,使建筑物遭受一定的损坏,因此工程称之为被动控制。

为了做到既能保证建筑物安全,又能设防的恰到好处,试想可以采用下述方法。即可以先监测即将到来的地震作用,通过监测数据及其分析结果有针对性地制订设防对策,达到有效地减小地震反应,保护建筑物的目的,这就是所说的主动控制。

主动控制是利用外部能源(计算机控制系统或智能材料),在结构振动过程中,瞬时改变结构的动力特性或施加控制力,以迅速衰减和控制结构的震动响应的一种减震技术。由于它是利用外部能量按预定的减震控制目标,对结构的反应实施减震控制,故称为主动控制。

有些学者把主动控制按利用程度分为(全)主动控制(Active Control)和半主动控制(Semi - active Control)。前者是以监测到的信号经过处理提取控制信号,从外部施加控制力以积极地控制结构的反应,这种方法称为(全)主动控制;后者则是通过对监测信号的分析处理,根据需要调整建筑物的刚度、阻尼或质量等,以此来控制结构的反应,这种方法称为半主动控制。主动控制和半主动控制的另一个差别在于,前者需要动力能源直接施加控制力,而后者仅需要控制系统所需的很小的能源来调节结构的性能。而对于前述的被动控制则不需外加能源。

目前,上述结构隔震技术已基本进入实用阶段,而对于减震与制振技术,则正处于研究、探索并部分应用于工程实践的时期。

第二节　结构隔震设计

一、基础隔震原理及常见的隔震系统

基础隔震的基本思想是在结构物地面以上部分的底部设置隔震层,使之与固结于地基中的基础顶面分离开(图9-4),从而有效地限制地震动向结构物的传递。

从现存的建筑中,我们可以探寻到古代建筑物基础隔震的朴素思想。迄今为止,有记载的最早提出基础隔震概念的是日本人河合浩藏,他在1881年提出了削弱地震动向建筑物传递的方法。他在地基之上将并排圆木分层纵横重叠几层,圆木上做混凝土基础,再在基础之上建造建筑物(图9-5)。

1909年,一位侨居美国的英国医生 J. A. Calantarients 申请了一项专利,他在建筑物和基础之间设置滑石或云母层以达到隔离地震的目的(图9-6)。隔震的技术原理还可以用图9-7进一步阐明。图中所示为一般的地震反应谱,首先,隔震层通常具有较大的阻尼,从而使结构所受地震作用较非隔震结构有较大的衰减。其次,隔震层具有很小的侧移刚度,从而大大延长了结构物的周期,因而,结构加速度反应得到进一步降低(图9-7a)。与此同时,结构位移反应在一定程度上增加(图9-7b)。

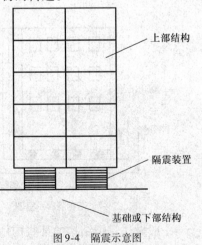

图9-4　隔震示意图

根据隔震的原理,隔震可分为橡胶支座隔震、摩擦滑动隔震和混合基础隔震等系统。其中橡胶支座隔震为目前主流的基础隔震技术,设计理论成熟并已在国内外广泛应用。下面主要介绍橡胶支座隔震。

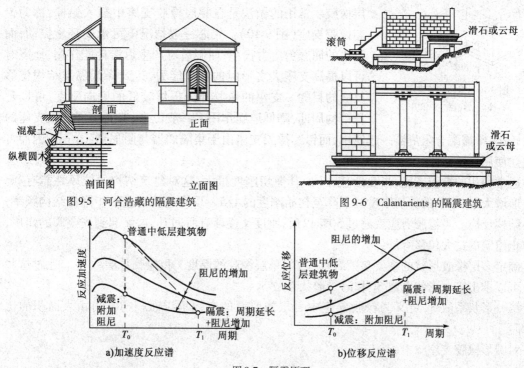

图 9-5　河合浩藏的隔震建筑　　　　　　图 9-6　Calantarients 的隔震建筑

图 9-7　隔震原理

1. 橡胶支座隔震

常见的橡胶支座分为钢板叠层橡胶支座、铅芯橡胶支座、石墨橡胶支座等类型。

钢板叠层橡胶支座由多层橡胶和多层薄钢板叠合而成(图 9-8)。由于在橡胶层中加设了薄钢板,并且橡胶层与钢板紧密黏结,当橡胶层承受竖向力时,钢板将对橡胶片的横向变形起到限制作用,因而使支座竖向刚度较纯橡胶支座大大增加(图 9-9)。支座的橡胶层总厚度越小,所能承受的竖向荷载越大。当橡胶垫承受水平荷载时,橡胶垫可以达到很大的整体侧移而不致失稳,并且保持较小的水平刚度(约为竖向刚度的 1/500 ~ 1/1500)。由于夹层钢板与橡胶垫紧密黏结,橡胶层在竖向地震作用下还能承受一定的拉力,使橡胶支座成为一种能承受竖向地震作用,水平刚度小,水平侧移允许值大的隔震装置。

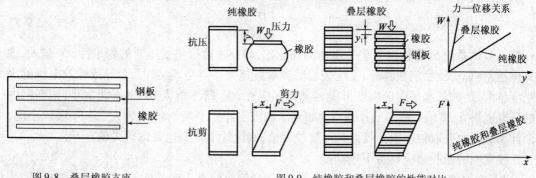

图 9-8　叠层橡胶支座　　　　　图 9-9　纯橡胶和叠层橡胶的性能对比

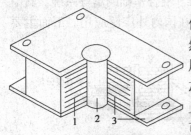

图 9-10　铅芯橡胶支座
1-橡胶；2-铅芯；3-钢片

由于叠层橡胶的阻尼很小，可能在强震作用下产生过大位移并且无法抵抗环境振动。为了增加阻尼作用，有的在天然橡胶中增加炭黑、金属粉末、石墨等掺和料，做成高阻尼叠层橡胶。常用的做法是在叠层橡胶支座中插入铅棒，称为铅芯橡胶支座（图9-10）。铅芯一般情况下可承受环境振动，而且铅的屈服剪应力很小，屈服后可产生迟滞耗能作用，地震时可以提高支座大变形时的吸能能力，达到降低隔震结构位移反应的目的。支座的橡胶部分提供较低的侧向刚度，可以延长结构周期，降低地震作用。一般说来，普通叠层橡胶支座的阻尼较小，常需配合阻尼器一起使用，而铅芯橡胶支座由于集隔震器与阻尼器于一身，因而可以独立使用。

通常使用的橡胶支座，当变形较小时，其剪切刚度很大，这对建筑结构的抗风性能有利。当变形增大时，橡胶的剪切刚度可下降至初始刚度的 1/5～1/4，这就会进一步降低结构频率，减小结构反应。当橡胶剪应变超过50%以后，刚度又逐渐有所回升，这又起到安全阀的作用，对防止建筑的过大位移有好处。

确定多层橡胶形状的主要参数有直径 D、单层橡胶的厚度 t 和橡胶总层数 m。通过这些参数可以求出第一形状系数 S_1 和第二形状系数 S_2。

第一形状系数 S_1 定义为橡胶支座中各层橡胶层的有效承压面积与其自由表面积的比值，即：

对圆形橡胶支座

$$S_1 = \frac{\frac{\pi}{4}(D^2 - d_s^2)}{\pi(D + d_s)t} = \frac{D - d_s}{4t} \tag{9-1}$$

对矩形橡胶支座

$$S_1 = \frac{ab}{2(a + b)t} \tag{9-2}$$

式中：d_s——橡胶层中间开孔的直径；
　　　a——矩形截面橡胶支座长边尺寸；
　　　b——矩形截面橡胶支座短边尺寸。

S_1 表征的是橡胶支座中钢板对橡胶层变形的约束程度，S_1 越大，橡胶支座的受压承载力越大，竖向刚度越大。S_1 的取值根据国内外的研究成果一般取 $S_1 \geq 15$。

第二形状系数 S_2 为橡胶支座有效承压体的直径与橡胶总厚度的比值，即

$$S_2 = \frac{D}{mt} \tag{9-3}$$

第二形状系数 S_2 表征橡胶垫受压体的高宽比，即反映橡胶垫受压时的稳定性。S_2 越大，橡胶支座越短粗，受压稳定性越好，受压失稳临界荷载越大。但是 S_2 越大，会导致橡胶支座的水平刚度越大，造成其水平向极限变形能力越差。因此，S_2 既不能太大，也不能太小，根据国内外的研究成果 S_2 取值一般不宜小于5。如要求橡胶支座水平变形能力较大，则 S_2 取较小值，而设计承载力也要取较小值。反之，S_2 取较大值，则设计承载力也要取较大值。

橡胶支座的橡胶垫应具备下述功能：

(1)具有足够的竖向刚度和竖向承载能力，能稳定支承其上建筑物。

(2) 具有足够小的水平刚度,保证建筑物的基本周期延长至 1.5~3.0s。

(3) 具有足够大的水平变形能力,以确保在强震下不会出现失稳现象。

(4) 具有足够的耐久性,至少要大于建筑物的设计周期。

2. 摩擦滑动隔震

这种隔震系统是利用水平推力超过隔震面的摩擦力后,产生较大的变形而消耗地震作用能量的装置。如前面提到的英国医生 J. A. Calantarients 设计的建筑物(图 9-3)的隔震层。此类隔震系统由于无侧向刚度,震后上部结构可能产生较大侧移,所以一般需提供附加的恢复装置。

根据隔震层有无恢复力,可将滑移隔震系统分为两类。一类为无恢复力的隔震结构,其隔震层部件主要由纯摩擦滑移支座或沙砾等摩擦材料组成,同时还设置有安全锁位装置。另一类为有恢复力的滑移隔震支座,设置恢复力部件可以减小隔震层的震后残留位移。

3. 其它隔震系统

除了比较成熟的橡胶支座隔震装置,人们还研究、探索了其它各类隔震装置,如下所述。

图 9-11 为一滚珠隔震装置,该装置是在一个高光洁度的圆钢盘内安放大量钢珠。钢珠用钢箍圈住,不致散落,上面再覆盖钢盘。该装置已用于墨西哥城内一座 5 层钢筋混凝土框架结构的学校建筑中,安放在房屋底层柱脚和地下室柱顶之间。为保证不在风载下产生过大的水平位移,在地下室采用了交叉钢拉杆风稳定装置。

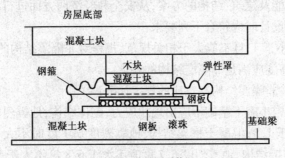

图 9-11 滚珠隔震装置

图 9-12 是以柔性长桩为主要元件的隔震系统,利用长桩的横向刚度复位,它的被隔离体系具有明确的自振周期和复位功能。这类隔震器的缺点是均为点式支承,限于各接触点的承载能力,所以被隔离建筑物的自重和其上的荷载不能太大,多被用于设备隔震。

图 9-13 是一种摇摆隔震支座。在杯形基础内设一个上下两端有竖孔的双圆筒摇摆体,竖孔内穿预应力钢丝束并锚固在基础和上部盖板上,起到压紧摇摆体和提供复位力的作用。在摇摆体和基础壁之间填以沥青或散粒物,可为振动时提供阻尼。我国山西省的悬空寺,历史上经历多次大地震而仍完整无损,分析认为是其特有的支撑木柱起到了摇摆支座隔震的作用。

二、 房屋隔震设计

1. 设计的一般规定

建筑结构可采用隔震设计以达到隔离水平地震动的目的。对于采用隔震设计的建筑,当遭遇到本地区的多遇地震影响、设防地震影响和罕遇地震影响时,可按照高于"大震不倒,中震可修,小震无损"的基本设防目标进行设计。

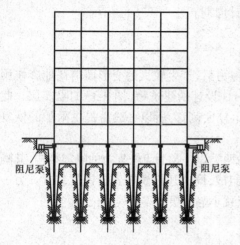

图 9-12　长桩隔震示意图

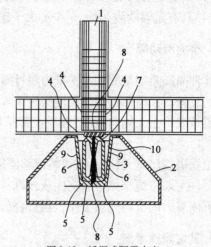

图 9-13　摇摆式隔震支座
1-柱子;2-杯形基础;3-隔震支座;4-上部承台;
5-下部承台;6-摇摆倾动体;7-预应力钢丝束;8-锚具;9-基础壁体;10-粒状填充料

隔震技术的主要适用范围,是可以增加投资来提高抗震安全的建筑。其设计方案应与采用抗震设计的方案进行对比分析。进行方案比较分析时,需对建筑的抗震设防分类、抗震设防烈度、场地条件、使用功能及建筑、结构的方案,从安全和经济两方面进行综合对比分析。

建筑结构采用隔震设计时应符合下列要求:

(1)结构高宽比宜小于4,且不应大于相关规范、规程对非隔震结构的具体规定,其变形特征接近剪切变形,最大高度应满足非隔震结构的要求。

现行规范、规程有关非隔震结构高宽比的规定如下:

高宽比大于4的结构小震下基础不应出现拉应力;砌体结构,地震烈度6、7度不大于2.5,8度不大于2,9度不大于1.5;混凝土框架结构,地震烈度6、7度时不大于4,8度不大于3,9度不大于2;混凝土抗震墙结构,地震烈度6、7度时不大于6,8度不大于5,9度不大于4。

(2)建筑物场地宜为Ⅰ、Ⅱ、Ⅲ类,并应选用稳定性较好的基础类型。

(3)风荷载和其它非地震作用的水平荷载标准值产生的总水平力不宜超过结构总重力的10%。

(4)隔震层应提供必要的竖向承载力、侧向刚度和阻尼;穿过隔震层的设备管线、配线,应采用柔性连接或其它有效措施以适应隔震层的罕遇地震水平位移。

(5)隔震层隔震支座的布置应使隔震层刚度中心与上部结构质量中心重合,减小系统的扭转效应。

(6)为了保证隔震层能够整体协调工作,隔震层顶部应设置平面内刚度足够大的梁板系统,如采用现浇混凝土楼盖。

2. 房屋隔震设计要点

隔震结构设计包括:隔震层位置的确定,隔震垫的数量、规格和布置,隔震支座平均压应力验算,隔震层在罕遇地震下的承载力和变形验算,上部结构水平向减震系数的确定和上部结构与隔震层的连接构造等。

《建筑抗震设计规范》对隔震结构设计采用分步设计法和水平向减震系数的概念。分步设计法就是将整个隔震结构系统分为上部结构(隔震层以上结构)、隔震层、隔震层以下结构和基础四部分,分别进行设计。

水平向减震系数 β 表征的是隔震结构的地震作用比非隔震结构的地震作用降低的程度。对于多层建筑,为按弹性计算所得的隔震与非隔震各层层间剪力的最大比值。对于高层建筑,尚应计算隔震与非隔震各层倾覆力矩的最大比值,取二者较大值。即

$$\beta_{Vi} = \frac{V_{gi}}{V_i} \tag{9-4}$$

$$\beta_{Mi} = \frac{M_{gi}}{M_i} \tag{9-5}$$

式中:β_{Vi}——结构隔震时第 i 层按弹性计算的层间剪力与非隔震时的第 i 层按弹性计算的层间剪力之比;

β_{Mi}——结构隔震时第 i 层按弹性计算的倾覆力矩与非隔震时的第 i 层按弹性计算的倾覆力矩之比;

V_{gi}——结构隔震时第 i 层按弹性计算的层间剪力;

V_i——结构非隔震时第 i 层按弹性计算的层间剪力;

M_{gi}——结构隔震时第 i 层按弹性计算的倾覆力矩;

M_i——结构非隔震时第 i 层按弹性计算的倾覆力矩。

(1)隔震体系计算分析。

隔震体系的计算简图,应增加由隔震支座及其顶部梁板组成的质点。隔震层顶部的梁板结构,应作为其上部结构的一部分进行计算和设计。对于变形特征为剪切型的结构,可采用底部剪力法进行地震作用计算。图9-14所示为其等效剪切模型,其中,隔震层水平等效刚度计算公式为

$$K_h = \sum_{i=1}^{N} K_i \tag{9-6}$$

式中:N——隔震支座数量;

K_i——第 i 个隔震支座(含消能器)由试验确定的水平等效刚度。

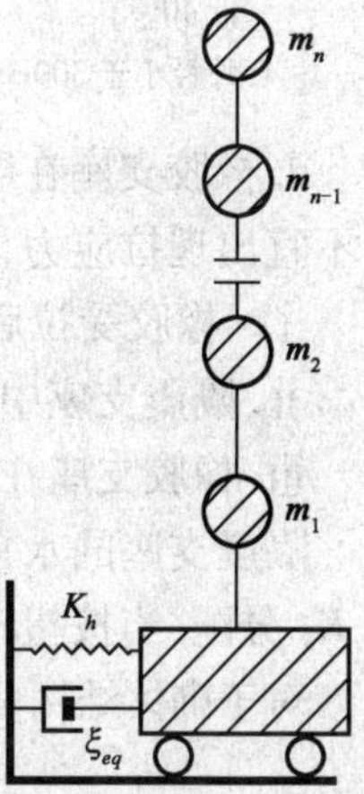

等效黏滞阻尼比按下式计算:

$$\xi_{eq} = \frac{\sum_{i=1}^{N} K_i \xi_i}{K_h} \tag{9-7}$$

图9-14 隔震结构计算简图

式中:ξ_i——第 i 个隔震支座由试验确定的等效黏滞阻尼比,设置阻尼装置时,应包括相应阻尼比。

一般情况下,当采用时程分析法进行计算时,输入地震波的反应谱特性和数量,应符合第三章的有关规定,计算结果取其包络值。当处于发震断层10km以内时,输入地震波应考虑近场影响系数,5km以内宜取1.5,5km以外可取不小于1.25。采用反应谱方法进行隔震结构地震反应计算时,反应谱应是经过阻尼比调整后的反应谱曲线。当隔震层以上结构的质心与隔震层刚度中心不重合时,尚应计入扭转效应的影响。

(2)隔震层设计。

隔震结构的隔震层设计包括隔震层的布置、隔震支座受压承载力验算和隔震支座位移验算等。

①设计要求。隔震层宜布置在结构的底部或下部,其橡胶隔震支座应设置在受力较大的部位,间距不宜过大,其规格、数量和分布应根据竖向承载力、侧向刚度和阻尼的要求通过计算确定。隔震层在罕遇地震下应保持稳定,不宜出现不可恢复的变形。

②隔震支座设计。隔震层橡胶支座应符合下列要求:

a. 隔震支座在表 9-1 所列的压应力下的极限水平位移,应大于其有效直径的 0.55 倍和支座内部橡胶总厚度 3 倍二者的较大值。

b. 在经历相应设计基准期的耐久试验后,隔震支座刚度、阻尼特性变化不超过初期值的 ±20%;徐变量不超过支座内部橡胶总厚度的 5%。

c. 橡胶支座在重力荷载代表值作用下的竖向压力不应超过表 9-1 的规定。

橡胶隔震支座压应力限值　　　　　表 9-1

建筑类别	甲类建筑	乙类建筑	丙类建筑
平均压应力(MPa)	10	12	15

注:1. 压应力设计值应按永久荷载和可变荷载的组合计算;其中,楼面活荷载应按现行国家标准《建筑结构荷载规范》(GB50009)的规定乘以相应折减系数;
  2. 结构倾覆验算时应包括水平地震作用效应组合,对需进行竖向地震作用计算的结构,尚应包括竖向地震作用效应组合;
  3. 当橡胶支座第二形状系数小于 5 时应降低压应力限值:小于 5 不小于 4 时降低 20%,小于 4 不小于 3 时降低 40%;
  4. 外径小于 300mm 的橡胶支座,丙类建筑的压应力限值为 10MPa。

d. 橡胶支座在罕遇地震的水平和竖向地震同时作用下,拉应力不应大于 1MPa。隔震支座中不宜出现拉应力,主要考虑以下因素:

ⅰ. 橡胶受拉后内部出现损伤,降低了支座的弹性性能;

ⅱ. 隔震支座中出现拉应力,意味着上部结构有倾覆的危险;

ⅲ. 橡胶支座在拉应力下的滞回特性实物试验尚不充分。

隔震支座的水平剪力应根据隔震层在罕遇地震下的水平剪力按各隔震支座的水平等效刚度 K_h 分配,当按扭转偶联计算时,尚应计及隔震层的扭转刚度。

对于砌体结构及与其基本周期相当的结构,隔震层在罕遇地震下的水平剪力可按下式计算:

$$V_c = \lambda_s \alpha_1(\zeta_{eq}) G \tag{9-8}$$

式中:V_c——隔震层在罕遇地震作用下的水平剪力;

λ_s——近场系数,距发震断层 5km 以内宜取 1.5;5~10km 取不小于 1.25;

$\alpha_1(\zeta_{eq})$——罕遇地震下的地震影响系数,可根据隔震层参数按第三章的规定进行计算;

G——隔震层以上结构的重力荷载代表值。

隔震支座对应于罕遇地震水平剪力的水平位移,应符合下列要求:

$$u_i \leqslant [u_i] \tag{9-9}$$

$$u_i = \eta_i u_c \tag{9-10}$$

式中:u_i——罕遇地震作用下,第 i 个隔震支座考虑扭转的水平位移;

$[u_i]$——第 i 个隔震支座的水平位移限值;对橡胶隔震支座,不应超过该支座有效直径的 0.55 倍和支座内部橡胶总厚度 3 倍二者较小值;

u_c——罕遇地震作用下隔震层质心处或不考虑扭转的水平位移;

η_i——第 i 个隔震支座的扭转影响系数,应取考虑扭转和不考虑扭转时 i 支座计算位移的比值;当隔震层以上结构质心和隔震层刚心在两个主轴方向均无偏心时,边支座的扭转影响系数不应小于 1.15。

对于砌体结构及与其基本周期相当的结构,隔震层质心处在罕遇地震下的水平位移可按下式计算:

$$u_c = \lambda_s \alpha_1(\zeta_{eq}) G/K_h \tag{9-11}$$

式中符号意义同前述。

当隔震支座的平面布置为矩形或接近矩形,但上部结构的质心与隔震层刚度中心不重合时,隔震支座扭转影响系数可按下述方法确定:

a. 仅考虑单向地震作用的扭转时(图 9-15),扭转影响系数可按下式估算:

$$\eta_i = 1 + 12es_i/(a^2 + b^2) \tag{9-12}$$

式中:e——上部结构质心与隔震层刚度中心在垂直于地震作用方向的偏心距;

s_i——第 i 个隔震支座与隔震层刚度中心在垂直于地震作用方向的距离;

a、b——隔震层平面的两个边长。

对边支座,其扭转影响系数 η_i 不宜小于 1.15;当隔震层和上部结构采取有效的抗扭措施后或扭转周期小于平动周期的 70%,扭转影响系数 η_i 可取 1.15。

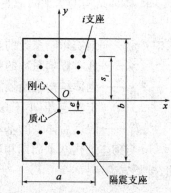

图 9-15 扭转计算示意图

b. 同时考虑双向地震作用的扭转时,扭转影响系数 η_i 仍按式(9-12)计算,但其中的偏心距 e 应按下列公式较大值:

$$e = \sqrt{e_x^2 + (0.85e_y)^2} \tag{9-13}$$

$$e = \sqrt{e_y^2 + (0.85e_x)^2} \tag{9-14}$$

式中:e_x——y 方向地震作用时的偏心距;

e_y——x 方向地震作用时的偏心距。

对边支座,其扭转影响系数 η_i 不宜小于 1.2。

(3)上部结构设计。

上部结构设计主要包括:隔震后上部结构地震作用计算、上部结构截面抗震设计、变形验算和构造措施等。

①上部结构地震作用计算。隔震结构总水平地震作用标准值可按下式计算:

$$F_{Ek} = \alpha_1 G \tag{9-15}$$

式中:F_{Ek}——结构总水平地震作用标准值,即结构底部剪力的标准值;

α_1——相应于隔震结构基本自振周期 T_1 的水平地震影响系数;

G——上部结构重力荷载代表值。

隔震层以上结构总水平地震作用不得低于非隔震结构按地震烈度 6 度设防时的总水平地震作用。对于多层结构,水平地震作用沿高度可按重力荷载代表值分布。各楼层的水平地震剪力尚应符合第三章中有关剪重比即最小地震剪力系数的规定。

隔震后水平地震作用计算的水平地震影响系数 α_1 可按第三章规定确定。其中，水平地震影响系数最大值可按下式计算：

$$\alpha_{max1} = \beta \alpha_{max}/\psi \tag{9-16}$$

式中：α_{max1}——隔震后的水平地震影响系数最大值；

α_{max}——非隔震结构的水平地震影响系数最大值，见第三章相关规定；

β——水平向减震系数；

ψ——调整系数，一般橡胶支座取 0.8；支座剪切性能偏差为 S-A 类，取 0.85；隔震装置带有阻尼器时，相应减小 0.05；支座剪切性能偏差可参照国家标准《橡胶支座 第 3 部分：建筑隔震橡胶支座》(GB 20688.3)确定。

对于砌体结构及与其基本周期相当的结构，水平向减震系数 β 可按下述方法确定。

a. 砌体结构的水平向减震系数宜根据隔震后整个体系的基本周期，按下式确定：

$$\beta = 1.2\eta_2(T_{gm}/T_1)^\gamma \tag{9-17}$$

式中：η_2——地震影响系数的阻尼调整系数，根据隔震层等效阻尼按第三章规定确定；

γ——地震影响系数的曲线下降衰减指数，根据隔震层等效阻尼按第三章规定确定；

T_{gm}——砌体结构采用隔震方案时的特征周期，根据本地所属的设计地震分组第三章规定确定，但小于 0.4s 时应按 0.4s 采用；

T_1——隔震后体系的基本周期，不应大于 0.2s 和 5 倍特征周期的较大值。

b. 与砌体结构基本周期相当的结构，其水平向减震系数宜根据隔震后整个体系的基本周期，按下式确定：

$$\beta = 1.2\eta_2(T_g/T_1)^\gamma(T_0/T_g)^{0.9} \tag{9-18}$$

式中：T_0——非隔震结构的计算周期，当小于特征周期时应采用特征周期的数值；

T_1——隔震后体系的基本周期，不应大于 5 倍特征周期；

T_g——特征周期。

砌体结构及与其基本周期相当的结构，隔震后体系的基本周期按下式确定：

$$T_1 = 2\pi\sqrt{G/K_h g} \tag{9-19}$$

式中：T_1——隔震后体系的基本周期；

G——隔震层以上结构的重力荷载代表值；

K_h——隔震层水平等效刚度；

g——重力加速度。

由于隔震层不能隔离结构的竖向地震作用，隔震结构的竖向地震作用可能大于其水平地震作用，竖向地震的影响不可忽略。因此，要求地震烈度 9 度和 8 度且水平向减震系数不大于 3 时，隔震层以上结构应进行竖向地震作用的计算，其计算方法见第三章。而且其竖向地震作用的标准值，8 度(0.20g)、8 度(0.30g)和 9 度时分别不应小于隔震层以上结构总重力荷载代表值的 20%、30% 和 40%。

② 上部结构截面抗震设计。上部结构截面抗震验算，应按现行国家标准《建筑抗震设计规范》(GB 50011—2010)对非隔震结构的规定进行。

③ 上部结构变形验算。对框架、剪力墙和框架—剪力墙结构应进行多遇地震和罕遇地震作用下的层间位移验算；砌体结构可不进行层间位移验算。

在多遇地震作用下，上部结构弹性层间位移角限值按现行抗震规范规定执行；在罕遇地震作用下，上部结构弹塑性层间位移角限值可按现行抗震规范对非隔震结构规定值的 1/2 采用。

④上部结构的构造措施。隔震层以上结构的抗震构造措施,当水平向减震系数大于0.4时(设置阻尼器时为0.38),不应降低非隔震时的有关要求;水平向减震系数不大于0.4时(设置阻尼器时为0.38),可适当降低对非隔震建筑的要求,但烈度降低不得超过1度,与抵抗竖向地震作用有关的抗震构造措施不应降低。

(4)隔震层以下结构及地基基础设计。

隔震层以下墙、柱的地震作用和抗震验算,应采用罕遇地震下隔震支座底部的竖向力、水平力和力矩进行计算。隔震层以下的结构(包括地下室和隔震塔楼的底盘)中直接支承隔震层以上结构的相关构件,应满足嵌固的刚度比和隔震后设防地震的抗震承载力要求,并按罕遇地震进行抗剪承载力验算。

隔震建筑地基基础的抗震验算和地基处理仍按本地区抗震设防烈度进行,甲、乙类建筑的抗液化措施应按提高一个液化等级确定,直至全部消除液化沉陷。

(5)隔震结构的隔震措施及隔震层与上部结构的连接。

隔震结构应采取不阻碍隔震层在罕遇地震下发生大变形的下列措施:

①上部结构的周边应设置竖向隔离缝,缝宽不宜小于各隔震支座在罕遇地震下的最大水平位移值的1.2倍且不小于200mm。对两相邻隔震结构,其缝宽取最大水平位移之和,且不小于400mm。

上部结构与下部结构之间,应设置完全贯通的水平隔离缝,缝高取20mm,并用柔性材料填充;当设置水平隔离缝确有困难时,应设置可靠的水平滑移叠层。

②穿越隔震层的门廊、楼梯、电梯、车道等部位,应防止可能的碰撞。

③隔震层顶部应设置梁板式楼盖,且应符合下列要求:

a.隔震支座的相关部位应采用现浇混凝土梁板结构,现浇板厚度不应小于160mm;

b.隔震层顶部梁、板的刚度和承载力,宜大于一般楼盖梁板的刚度和承载力;

c.隔震支座附近的梁、柱应计算冲切和局部承压,加密箍筋并根据需要配置网状钢筋。

④隔震支座和阻尼装置的连接构造,应符合下列规定:

a.隔震支座和阻尼装置应安装在易于维护人员接近的部位;

b.隔震支座和上部结构、下部结构之间的连接件,应能传递罕遇地震下支座的最大的水平剪力和弯矩;

c.外露的预埋件应有可靠的防锈措施,预埋件的锚固钢筋应与钢板牢固连接,锚固钢筋的锚固长度宜大于20倍锚固钢筋直径,且不应小于250mm。

第三节 结构消能减震

隔震系统通过降低结构系统的固有频率、提高系统的阻尼来降低结构的加速度反应,从而大幅度降低结构的地震内力。但这种设计方式也存在一些局限性,主要表现为隔震系统不宜用于软弱场地土和高层建筑结构。为此,人们进一步研究、开发了各类减震装置,用于控制结构地震反应。如把结构的某些杆件(如支撑、剪力墙、连接件等)设计成消能杆件,或在结构的某些部位(层间、空间、节点、连接缝等)安装耗能装置,在风和小震作用下,耗能装置应具有较大的刚度,能够和结构共同工作,以保证结构的使用性能。在强烈地震作用时,消能杆件和耗能装置率先进入非弹性状态,产生较大阻尼,大量消耗输入结构的地震能量,使结构动能或变形能转化成热能。试验表明,耗能装置可做到消耗地震总输入能量的90%以上。

一、消能减震原理

结构消能减震技术的研究来源于对结构在地震发生时的能量转换的认识,下面以一般的能量表达式来说明地震时传统抗震结构和消能减震结构的能量转换过程。

传统抗震结构 $\quad\quad\quad E_{in} = E_R + E_D + E_S \quad\quad\quad$ (9-20)

消能减震结构 $\quad\quad\quad E_{in} = E_R + E_D + E_S + E_A \quad\quad\quad$ (9-21)

式中:E_{in}——地震时输入结构物的地震能量;

E_R——结构物地震反应的能量,即结构物振动的动能和势能;

E_D——结构阻尼消耗的能量(一般不超过5%);

E_S——主体结构及承重构件非弹性变形(或损坏)消耗的能量;

E_A——消能构件或耗能装置消耗的能量。

从式(9-20)可以看出,对于传统结构,E_D可忽略不计(只占5%左右)。为了终止结构地震反应($E_R \to 0$),必然导致主体结构及承重构件的损坏、严重破坏或者倒塌($E_S \to E_{in}$),以消耗输入结构的地震能量。而对于消能减震结构,从式(9-21)可以看出,如果E_D忽略不计,消能装置率先进入消能工作状态,大量消耗输入结构的地震能量($E_A \to E_{in}$),这样,既能保护主体结构及承重构件免遭破坏($E_S \to 0$),又能迅速地衰减结构的地震反应($E_R \to 0$),确保结构在地震中的安全。从能量的观点看,地震输入给结构的能量E_{in}是一定的,因此,消能装置耗散的能量越多,则结构本身需要消耗的能量就越小,这意味着结构地震反应的降低。另一方面,从动力学的观点看,消能装置的作用,相当于增大结构的阻尼,而结构阻尼的增大,必将使结构地震反应减小。

二、结构消能减震体系

结构消能减震体系有主体结构和耗能部件(耗能装置和连接件)组成,按其耗能装置的不同,可分成两类:消能构件和消能阻尼器,一般有下列几种形式:

1. 阻尼器减震体系

在结构的某些部位(如支撑杆件、梁柱节点处等)以及上部结构与基础连接处等有相对变形或相对位移的地方装设阻尼器。强震时,这些部位发生较大变形,从而使装设在该部位的阻尼器发生作用。阻尼器的种类很多,根据阻尼器耗能的依赖性可分为速度相关型阻尼器(如黏弹性阻尼器、黏滞阻尼器)、位移相关型阻尼器(如金属屈服型阻尼、摩擦阻尼器)等。

(1)黏弹性阻尼器。

黏弹性阻尼器(图9-16)是由黏弹性材料和约束钢板制成的阻尼器,由黏弹性材料滞回剪切变形耗散振动能量。

黏弹性阻尼材料具有较强的消能能力,黏弹性阻尼器的性能受到温度、频率和应变幅值的影响。有关研究表明,其耗能能力随着频率的减小而减弱;在某一温度时耗能能力最大,超出此温度则随温度升高降低,耗能能力会减弱。黏弹性阻尼材料的性能稳定,可经多次反复加载和卸载,但对于大应变下的重复循环,刚度会产生一定程度的退化。

(2)黏滞阻尼器。

黏滞阻尼器一般由缸体、活塞和流体所组成,如

图9-16 黏弹性阻尼器

图 9-17 所示。缸体内装有黏性液体,液体通常为硅油或其它黏性液体,活塞上开有适量小孔,当活塞在缸筒内作往复运行时,液体从活塞上的小孔内通过,对活塞与筒体的相对运动产生显著阻尼,从而消耗震动能量。

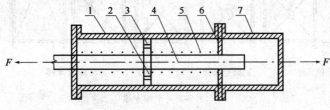

图 9-17 黏滞阻尼器
1-油缸;2-活塞;3-阻尼孔;4-导杆;5-液压油;6-油缸盖;7-副缸

(3) 摩擦阻尼器。

将几块钢板用高强螺栓连在一起,可做成摩擦阻尼器(图 9-18)。通过调节高强螺栓的预应力,可调整钢板间摩擦力的大小。通过对钢板表面进行处理或加垫特殊摩擦材料,可以改善阻尼器的动摩擦性能。

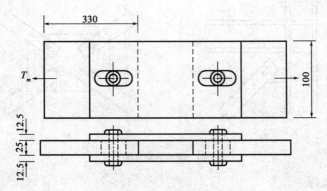

图 9-18 摩擦阻尼器(尺寸单位:mm)

(4) 弹塑性阻尼器。

低碳钢具有优良的塑性变形性能,可以在超过屈服应变几十倍的塑性应变下往复变形数百次而不断裂。根据需要,可以将软钢板(棒)弯成各种形状做成阻尼器,如图 9-19 所示。

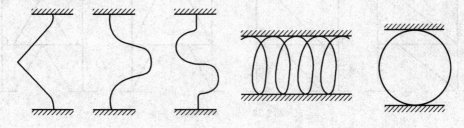

图 9-19 金属屈服型阻尼器

2. 消能构件减震体系

消能构件减震体系利用结构的非承重构件如消能支撑、消能剪力墙等作为耗能装置。

(1) 消能支撑。

消能支撑可以代替一般的结构支撑,在抗震中发挥水平刚度和消能减震作用。消能支撑可以做成方框支撑、圆框支撑、交叉支撑、斜杆支撑和 K 形支撑等(图 9-20)。

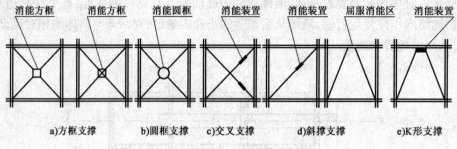

图 9-20 消能支撑

（2）摩擦消能支撑。

将高强度螺栓—钢板摩擦阻尼器用于支撑构件，可做成摩擦耗能支撑。图 9-21 所示为在支撑杆或节点板上开长圆孔的简单摩擦消能支撑的节点做法。摩擦消能支撑在风载或小震下不滑动，能像一般支撑一样提供很大的刚度。而在大震下支撑滑动，降低结构刚度，减小地震作用，同时通过支撑滑动摩擦消耗地震能量。

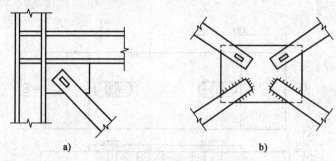

图 9-21 摩擦消能支撑节点

（3）消能偏心支撑。

偏心支撑结构最早由美国 Popov 教授提出。其工作原理是通过支撑与梁段的塑性变形消耗地震能量。在风载或小震作用下，支撑不屈服，偏心支撑能提供很大的侧向刚度。在大震下，支撑及部分梁段屈服耗能，衰减地震反应。各类偏心支撑结构见图 9-22。

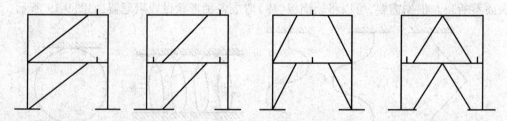

图 9-22 偏心支撑框架

（4）消能隅撑。

消能隅撑是在消能偏心支撑的基础上发展出来的（图 9-23）。隅撑两端刚接在梁、柱或基础上，普通支撑简支在隅撑的中部。与消能偏心支撑相比，消能隅撑有两个优点：其一，隅撑截面小，不是结构的主要结构，破坏后更换方便；其二，隅撑框架不限于梁柱刚接，梁柱可以铰接或半铰接。

（5）耗能墙。

耗能墙实质上是将阻尼器或耗能材料用于墙体所形成的耗能构件或耗能子结构。

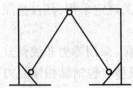 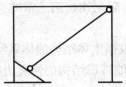 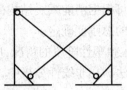 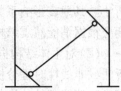

图 9-23　隅撑结构

①周边耗能墙。在墙与框架的周边,可填充黏性材料(图 9-24)。强烈地震时,墙周边出现非弹性缝并错动,消耗地震能量。

②摩擦耗能墙。在竖缝剪力墙的竖缝中填以摩擦材料,可形成摩擦耗能墙体(图 9-25),在地震作用时,通过摩擦缝的反复错动,可以达到消耗地震能量的目的。在墙顶面与梁底部接缝处做一条摩擦缝,设置竖向预应力筋,也可以形成预应力摩擦剪力墙。

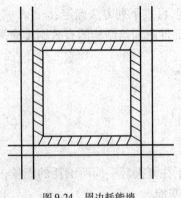 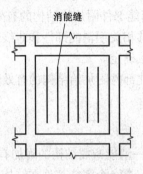

图 9-24　周边耗能墙　　　　　　　图 9-25　竖缝剪力墙

三、消能减震结构设计要点

消能减震设计需解决的主要问题是:消能器和消能部件的选型;消能部件在结构中的分布和数量;消能器附加给结构的阻尼比估算;消能减震体系在罕遇地震下的位移计算,以及消能部件与主体结构的连接构造和其附加的作用等。

消能减震结构设计采用两阶段设计方法:

(1)多遇地震作用下的弹性阶段验算。进行承载力计算和弹性变形验算。

(2)罕遇地震作用下的变形验算。鉴于此阶段消能器可大量耗散地震能量,降低结构的地震反应,因此,耗能减震结构的抗震设防目标应比非消能减震结构有所提高。

1. 消能减震结构房屋设计计算的基本内容和步骤

(1)预估结构的位移,并与未采用消能减震结构的位移相比,求出所需的附加阻尼。
(2)选择耗能装置,确定其数量、布置和所能提供的阻尼大小。
(3)设计相应的消能部件。
(4)对消能减震结构体系进行整体分析,确认其是否满足位移控制要求。

2. 消能减震设计的计算分析

(1)当主体结构基本处于弹性工作阶段时,可采用线性分析方法作简化估算,并根据结构的变形特征和高度等,按第三章的相关规定分别采用底部剪力法、振型分解反应谱法和时程分析法。其地震影响系数可根据消能减震结构的总阻尼比按第三章的有关规定采用,其自振周期应根据消能减震结构的总刚度确定。

(2)对主体结构进入弹塑性阶段的情况,应根据主体结构的体系特征,采用静力非线性分析法或非线性时程分析法。在非线性分析中,消能减震结构的恢复力模型应包括结构恢复力模型和消能部件的恢复力模型。

(3)消能减震结构的层间弹塑性位移角限值,应符合预期的变形控制要求,宜比非消能减震结构适当降低。

(4)消能减震结构的总刚度和总阻尼比:

①消能减震结构的总刚度应为结构刚度和消能部件有效刚度的总和;

②消能减震结构的总阻尼比应为结构阻尼比和消能部件附加给结构的有效阻尼比的总和。

(5)消能部件附加给结构的有效阻尼比和有效刚度,可按下列方法确定:

①位移相关型消能部件和非线性速度相关型消能部件附加给结构的有效刚度应采用等效线性化方法确定。

②消能部件附加给结构的有效阻尼比可按下式估算:

$$\xi_a = \sum_j W_{cj} / (4\pi W_s) \tag{9-22}$$

式中:ξ_a——消能减震结构的附加有效阻尼比;

W_{cj}——第 j 个消能部件在结构预期层间位移 Δu_j 下往复循环一周所消耗的能量;

W_s——设置消能部件的结构在预期位移下的总应变能。

③当不计及扭转影响时,消能减震结构在水平地震作用下的总应变能,可按下式估算:

$$W_s = (1/2) \sum_j F_i u_i \tag{9-23}$$

式中:F_i——质点 i 的水平地震作用标准值;

u_i——质点 i 对应于水平地震作用标准值的位移。

④速度线性相关型消能器在水平地震作用下往复循环一周所消耗的能量,可按下式估算:

$$W_{cj} = (2\pi^2/T_1) C_j \cos^2\theta_j \Delta u_j^2 \tag{9-24}$$

式中:T_1——消能减震结构的基本自振周期;

C_j——由试验确定的第 j 个消能器线性阻尼系数;

θ_j——第 j 个消能器的消能方向与水平面的夹角;

Δu_j——第 j 个消能器两端的相对水平位移。

当消能器的阻尼系数和有效刚度与结构振动周期有关时,可取相应于消能减震结构基本自振周期的值。

⑤位移相关型和速度非线性相关型消能器在水平地震作用下往复循环一周所消耗的能量,可按下式估算:

$$W_{cj} = A_j \tag{9-25}$$

式中:A_j——第 j 个消能器的恢复力滞回环在相对水平位移 Δu_j 时的面积。

消能器的有效刚度可取消能器的恢复力滞回环在相对水平位移 Δu_j 时的割线刚度。消能部件附加给结构的有效阻尼比超过25%时,宜按25%计算。

(6)结构采用消能减震设计时,消能部件的相关部位宜符合下列要求:

①在消能器施加给主体结构最大阻尼力作用下,消能器与主体结构之间的连接部位应在弹性范围内工作。

②与消能部件相连的结构构件设计时,应计入消能部件传递的附加内力。

(7)当消能减震结构的抗震性能明显提高时,主体结构的抗震构造要求可适当降低。降低程度可根据消能减震结构地震影响系数与不设置消能减震装置结构地震影响系数之比确定,最大降低程度应控制在1度以内。

第四节 结构主动减震控制简介

一、基 本 概 念

主动控制是借鉴现代控制论思想而提出的一类振动控制方法。主动控制是利用外部能源(除地震作用以外),在结构振动过程中,瞬时改变结构的动力特性和施加控制力以衰减结构的反应。

具体做法是:在结构物的振动部位安装传感器,把瞬时测得的结构地震反应传输到计算机系统,经过信息处理和计算后,计算机向驱动机构控制作动器发出命令,向子结构施加控制力,改变结构的动力特性,使结构的振动反应迅速衰减。

主动控制体系一般由三部分组成:

(1)传感器。用于测量结构所受外部激励及结构响应并将测得的信息传送给控制系统中的处理器。

(2)处理器。一般为计算机,依据给定的控制算法,计算结构所需的控制力,并将控制信息传送递给控制系统中的制动器。

(3)作动器。一般为加力装置,用于根据控制信息由外部能源提供结构所需的控制力。

基本的控制系统可分为三种类型(图9-26):

(1)开环控制。根据外部激励信息调整控制力。

(2)闭环控制。根据结构反应信息调整控制力。

(3)开闭环控制。根据外部激励和结构反应的综合信息调整控制力。

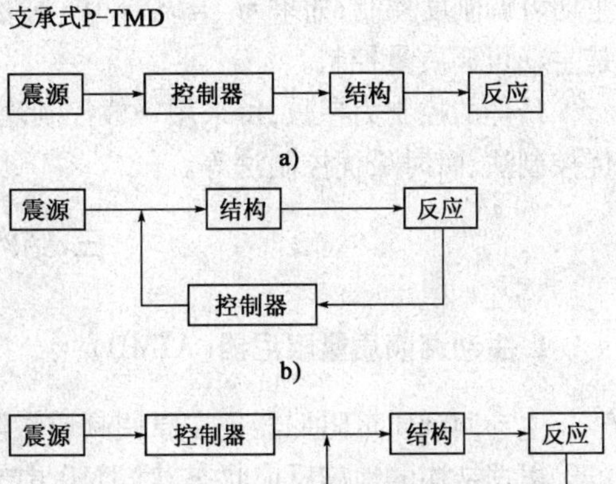

图9-26 主动控制形式

近年来研制的主动控制装置一般采用闭环控制原理进行设计。

二、控 制 原 理

图9-27是主动控制结构(单自由度体系)的分析模型。

在地震动 x_g 作用下,结构产生相对位移 $x(t)$,根据地震动和结构反应信息,作动器对结

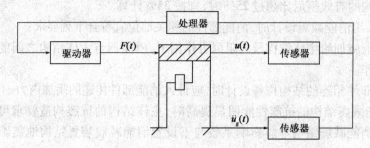

图 9-27 主动控制结构模型

构施加主动控制力 $u(t)$,因此,结构的运动方程为

$$m\ddot{x} + c\dot{x} + kx = -m\ddot{x}_g + u(t) \tag{9-26}$$

式中: $u(t)$ 是结构反应 x、$\dot{x}$、$\ddot{x}$ 和地震动 $\ddot{x}_g$ 的函数,可表示为

$$u(t) = -m_1\ddot{x} - c_1\dot{x} - k_1 x + m_0\ddot{x}_g \tag{9-27}$$

其中: m_1、c_1、k_1、m_0——控制力参数,可以不随时间改变。

将式(9-27)代入式(9-26)可得:

$$(m + m_1)\ddot{x} + (c + c_1)\dot{x} + (k + k_1)x = -(m - m_0)\ddot{x}_g \tag{9-28}$$

由上式可知,对结构实施主动控制,相当于改变了结构动力特性,增大了结构刚度与阻尼、减小了地震作用,从而达到减震目的。

在式(9-27)表达的主动控制力中,若 $m_1 = c_1 = k_1 = 0$,则为开环控制;若 $m_0 = 0$,则为闭环控制;若 m_1,c_1,k_1 及 m_0 皆不为零,则为开闭环控制。在闭环控制中,若 $m_1 = c_1 = 0$,则称为主动可调刚度控制;如果 $m_1 = k_1 = 0$,则称为主动可调阻尼控制。类似地,若 $c_1 = k_1 = 0$,则是主动可调质量控制。

最佳的控制力参数,可采用一般控制理论方法确定。常用的方法有:模态空间控制法、最优控制法、瞬时最优控制法等。

三、结构主动控制装置

1. 主动调频质量阻尼器(ATMD)

主动调频质量阻尼器是在原调频质量阻尼器 TMD 上增加一个驱动器(图 9-28),驱动器可以根据结构的地震反应状态,对 TMD 中的质量块施加控制力,推动质量块按所需状态运动。由于主动控制力的施加,改变了结构体系的动力性态,如果控制算法合理,能确定最优控制力,则 ATMD 可以达到衰减和控制结构地震反应的目的。

2. 主动拉索控制器

主动拉索控制系统由连接在结构上的预应力钢拉索构成(图 9-29)。在拉索上安装一套液压伺服系统地震时,传感器把记录的结构反应信息传给液压伺服系统,系统根据一定规律对拉索施加控制力,使结构反应减小。

主动拉索控制系统的优点在于:
①施加控制力所需能量相对较小;
②拉索本身是结构的构件,因而不必对结构进行较大的改动。

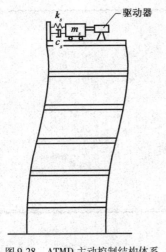
图 9-28 ATMD 主动控制结构体系

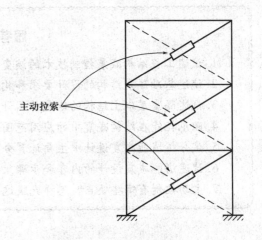
图 9-29 主动拉索控制结构体系

3. 主动变刚度—阻尼控制器

主动变刚度—阻尼控制器如图 9-30 所示。斜撑构件与一阻尼放大装置相连,当阻尼放大装置的阀门关闭时,油路堵塞,由于液缸内黏性液体为几乎不可压缩液体,阻尼器两端无相对运动,斜撑构件向结构提供附加刚度提高了结构总体刚度。当地震作用大时,阀门打开,结构刚度改变,高效阻尼器工作。在结构地震反应过程中,也可以根据结构的反应,调整阀门的开、闭状态,实现主动控制。

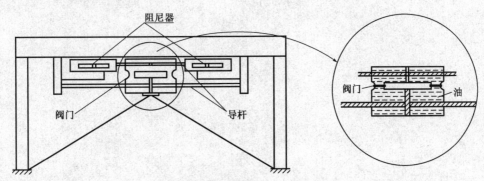
图 9-30 主动变刚度—阻尼控制器

主动控制装置应用中存在的主要问题有:

(1) 控制体系的保养和维护(地震重现周期几十年至百年,而结构地震反应过程仅数十秒);

(2) 控制装置的启动和能源(地震往往伴随停电等,而传感器和作动器可能数十年不用);

(3) 从传感器→计算机→发出指令→控制装置,有一滞后时间,滞后时间越长,则控制效果越差;

(4) 地震动和结构反应是十分复杂的随机过程,控制力的方向能否保证总是正确的。

本章小结:本章介绍了结构隔震、消能和减震控制的基本概念、基本理论、减震机理和工程设计方法等。要求掌握结构隔震的原理、特点,隔震系统的组成与类型,隔震结构的设计方法;了解结构消能减震的原理和结构主动减震控制的概念。

思考题与习题

1. 试述工程结构减震控制技术的演变与发展。
2. 试述基础隔震结构的设计要求和构造措施。
3. 试述隔震层以上结构的地震作用计算方法。
4. 阻尼耗能在结构减震中的应用范围有哪些?
5. 试分析消能减震设计中主要计算分析参数的确定。
6. 试述消能减震设计的内容和步骤。
7. 主动控制有哪些缺点?怎样克服这些缺点?

参考文献

[1] 中华人民共和国国家标准.建筑抗震设计规范(GB50011—2010).第一版.北京:中国建筑工业出版社,2010.
[2] 中华人民共和国国家标准.砌体结构设计规范(GB50003—2001).第一版.北京:中国建筑工业出版社,2002.
[3] 中华人民共和国国家标准.混凝土结构设计规范(GB50009—2002).第一版.北京:中国建筑工业出版社,2002.
[4] 中华人民共和国国家标准.建筑结构荷载规范(GB50010—2001).第一版.北京:中国建筑工业出版社,2002.
[5] 李国强,李杰,苏小卒编著.建筑结构抗震设计[M].第一版.北京:中国建筑工业出版社,2002.
[6] 国家标准建筑抗震设计规范管理组编.建筑抗震设计规范(GB50011—2010)统一培训教材.第一版.北京:地震出版社,2010.
[7] 李国胜编.多高层建筑转换结构设计要点与实例[M].第一版.北京:中国建筑工业出版社,2010.
[8] 薛素铎,赵均,高向宇编著.建筑抗震设计[M].第一版.北京:科学出版社,2003.
[9] 罗福午主编.单层工业厂房结构设计.第二版.北京:清华大学出版社,1990.
[10] 周克荣,顾祥林,苏小卒编著.混凝土结构设计[M].第一版.上海:同济大学出版社,2001.
[11] 丰定国,王清敏,钱国芳,苏三庆编著.工程结构抗震[M].第二版.北京:地震出版社,2002.
[12] 莫庸.台湾9·21大地震震害照片集.兰州:甘肃省土木建筑学会,甘肃省抗震防灾协会,2002.
[13] 郭继武编著.建筑抗震疑难释义[M].北京:中国建筑工业出版社,2003.
[14] 李国胜编著.多高层钢筋混凝土结构设计中疑难问题的处理及算例[M].北京:中国建筑工业出版社,2004.
[15] 吕西林主编.高层建筑结构[M].武汉:武汉理工大学出版社,2003.
[16] 王威,薛建阳,章红梅等.框架结构在汶川5·12大地震中的震害分析及抗震启示[J].世界地震工程,2009,25(4).
[17] 李英民,韩军,田启祥等.填充墙对框架结构抗震性能的影响[J].地震工程与工程振动,2009,29(3).
[18] 姜忻良主编.高层建筑结构与抗震[M].北京:天津大学出版社,2004.
[19] 李爱群编著.工程结构减震控制[M].北京:机械工业出版社,2007.
[20] 周锡元,吴育才编著.工程结构抗震的新发展[M].北京:清华大学出版社,广州:暨南大学出版社,2007.
[21] 周福霖编著.工程结构减震控制[M].北京:地震出版社,1997.
[22] 尚守平主编.结构抗震设计[M].北京:高等教育出版社,2003.